U0281137

必 然

（修订版）

THE INEVITABLE

［美］凯文·凯利（Kevin Kelly） 著

周峰 董理 金阳 译

电子工业出版社
Publishing House of Electronics Industry
北京·BEIJING

本书中文简体版授权予电子工业出版社独家出版发行。未经书面许可，不得以任何方式抄袭、复制或节录本书中的任何内容。

版权贸易合同登记号 图字：01-2023-3481

图书在版编目（CIP）数据

必然：修订版 /（美）凯文·凯利（Kevin Kelly）著；周峰，董理，金阳译.—北京：电子工业出版社，2023.7

ISBN 978-7-121-45580-3

I. ①必… II. ①凯… ②周… ③董… ④金… III. ①科技发展－世界－普及读物 IV. ① N11-49

中国国家版本馆 CIP 数据核字（2023）第 081477 号

责任编辑：胡　南
印　　刷：三河市鑫金马印装有限公司
装　　订：三河市鑫金马印装有限公司
出版发行：电子工业出版社
　　　　　北京市海淀区万寿路 173 信箱　　邮编：100036
开　　本：720×1000　1/16　印张：23.25　字数：328 千字
版　　次：2016 年 1 月第 1 版
　　　　　2023 年 7 月第 2 版
印　　次：2025 年 3 月第 6 次印刷
定　　价：89.00 元

凡所购买电子工业出版社图书有缺损问题，请向购买书店调换。若书店售缺，请与本社发行部联系，联系及邮购电话：（010）88254888，88258888。
质量投诉请发邮件至 zlts@phei.com.cn，盗版侵权举报请发邮件至 dbqq@phei.com.cn。
本书咨询联系方式：010-88254210，influence@phei.com.cn，微信号：yingxianglibook。

在我 13 岁时，父亲带我去了新泽西州的大西洋城参观一个计算机展会。那是 1965 年。父亲对那些房间大小的机器感到超级兴奋。这些机器的制造者是诸如 IBM 之类美国最顶尖的公司。父亲信奉进步论，而那些最早期的计算机便是他想象中的未来一瞥。我当时就像个典型的青少年一样，对此非常不以为然。那些占满巨大展厅的计算机实在无聊。除了以英亩为单位计量大小的长方形铁柜，就没什么可看的了。展会中一块屏幕都没有，也没有语音输入和语音输出。这些计算机唯一能做的事情，就是在一排排折叠的打印纸上打印数字。我在科幻小说中读到了很多关于计算机的描写，而这些展会上的东西都不是"真正"的计算机。

1981 年，我在佐治亚大学的一个科学实验室里工作时，得到了一台 AppleII 型计算机。尽管它有一台小小的黑绿两色显示器，可以显示文字，但我对这台计算机的印象也并不深刻。虽然打起字来比打字机好上不少，而且在绘制函数图像和追踪数据方面，这台计算机也是个"行家"，但它还不是一台"真正"的计算机。它并没有给我的生活带来什么改变。

几个月后，当我把电话线插进 AppleII 的调制解调器时，我的看法完全改变了。

突然间一切都变得不一样——电话插孔的另一端是一个新兴的宇宙，它巨大无比，几乎无垠。那里有在线公告板和实验性的电话会议；这个空间被称作互联网。这根电话线中的传送门开启了一个新的东西：它巨大，同时又能为人类所感知。它让人感到有机而又非凡无比。它以一种个人的方式将人与机器连接起来。我能感觉到我的生活逐渐进入了另一个层次。

回想起来，我认为在计算机与电话线连接之前，计算机时代并没有真正到来。相互孤立的计算机是远远不够的。直到20世纪80年代初，当计算机接入电话线并与之融合为强壮的混合系统，计算的深远影响才真正展开。

在那之后的30年里，通信与计算之间的技术融合，开始成长、开花、结果。互联网/Web/移动系统已经从社会的边缘（1981年时人们对这类系统几乎毫不关心）进入现代全球社会的舞台中心。在过去的30年里，以这种科技为根基的社会经济经历了跌宕起伏，也见证了这个时代中英雄的兴衰更迭。但很明显，这30年中所发生的一切都被一些大势所主导。

这些影响广泛的历史趋势至关重要，因为孕育它们的基础环境仍在活跃和发展。这也强烈地预示着，这些趋势将会在未来数十年中持续增长。我们还看不到任何阻止或削弱它们的力量。在本书中，我将会对12种必然的科技力量加以阐述，而它们将会塑造未来的30年。

"必然"是一个强烈的措辞。它会引起部分人的警觉——这些人相信，没有什么事情是必然的。他们认为，人类的主观意愿可以、也应当对任何机械的趋势加以扭转和控制。在他们看来，"必然"是我们对自由意志的放弃。而当必然的观点和科技结合在一起时，就像我在本书中所做的一样，对宿命的反对就会变得更加强烈和激昂。有一种对"必然"的定义借用了经典的"倒带"思想实验。这个实验假定我们把历史倒退回时间的开端，让我们的文明一次又一次地从头再来。强必然性是说，无论我们重复多少次，最终都会出现这样的结果：2016年的青少年们每5分钟就要发一条推文。但这不是我说的必然。

我所说的必然是另外一种形式。科技在本质上有所偏好，使得它去往某种特定方向。在其他条件都相同的前提下，决定科技发展动态的物理原理和数学原理会青睐某些特定的行为。这些偏好仅存在于塑造科技大轮廓的合力中，并不会主宰那些具体而微的实例。譬如，互联网的形态——由网络组成的遍布全球的网络——是一种必然，但我们所采用的互联网的具体实现就不是必然。互联网可能是商业化的，而不是非营利的；它可能是国家的，而不是国际的；它也可能是私密的，而非公开的。长距离传输语音信息的电话系统是必然的，但 iPhone 不是；四轮车辆是必然的，但 SUV 不是；即时信息是必然的，但推特不是。

每 5 分钟发一条推文并非必然还有另外一层原因。我们处于飞速的变化中；我们发明新事物的速度已经超出了我们"教化"这些新事物的速度。今天，一项科技问世之后，我们需要大约 10 年的时间才能对其意义和用途建立起社会共识。就推特来说，我们还要 5 年的时间才能为其找到一个合适的栖身之所。正如我们会弄清楚如何处理无处不在的手机铃声一样（用振动模式！），到那时，今天的种种现象可能都已消失得无影无踪了，我们就会认识到它既无必要，也非必然。

我在本书中所谈及的数字领域中的必然是一种动能，是正在进行中的科技变迁的动能。过去 30 年里塑造数字科技的强劲浪潮还会在未来 30 年中继续扩张、加强。这不仅适用于北美，也适用于整个世界。在这本书中我所列举的例证都发生在北美，因为读者会更熟悉它们。但每一个例证，我都可以轻易地找出其在印度、马里、秘鲁或爱沙尼亚的对应事例。例如，数字货币的真正领先者是非洲和阿富汗——在这些地方，电子货币有时是唯一可用的货币。而在开发移动端分享应用方面，中国已经遥遥领先。尽管表象会受到文化的影响，但其潜在的内因都是一样的。

在过去 30 年的网上生活中，我起初是这片广袤荒野的拓荒者，之后又成为建设这片新大陆的建造者中的一员。我对必然的自信建立在科技发展的深层根基之上。日新月异的高科技板块下是缓慢的流层。数字世界的根基被锚定在物理规律和比特、信息与网络的特性之中。无论是什么地域，无论是什么公司，无论是哪种政体，这些比特和网络的基本成分都会一次又一次地孕育出相似的结果。在本书中，我会尽力揭示出这些科技的根基，因为它们会展示出未来 30 年中的持久趋势。

这些转变并不全都受欢迎。由于旧的商业模式失灵，既有的行业将被推翻。行业中的所有职业将会消失，一同消失的还会有一些人的生计。新的职业将会诞生，而这些职业会滋生不公和不满。我在本书中阐述的这些趋势将会挑战现行的司法假设，碰触到法律的边界。数字网络技术动摇了国际边界，因为它本身就是无国界的。它会造成冲突和混乱。

当我们面对数字领域中极力向前的新科技时，第一反应可能是退回原位。我们会对它加以阻止、禁止、否认，或者至少会让它变得难用无比。（举个例子，当互联网让音乐和电影的复制变得轻而易举时，好莱坞和音乐产业就开始尽其所能来阻止人们复制。但这全然徒劳。他们只是成功地把顾客变成了敌人。）螳臂当车只会适得其反。任何禁止的做法最多只能暂时有效，从长远来讲则违背了生产力的发展。

睁大眼睛，以一种警醒的态度来拥抱新科技则要有效得多。我在本书中的意图是揭示数字变化的根基所在。一旦洞察，我们就不用采取对立的态度，而是可以因势利导。我们会更深入地理解，为何大规模复制、大规模跟踪以及全面监控会在这里大行其道。我们也会认识到，基于所有制的商业模式正在发生改变；虚拟现实正在成为现实；我们也无法阻止人工智能和机器人改进和创造新的商业，从而抢走我们现有的工作。这或许和我们最初的动机相悖，但我们应当拥抱这些科技的再造和重组。只有与这些科技协作而非阻挠，我们才能最大限度地获取科技所要给予我们的。我并不是说要放手不管。我们需要对新兴的发明加以监管——无论从法律层面还是从技术层面，以避免真正（而非假想）的伤害。我们需要依据这些科技的特性来"教化""驯服"它们。但我们必须要深度参与，亲身体验，谨慎接受。唯有如此，这些科技才不会弃我们而去。

变化是必然的。我们现在承认，一切都是可变的，一切都在变化当中——尽管很多变化并不为人所察觉。我们说水滴石穿，而这颗星球上所有的动植物也在以一种超级慢动作演变成为不同的物种。即便是永远闪耀的太阳，也会在天文学的时间表上逐渐褪色，只不过当它发生时，我们早已不复存在。人类的文化和生物学现象也如同一部极其缓慢的幻灯片，在向着某个新的形态移动。

今天，我们生活中每一项显著变化的核心都是某种科技。科技是人类进步的催化剂。因为科技，我们制造的所有东西都处在"形成"的过程中。每样东西都在成为别的东西，从"可能"中催生出"当前"。万物不息，万物不止，万物未竟。这场永无止境的变迁是现代社会的枢轴。

不断变化不仅仅意味着"事物会变得不一样"，它也意味着流程——变化之引擎——比产品更重要。在过去 200 年里，我们最伟大的发明恰恰是科学流程其自身，而非某个特定的工具或玩意儿。一旦我们发明了科学方法，就能立即创造出数以千计的神奇事物，而这是用其他方法所做不到的。这种能够产生持续改变和改进的方法性的流程要比发明任何产品都强上百万倍，因为自这种流程发明以来，我们已经借助它生成了数以百万计的新产品。正确掌握这种流程，它就能源源不断地带给我们好处。在我们所处的新时代，流程完胜产品。

永无休止的变化是一切人造之物的命运。我们正在从一个静态的名词世界前往一个流动的动词世界。在未来的 30 年里，我们还会继续使用汽车、鞋子这样有形的物体，并会把它们转化成为无形的"动词"。产品将会变成服务和流程。随着高科技的注入，汽车会变成一种运输服务，一个不断更新的材料序列，对用户的使用、反馈、竞争、创新乃至穿戴做出快速的适应。无论这辆车是无人驾驶汽车，还是可以由你驾驶的私家车，这种运输服务生来具有灵活性，它可定制、可升级、可联网，而且可以带来新的便利。鞋子同样不再会是成品，而会成为塑造我们双脚的无尽流程。即便是一次性的鞋子，都会成为服务，不再会是产品。而在无形的数字领域中，没有任何静态的东西，也没有一成不变的事物。所有一切，都在成为其他。

这无情的变迁之上是现代的分崩离析。我见证过无数科技力量的爆发，并从中归纳出了 12 个动词。更准确地说，它们不仅仅是动词，还是一种"现在分词"，是用来表达"持续动作"的一种语法形式。而这些力量正是处在加速中的动作。

这 12 个持续动作，每一个都是一种正在发生的趋势。所有迹象表明，这些趋势将持续至少 30 年。我把这些元趋势称为"必然"，因为它们根植于科技的本质，而非社会的本质。这些动词的特性来源于所有新科技所共有的偏好。虽然作为创造者我们对科技的取向有很多选择和责任，但仍有许多因素是我们无法控制的。特定的技术流程会倾向于特定的产出。比如说工业流程（蒸汽机、化工厂、水坝）会倾向于人体所不适应的高温或高压；而数字科技（计算机、互联网、移动应用）则倾向于大规模廉价复制。工业流程对高温或高压的偏好促使制造的场所离人们越来越远，并向大规模、中心化的工厂演变，这种演变与人类社会的文化、背景和政治因素无关。数字科技对大规模廉价复制的偏好也同样独立于国家、经济和人类意愿，并使科技转向了大规模社交；这种偏好的背后是数字比特的内在特性。在上述这两个例子中，我们都只有"倾听"科技所偏好的方向，并使我们的期待、管理和产品服从于这些科技内在的基本趋势，才能从科技中获得最大利益。当我们对科技的利用贴近于科技所偏好的轨迹时，我们才会在管理复杂性、优化利益和减少科技带来的伤害方面更加得心应手。本书的目的便是将这些科技中的最新趋势整理归纳，并将它们的轨迹呈现出来。

这些有机的动词代表着在未来一段时间内都会呈现在我们文化中的一系列元变化。这些元变化已经在当今世界留下了浓墨重彩的印迹。我无意预测哪种特定的产品会在来年或者未来 10 年中走红，也无意预言哪些公司将会胜出。这类结果取决于潮流、时尚和商业等因素，是完全不可预测的。但未来 30 年中产品和服务的总趋势则已清晰可见。新兴技术正在席卷全球，这股快速发展的浪潮会潜移默化且持续稳步地改变我们的文化。下述力量将会得到凸显：形成（Becoming）、知化（Cognifying）、流动（Flowing）、屏读（Screening）、使用（Accessing）、共享（Sharing）、过滤（Filtering）、重混（Remixing）、互动（Interacting）、追踪（Tracking）、提问（Questioning）以及开始（Beginning）。

虽然我对每个动词的论述都独立成章，但这些动词并非独自运作的。相反，它们是高度叠加的力量，彼此依存，相互促进。很难只论其一，不及其他。共享既促进流动又有赖于流动；知化需要追踪；屏读和互动不可分离；这些动词本身正在融合，又都处于形成的过程中。它们构成了一个运动的域。

这些力量并非命运，而是轨迹。它们提供的并不是我们将去往何方的预测。它们只是告诉我们，在不远的将来，我们会向哪些方向前行，必然而然。

The
Inevitable

目 录

The Inevitable

———

第 1 章

形成 Becoming

形成 Becoming

　　我已经 60 岁了，但我最近才有所顿悟：世间万物都需要额外的能量和秩序来维持自身，无一例外。我知道一般来说，这就是著名的热力学第二定律，即所有事物都在缓慢地分崩离析。但最近几年中，事物分崩离析的速度是我不曾体验过的。现在，我能感受到所有事物都处在不稳定的状态中，并且还在飞速地消耗。这种现象不仅发生在高度组织化的生物当中，还发生在石头、钢铁、铜管、碎石路和纸张这些最死气沉沉的东西上。没了照料和维护，以及附加其上的额外秩序，万物无一会长存下去。生命的本质，似乎主要是维持。

　　最近让我惊讶的，是新科技所需要的维护量。维护一个网站或者一套软件运转，就如同保持一艘游艇漂浮在水面上一样，都是吸引注意力的黑洞。我多少能够理解，为何像水泵这样的机械会在一段时间的使用后坏掉：水分会锈蚀金属，空气会氧化防水膜，润滑油会蒸发消失——所有这一切都需要修复。但我并没想到过，由比特组成的无形世界也会分解。那么，有什么是不会坏掉的呢？很显然没有。

全新的计算机也会有像僵尸般慢得卡死的那天。芯片会老化，程序会出故障，刚刚发布的新软件立刻就会开始出现损耗。而这一切，都是自然而然发生的，和你没有任何关系。我们的工具越复杂，就越需要（而不是越不需要）我们的照料。事物对变化的自然倾向无可避免，即便是我们熟知的事物中最具吸引力的那个——比特。

然后，不断变化的数字领域就扑面而来。当你身边的所有东西都在升级的时候，你的数码产品自然也会受到压力，让你对它们进行必要的维护。即使你不太想升级，也必须这么做，因为所有的东西都是如此。这是一场升级装备竞赛。

在升级工具这件事上，我曾经是个吝啬鬼（毕竟眼前的工具还能用，为什么要升级它？），不到最后一刻绝不换新的。你知道这是怎么回事：升级了这个东西之后，你忽然需要升级那件东西，紧接着又得因此把所有的东西全升级一遍。我有过一次对小零件进行"小"升级而毁掉了全部工作生活的经历，所以我才会把工具更新这件事推延好几年后才做。但是，我们的个人科技产品正变得更加复杂，变得对外围设备更加依赖，变得更像有生命的生态系统，推迟升级的行为也就随之变得更加具有干扰性。如果你拒绝进行不断的小升级，那么积累起来的变化会最终变成一项巨大的更新，大到足以带来"创伤"级别的干扰。所以，我现在把升级看作一种卫生措施：只有定期升级，才能让你的科技产品保持健康。持续不断的升级对科技系统来说至关重要，重要到这已经成为主流个人计算机操作系统和部分软件应用中的自动功能。在这背后，机器也将会更新自己，随时间慢慢改变自己的功能。这一切循序渐进，所以我们不会注意到它们正在"形成"。

我们把这场进化当作了平常现象。

未来的科技生命将会是一系列无尽的升级，而迭代的速率正在加速。功能不再一成不变，默认设置荡然无存，菜单变成了另外的模样。我会为了某些特殊需要打开一个我并不会每天都使用的软件包，然后发现所有的菜单都消失了。

无论你使用一样工具的时间有多长，无尽的升级都会把你变成一个菜鸟——也就是说，你会变成笨手笨脚的新用户。在这个"形成"的时代里，每个人都会成为菜鸟。更糟糕的是，我们永远都会是菜鸟，并永远因此保持虚心。

这意味着重复。在未来，我们每个人都会一次又一次地成为全力避免掉队的菜鸟，永无休止，无一例外。其原因在于：首先，未来 30 年中，大部分可以主导生活的重要科技还没有被发明出来，因此面对这些科技，你自然会成为一个菜鸟；其次，因为新科技需要无穷无尽的升级，你会一直保持菜鸟的状态；最后，因为淘汰的循环正在加速（一个手机应用的平均寿命还不到 30 天！）[1]，在新科技被淘汰前，你不会有足够的时间来掌握任何事情，所以你会一直保持菜鸟的身份。永远是菜鸟是所有人的新设定，这与你的年龄，与你的经验，都没有关系。

---

1 美国科技博客 Techcrunch 报道过，iPhone 应用的平均寿命少于 30 天。——译者注

如果我们诚实的话，就必须承认，技术元素之所以不停升级和持续变化，有一方面就是为了让我们魂不守舍。就在不久前的某一天，我们（所有人）都觉得没有手机的话，第二天就活不了了。但在 10 年以前，这种需求却会让我们目瞪口呆。现在，网速一慢，我们的脾气就见长，但在以前，在我们还很"纯真"的年代里，我们对网络一点想法也没有。今天，我们渴望无时无刻地和朋友保持联系，但在从前，我们只是每周，最多每天才和朋友联系一次。但新事物还是源源不断地被我们发明出来，它们给我们带来了新的欲望，新的向往，新的需求，也在我们的思绪里挖出了难以填满的新的欲壑。

有人感到愤怒，不满我们被所造之物如此摆布。他们把这种没有穷尽的升级和变化看作一种堕落，认为这是对人类高贵尊严的践踏，也是我们不愉快的根源。我同意，科技确实是根源。科技的动向推动我们永远追求"新"，但"新"总是转瞬即逝，在永不停歇的变化中被更新的事物所取代。满足感因此不断从我们的指尖溜走。

但我还是庆幸。庆幸科技元素带来了永无止境的不愉快。我们与动物祖先的区别，在于我们不仅满足于生存，还要疯忙着去创造出前所未有的新欲望。正是这种不满足触发我们创造，推动我们成长。

不在心中制造待以填补的缺憾，我们就无法拓展自己，更无法拓展我们的社会。我们正在拓宽我们的边界，也在拓展存放自我身份的容器。这个过程会痛苦不堪，其中定然会有泪水和伤痛。深夜播出的专题广告片和无穷无尽的已被淘汰的科技产品自然难以提升科技，但我们扩展自身的道路本就是平淡乏味，日复一日。因此，当我们展望更美好的未来时，这种种相对的不适也应该考虑在内。

没有不适的世界会停滞不前；某些方面过于公平的世界，也会在其他方面上不公平得可怕。乌托邦中没有问题可烦恼，但乌托邦也因此没有机遇存在。

因为这种悖论，乌托邦永远都不会奏效，我们也因此不会为这个问题担忧。每一种乌托邦的构想，其中都存在使其自我崩溃的严重瑕疵。我对乌托邦的厌恶更深。因为我从未见到让我想在其中生活的乌托邦，总是会感到无聊。而乌托邦的黑暗对立面——反乌托邦，却更加有趣，也更容易想象。毕竟，有谁构想不出一个大灾变中，世界上只剩下了一个人的世界呢？或者这个世界的统治者是机器人首领？抑或是逐渐沦为贫民窟的超级城市行星？甚至最简单的：一场毁天灭地的核大战？这些构想，都是现代文明如何崩溃的无穷可能性。但反乌托邦是不可能仅仅因为具有画面性和戏剧性而更加容易想象，就有可能成为现实的。

大部分反乌托邦故事里的瑕疵是其不可持续。消灭文明尤其困难。灾难越剧烈，反乌托邦就消失得越迅速。虽然灾难引发混乱，但应对系统会很快地自组织起来进行应对。我这里只举一个例子：不法分子和黑社会组织似乎会在"大爆发"时横行一时，但他们很快就会被有组织的犯罪和武装所取代。因此，不法分子会迅速变成敲诈犯，而敲诈犯变成破败政府的速度或许还会更快，因为这一切都能让强盗们的收入最大化。

真正的反乌托邦和电影《疯狂麦克斯》（*Mad Max*）毫无相似之处，像两个世纪以前的海盗们一样，反乌托邦比外表看上去的更加守法，更有秩序。实际上，在一个真正破败的社会当中，和反乌托邦联系起来的残暴犯罪是严加禁止的。

不过，反乌托邦和乌托邦都不是我们的归宿；我们的归宿会是"进托邦"

（protopia）。更准确地说，我们已经到达了进托邦。

进托邦并不是目的，而是一种变化的状态，是一种进程。在进托邦的模式里，事物今天比昨天更好，虽然变好的程度可能只是那么一点点。它是一种渐进式的改进，也是一种温柔的进步。进托邦中的"进"（pro-）来自"进程"（process）和"进步"（progress）。这种微小的进步既不引人瞩目，也不鼓舞人心，极易被我们忽略，因为进托邦在产生新利益的同时，也在制造几乎同样多的新麻烦。今天的问题来自昨天的成功。而对今天问题的技术解决方案，又会给明天埋下隐患。随着时间流逝，真正的利益便在这种问题与解决方案同时进行的循环扩张背后逐渐积累起来。自启蒙时代[1]和科学发明时代以来，我们每一年的创造，都比我们每一年的破坏多出那么一丁点。而这少少的积极变化，积累数十年才能进入我们所谓的文明之中。它带来的利益永远不会成为电影中的桥段。

进托邦很难被人察觉的原因，在于它是一种"形成"。它是一种变化方式不断变化的进程。进托邦本身就在变化成别的东西。虽然要我们为一种形态正在转变的软进程（soft process）喝彩不太容易，但察觉到它还是非常重要的。

今天，我们对创新的负面已经变得非常敏感，而且对过去种种乌托邦的承诺深感失望，以至于我们变得很难去相信一种进托邦的未来，哪怕它非常温柔，只是一种明天将会比今天前进一点点的未来。想象任何一种我们渴求

---

1 指在 17~18 世纪欧洲地区发生的一场知识及文化运动，该运动相信理性发展知识可以解决人类实存的基本问题。人类历史从此展开在思潮、知识及媒体上的"启蒙"，开启现代化和现代性的发展历程。——译者注

的未来都会非常困难。不信？那么从科幻作品中为这个星球找到一种既有趣又让人满意的未来（《星际迷航》[1] 不算，因为它发生在太空里）试试？

能幸福地驾驶飞行汽车的未来不再吸引我们了。和 20 世纪不同，今天已没人想要搬进遥远的未来里生活。很多人甚至对其心生恐惧。这让人很难对未来严肃起来。所以我们被束缚在短视的现在，被困在视野不超过下一代人的当前。有些人接受了奇点理论[2] 信奉者们的展望，即从技术上讲，想象未来 100 年是不可能的。我们因此对未来很盲目。这种盲目或许只是现代社会难以逃避的苦恼。或许在文明和科技进步的这个阶段，我们进入了一种永恒而无止境的现在，不会有过去和将来。乌托邦、反乌托邦和进托邦统统消失，只有盲目的现在（Blind Now）。

另一种选择是拥抱未来和未来的"形成"。我们所瞄准的未来，是当下就能看到的、"形成"这种进程的产物。我们可以拥抱眼下这些将会成为未来的变化。

恒常的"形成"所带来的问题（特别是在进托邦的龟速前行当中）是，不断的变化会让我们无视其渐进式的变化。在不断的动作当中，我们不会再去注意动作。变化因此是一种能自我掩盖的动作，常常会在我们回顾过去时才显现出来。更重要的是，我们倾向于从旧事物的框架中来观察新事物。我

---

1 《星际迷航》（*Star Trek*）是美国的科幻影视系列。主要描述詹姆斯·T. 柯克上校与联邦星舰进取号舰员们的星际冒险故事。——译者注

2 奇点理论（Singularity）是一个根据技术发展史总结出的观点，认为技术发展将会在很短的时间内发生极大而接近于无限的进步。这一事件不可避免，而且转折点来临的时候，旧的社会模式将一去不复返，新的规则开始主宰这个世界。后人类时代的智能和技术我们根本无法理解，就像金鱼无法理解人类的文明一样。——译者注

们当下对未来的展望，实际上会曲解新的事物，好让它适应我们已知的事物。这就是为什么最早拍摄出来的电影，都像是戏剧表演一样，而最早的虚拟现实（VR）[1] 又制作得好像电影一样。这种生拉硬套并不总是坏事。小说家在人类的这种反射中勘探发掘，从而将新事物和旧事物联系起来。但当我们尝试了解将来会发生什么的时候，这种习惯就会愚弄我们。我们很难感知到正在发生的变化。有时候，这些变化显露出的轨迹似乎不可思议、难以置信，甚至让人感到荒唐透顶，我们因此对其报以轻视。我们只会时常对那些已经发展了 20 年，甚至更长时间的事物感到惊讶。

我对这种干扰没有免疫力。我曾深度参与 30 年前在线世界的诞生，也迎接过网络的到来，还见证过这一文化变革迅速结出果实。然而在每个阶段，都很难在当时看到事物未来"形成"的模样。难以置信是家常便饭。有时候，我们察觉不到"形成"的方向，是因为我们并不认同这个方向。

我不认为我们需要无视这种持续进行的进程。最近一段时间，变化的速度已经是前所未有的，这让我们放松了警惕。但现在我们知道，我们是，也将会是永远的菜鸟。我们会更经常地相信那些不太可能的事情。所有事物都在流动，而新的形式将会是旧事物的融合，这种融合与旧有的那些远远不同。通过努力和想象，我们可以学习更加清晰地辨识前方，不再盲目。我写下本书，在很大程度上是为了将我们目前变化的状态梳理清楚，并使过去 30 年中一直向着进托邦缓慢前行的漫长趋势之轨迹显现出来。

---

1 虚拟现实（Virtual Reality），简称 VR 技术，是利用计算机模拟产生一个三度空间的虚拟世界，提供用户关于视觉、听觉、触觉等感官的模拟，让用户如身历其境一般，可以及时、没有限制地观察三度空间内的事物。——译者注

让我举个例子，来说明我们通过最近几年网络的历史，可以学习到哪些关于未来的东西。1994年，在网景（Netscape）[1]这个图形浏览器点亮网络之前，互联网只有文字，而且对大多数人来说并不存在。它很难使用，没有图形画面，你要输入代码才能够使用它。谁愿意把时间浪费在这么无聊的东西上？如果当时的人们知道互联网的存在，那么无论企业邮件（和领带一样让人兴奋）还是为青少年开办的俱乐部，都会轻视互联网。尽管它确实存在，互联网还是被人们完全忽略了。

任何大有作为的新发明都会有反对者，而且作为越大，反对声也越大。在互联网诞生的黎明阶段，我们不难找到聪明人对互联网说的糊涂话。1994年晚些时候，《时代周刊》如此解释为什么互联网永远不会成为主流："它并非为商业设计，也不能优雅地容忍新用户。"瞧瞧！1995年2月，《新闻周刊》[2]在标题里怀疑得更直接："互联网？呸！"（Internet？ Bah！）这篇文章的作者是天体物理学家、网络专家克里夫•斯托尔[3]。他认为在线购物和网络社区有违常识，都是不切实际的幻想。他在文章里说："真相是，在线数据库不会取代报纸。然而麻省理工学院媒体实验室（MIT Media Lab）主任尼古拉斯•尼葛洛庞帝[4]却预测说我们会直接从互联网上购买书籍和报纸。啊，

---

1 网景浏览器（Netscape Navigator），是网景通信公司开发的网络浏览器，曾在20世纪90年代一度领先浏览器市场，后来在与微软IE浏览器的竞争中失败。Firefox浏览器的前身是网景浏览器的开源版本Mozilla。——译者注

2 《新闻周刊》（Newsweek），在美国和加拿大发行的新闻杂志，一度是仅次于《时代周刊》的美国第二大新闻类杂志。——译者注

3 全名克利福德•斯托尔（Clifford Stoll），曾在劳伦斯－伯克利国家实验（Lawrence Berkley National Laboratory）担任网络管理员，并领导逮捕了20世纪80年代的著名黑客马库斯•赫斯（Markus Hess）。——译者注

4 尼古拉斯•尼葛洛庞帝，美国著名计算机学家，美国著名投资人，代表作有《数字化生存》（Being Digital）。——译者注

说得多好。"当时，对充满"互动图书馆、虚拟社区和电子商务"的数字世界抱有怀疑是主流的看法，斯托尔用两个字给这种看法下了个结论："胡扯。"

1989 年，在我和美国广播公司（ABC）高层参加的一场会议里，就弥漫着这种轻蔑的气氛。当时我向这群坐办公室的人们展示"互联网这个东西"。他们的情况是，ABC 的高管意识到了有事情发生。当时的 ABC 是世界三大电视台之一，相比之下，那时的互联网就像蚊子一样渺小。但是（像我这样）生活在互联网里的人们一直在说，互联网会毁掉他们的生意。然而无论我告诉他们什么，都没办法说服他们互联网不是边缘事物、不仅仅是打字，而且最重要的是，不仅仅是十几岁的小男孩才用的东西。网络上那些分享行为，那些免费的东西似乎太过不可能。ABC 的一位高级副总裁，名叫史蒂芬·怀斯怀瑟（Stephen Weiswasser），把对互联网的贬低定了调。他对我说："互联网会变成 90 年代的民用电台。"他后来又对媒体复述了一遍这个论调。怀斯怀瑟对于 ABC 忽视新媒介的观点的总结是："被动的消费者是不会变成互联网上的'喷子'[1]的。"

我被请出了门。但我在离开之前，给他们提了一个建议。我说："听着，我刚好知道 abc.com 这个地址还没被注册。快去你们的地下室，找到你们最懂技术的计算机极客，让他立刻把 abc.com 注册下来。别犹豫，这事值得去做。"他们茫然地向我表示了感谢。一周之后，我又检查了一遍，那个域名还是处在未注册状态。

---

1 "喷子"的原文为 troller，英美国家的网络用语，意为在互联网争论中故意散布垃圾信息和虚假信息的人。该词有时还有中文网络用语中"钓鱼"的含义，即在网络上故意散布虚假信息吸引人认同，然后对其嘲笑。——译者注

嘲笑电视领域里的这些梦游者不难，但在为沙发马铃薯[1]想象替代方案这件事上，他们不是唯一碰到麻烦的。《连线》杂志也是这样的。我是《连线》杂志的创始编辑，而在最近重新审视20世纪90年代早期的《连线》杂志（这些杂志都是我编辑过的，我曾经对它们引以为豪）时，我很惊讶地发现，这些杂志兜售的未来，充满了高产值的内容。这些内容包括5000个永不关闭的电视频道和虚拟现实的内容，以及来自美国国会图书馆的一堆比特。实际上，《连线》杂志对未来的展望，和ABC这样的广播、出版、软件与电影行业所希望的一样。在这种未来里，网络基本上是以电视的方式运作的。只需几次点击，你就能从5000个拥有相关内容的频道（而不是电视时代的5个频道）中选择浏览、学习和观看。从所有时段都在播放的体育比赛，到与海水水族相关的内容，你可以从这些频道中任选一个沉浸其中。唯一不确定的是，谁会给互联网填充内容。《连线》杂志的展望是，他们是一群类似任天堂和雅虎这样的新媒体初创公司，而不是ABC这样臃肿的旧媒体。

问题是，内容的生产代价昂贵，而5000个频道就会耗费5000倍的成本。没有哪个公司会富有到这种地步，也没有哪个行业能够庞大到这种地步，以成功运营这样的一个企业。本应为数字革命牵线搭桥的大型电信公司，为了应付网络投资而出现的不确定而陷于瘫痪。1994年6月，英国电信（British Telecom）的大卫·奎恩（David Quinn）在一场软件发行商大会上承认："我不知道你们怎么才能从这里面赚到钱。"向网络填充内容所需的金钱数额巨大，让很多科技评论家陷入惊慌。他们深忧网络空间（cyberspace）会变成

---

1 美国俚语，指长时间坐在沙发上看电视的人。因为这类人体型大多肥胖，因此绰号"沙发马铃薯"。——译者注

网络郊区（cyburbia）——所有东西的从属和运营，都成为私有。

对商业化的恐惧在实际建造了网络之硬核（hardcore）的程序员群体中尤其强烈。这些硬核程序员是代码作者，是 Unix[1] 的拥护者，也是保持特殊网络运转的无私的 IT 志愿者。这些脾气暴躁的网络管理员认为他们的工作高贵优雅，是天赋人类的恩赐。他们把互联网视作开放的公共场所，不能被贪婪和商业化侵蚀。虽然现在很难相信，但在 1991 年之前，在互联网上开商业公司被视作不能接受的运用方式，是被严格禁止的。那时的互联网没有电商，也没有广告。在美国国家科学基金会（National Science Foundation，当时负责管理主干互联网，以下简称 NSF）的眼里，投资设立互联网的目的是研究，而非商业。当时的规定禁止将互联网"大范围用于私有事物和个人事务"，虽然这在今天看来天真至极，但在当时却颇得公共机构的欢心。在 20 世纪 80 年代中期，我参与了早期文本在线系统 WELL 的建造。我们的私有 WELL 网络接入新兴互联网之路颇为坎坷，部分原因是 NSF 的"可接受用途"政策对我们形成了障碍。最终，我们没被允许接入互联网，原因是 WELL 不能证明其用户不会在互联网上经营商业业务——当时的我们就已经对将要"形成"的东西视而不见了。

甚至在《连线》杂志的编辑部里，这种反商业化的态度也弥漫开来。1994 年，我们在为《连线》杂志的萌芽期网站"HotWired"举行早先的设计会议时，我们的程序员对我们酝酿的创新（最早期的点击横幅广告）非常

---

1 Unix（尤尼斯）操作系统，是一个强大的多用户、多任务操作系统，支持多种处理器架构，按照操作系统的分类，属于分时操作系统，最早由 Ken Thompson 等人于 1969 年在 AT&T 的贝尔实验室开发。——编者注

失望，认为它破坏了这片新领域中前所未有的社交潜力。他们觉得网络很难建立在尿布广告的基础上，并且已经被人下令用榜单和广告破坏网络。但在互联网这个新兴的并行文明中，禁止金钱流通是疯狂之举。网络空间里存在金钱是必然的。

但和我们所有人都错失掉的大事相比，这不过是一个小小的错觉而已。

早在 1945 年，计算机先锋万尼瓦尔•布什[1]为网络的核心理念——超链接页面列出了大纲。但直到 1965 年，才开始有人尝试把这个概念变成现实。此人名叫泰德•尼尔森（Ted Nelson），是一名自由思想家。他展望了一个尼尔森版本的超链接计划。不过，在将数字比特应用到比较有用的事物上时，尼尔森则鲜有成就。因此他的努力仅被一群与世隔离的追随者所知晓。

1984 年，我在一位计算机专家朋友的建议下，接触到了尼尔森，当时距离第一批网站的出现，还有 10 年的时间。我们在加州索萨利托（Sausalito）一处阴暗的船坞碰面。他当时在附近租下了一间船库，看上去游手好闲：他的脖子上戴着一支挂在绳子上的圆珠笔，口袋里塞满了叠着的笔记，那些满满当当的笔记本里还露出了长长的纸条。他对我谈起他那整理人类全部知识的计划时，热切得让下午 4 点的酒吧都有些不合时宜。方案就写在那些被裁成 3 比 5 尺寸的卡片上，而这样的卡片，他还有许多。

尽管尼尔森彬彬有礼，和蔼可亲，但对于和他的谈话，我的脑子还是有些赶不上趟。不过，我还是从他那关于超文本的奇特想法里收获了不少惊喜。尼尔森确信，世界上所有的文档，都应当是其他文档的注脚，而计算机

---

1 万尼瓦尔•布什（Vannevar Bush），美国著名工程师，第二次世界大战期间为曼哈顿计划发挥了巨大的政治作用。他在一篇文章中提出 memex 概念，可以看成是现代万维网的雏形。——译者注

应该让这些文档间的联系变得清晰可见，永不间断。这在当时是一种全新的理念。但那还只是开始！他在检索卡片 [1] 上草草涂写出了他所说的"文档宇宙"（docuverse）中的好几种复杂概念。这些概念包括如何将著作权转回给创作者，以及当读者在存放文档的网络中挑挑拣拣的时候怎样追踪支付。"嵌入"（transclusion）和"互偶"（intertwingularity）这些术语，就是他在描述他设计的嵌入式结构会带来怎样的庞大犹如乌托邦似的好处时说出来的。而这种结构，将会把世界从愚昧中拯救出来！

我相信他。虽然尼尔森行事古怪，但我很清楚，一个充满了超链接的世界是未来某天将会实现的必然。在网络中生活了 30 年后，现在回想起来，我对网络之起源感到最吃惊的，是在万尼瓦尔·布什的预见、尼尔森的文档宇宙，尤其是我自己抱有的期望里，我们错失了多少东西。我们都错失了一件大事。关于超文本和人类知识相关的变革，只是网络变革的边缘。这场变革的核心，是一种全新的参与方式。这种参与方式已经发展成了一种建立在分享基础上的新兴文化。通过超链接所实现的"分享"方式，又创造出了一种全新的思想。这种思想一部分来自人类，一部分来自机器，前所未有，举世罕见。网络已经释放出了新的变化。

不仅是过去，我们没能想象出网络会变成什么样子，直到今天，我们仍然看不清网络变成了什么样子！我们把网络绽放出的奇迹当作理所当然。诞生 20 年后，网络已经广袤到难以测探。包括那些根据要求临时创建的页面在内，网页的总数量已经超过 60 万亿。平均到每个在世的人身上，就是接

---

1 依照一定编目规则记录图书资料的卡片，记录信息的卡片一般存放在图书馆卡片目录柜中供借阅者查询使用，是计算机普及前的主流图书馆检索方式之一。——译者注

近一万个页面。而这些网页，全都是在过去不到 8000 天里创造出来的。

这种从一点一毫积攒出来的奇迹，会让我们对已取得的成就感到麻木。今天，通过任何一个互联网的窗口，我们都能得到各种各样的音乐和视频、全面透彻的百科全书，还能查看天气预报，查找那些招聘广告，观看地球上每一个角落的卫星照片，跟踪全球最前沿的资讯。此外还有纳税申报表、电视指南、导航路线、实时股票信息、电话号码、能虚拟体验的房地产交易信息、世间万物的照片、体育比赛比分、贩卖几乎任何东西的电商、重要报纸的存档，等等。而获取它们所耗费的时间，几乎为零。

这种视角如上帝般不可思议。仅需几下点击，你对世界上某一点的观察，就可以从地图转换成卫星照片，继而再转换成 3D 图像。想回顾过去？网上就有。你还可以聆听所有发微博、写博客的人每天的抱怨和说辞。我怀疑，天使观察人类的视角是否能够比这更好。

我们为什么不对这种满足感到惊讶呢？古代的国王们可能会为了获得这些能力发动战争。而从前，只有小孩子还会梦想着这样一扇充满魔力的窗户会成真。我曾经回顾过专家们对未来的期待，而我能肯定的是，没有任何人把这种物质全面丰富、按需取用而且完全免费的时代考虑进他们对未来 20 年的计划当中。在当时，任何蠢到把上述一切鼓吹成是不久后的未来的人，都会面临这样一套论据：全世界所有公司的投资加起来，所得到的钱也不够供养这样一个聚宝盆。网络今日取得的成就，在当时看来是不可能的。

但如果我们对过去 30 年有所了解的话，这种不可能就显得更加合理了。

泰德·尼尔森在那关于超文本嵌入的复杂草图中，并没有设想到有一个虚拟的跳蚤市场出现。尼尔森设想中的 Xanadu 超文本系统，规模就好像那些自家经营的小咖啡馆一样，不用 Xanadu，你就写不了超文本文档。但恰恰相反，网络蓬勃发展出了 eBay、Craigslist[1]、阿里巴巴这样的全球跳蚤市场，每年经手的交易量，就有数十亿美元。而这些跳蚤市场运作的地方，恰恰就在你的卧室里。令人惊讶的是，大部分工作是用户完成的：他们拍摄图片，分类信息，更新内容，宣传他们自己的产品，甚至管理他们的也是他们自己。虽然网站会联系当局逮捕恶意滋事的用户，但保证公平的主要方法，则是一个由用户产生评价的系统。30 亿条反馈评论，就能创造出奇迹。

我们都没能看到，这个在线的美丽新世界，是怎样被用户制造出来的。脸书、YouTube、Instagram 和推特所提供的全部内容，无一来自它们的员工，而是来自它们的受众。亚马逊的崛起令人咋舌，原因不是它变成了"万货商店"（这点不难想象），而是因为亚马逊的顾客（其中就包括你和我）争先写下的评论。这些评论使得用户在网站商品的长尾中选购变得可行。今天大部分重要软件的制作者，都不会去做问询台的工作。那些热情的顾客会在公司的产品支持论坛页面上向其他顾客提供建议和帮助，向新用户提供高质量客服服务。通过普通用户组成的巨大杠杆，谷歌公司得以将每月 900 亿次搜索所带来的流量和连接模式转变为新经济中有组织的智能。同样，没有任何人在对未来 20 年的预见中，看到这种自下而上的变革。

YouTube 和脸书上的视频无穷无尽，没有任何一种网络现象比这更能让人感到困惑。媒体专家们对受众的全部了解都加强了一种观念，即受众永远不会抬起屁股给自己找点乐子（他们了解的确实不少）。就像那个 ABC 大佬

1　美国最大的信息分类网站。——译者注

说的那样，用户就是一群沙发上的马铃薯。所有人都觉得写作和阅读已死；所有人都觉得，当你能安坐下来聆听音乐的时候，创作音乐就太过麻烦了；所有人还觉得，业余者根本不会制作视频——用户产生的作品永远不会大规模实现；就算实现了，一个受众也吸引不来；就算吸引来了受众，也无关痛痒。那么，当你目睹在21世纪最初的10年里，5000万个博客几乎瞬间爆发出来、每秒钟都有两篇博客发布出来的场景之后，就会感慨这有多么震撼了。之后的几年，用户制作的视频又以每天65000条的速度上传到了YouTube，2015年的每一分钟都会迸发出300个小时长度的视频[1]。而在最近几年，各种各样的警告、窍门和新闻标题又源源不断地爆发了出来。每个用户都在做着那些在ABC、AOL和《今日美国》（以及所有人）的希望中，只有ABC、AOL和《今日美国》才能做的事情。这些用户创造出的频道在经济方面毫无意义。制作它们的时间、能量和资源来自哪里呢？

答案是来自受众。

参与行为所携带的营养推动普通大众在撰写免费百科全书、制作平光轮胎更换的免费教程，以及分类整理参议院投票这类事情上，投入大量精力和时间。这种模式在越来越多地支撑网络运转。几年前的一项研究发现，只有40%的网络内容是以商业形式创造出来的。支撑人们创造其余部分的，不是责任，就是激情。

这种朝着用户参与的突然转变，从那个认为规模化生产的商品优于任何手工产品的工业时代走出来，这种朝向用户参与的突然转变可谓一种惊喜：

---

[1] 数据来自 Youtube 官方网站。

"我们曾经以为业余爱好者自己动手制作东西这种事，在那个马和马车的时代就早已消亡了。"对于制作东西和更加深入互动的热情，而不只是做出选择，是一种巨大的力量。虽然在数十年前，这种力量已经逐渐发展，但我们却未曾意料到，也未曾看到它。这种对于参与的原始冲动已经扭转了经济，并且还将在社交网络的氛围（众愚成智、蜂巢思维和协作行动）中稳步转换成社会的主流。

当一个公司像亚马逊、谷歌、eBay、脸书以及大部分大型平台那样，通过公共 API 将其部分数据库开放给用户和其他初创公司的时候，就已经开始在新的层面上鼓励用户参与了。运用这些能力的人们将不再是公司的顾客，而会为公司分担开发、销售、研发和市场工作。

用户和受众参与网络的方式不断进步，不断更新。这让网络把自己植入到了这颗星球上的每一项活动和每一寸土地中。实际上，在今天看来，人们对于使用网络会远离主流的焦虑看上去非常古怪。1990 年，人们担心男性会在互联网上占据主导地位，但这担心完全多余。2002 年，大家都错过了一个值得庆祝的时间点：当时，在线女性的人数第一次超过了男性。而在今天，网民中有 51% 是女性。当然还有一点，互联网不是，也从来不是青少年们的国度。2014 年，互联网用户的平均年龄大约是 44 岁——这岁数的人腿脚已经开始不灵活了。

在全面接受网络这件事上，有什么例子会比阿米什人[1]也采用了互联网更有说服力呢？最近，我一直在访问几个阿米什农民。说他们老套并不过分：

---

1 阿米什人是基督新教再洗礼派门诺会中的一个信徒分支，以拒绝汽车及电力等现代设施，过着简朴的生活而闻名。——译者注

戴草帽、蓄胡须,妻子都还戴着19世纪风格的套头帽;他们不用电,不用电话,不看电视,外出则乘坐马车。阿米什人以抵触科技闻名,但这名不副实。实际上,他们只是很晚才采用了科技而已。当我听到他们提起自己的网站时,吃了一惊。

"阿米什网站?"我问道。

"给我们家生意做广告用的,我们的商店里会焊些烧烤架卖。"

"这样啊,可是……"

"哦,我们会在公共图书馆用网络终端,我们还会用雅虎。"

到此,我知道网络带来的转变已经完成,我们都在向着更新的方向变化。

畅想未来30年,网络会变得怎样激动人心时,我们不免首先想到网页2.0——就是更好的网页。但是2050年的网络不会是更好的网页,它会变成别的东西,和今天网络的差距就像是最初的网络和电视的差距一样。

严格来说,今天的网络从技术角度上可以被定义成我们通过搜索引擎搜索到的一切。也就是说,今天的网络就是所有可以访问到的超链接文件。但在今天,数字世界的大部分都不能用搜索引擎搜索到。脸书、手机应用、网络世界,甚至是一段视频里发生的很多事情,今天的搜索引擎都无能为力。但在未来的30年中不会是这样的。超链接的触手会不断延伸,把所有的比特连接起来。一个主机游戏[1]里发生的事件会像新闻一样搜索即得。你还能寻找一段 YouTube 视频里发生的事情。而只要说出你想从手机里找到姐姐收

---

1 即通过游戏主机连接电视进行的电子游戏。——译者注

到录取通知书的那一刻，网络就会帮你搜索出来。

超链接还会延伸到实体当中，无论人造还是天然。把一块几乎免费的小芯片嵌入产品中，就能让你对你的房间，甚至整栋房子展开搜索。这种迹象已经出现了。我可以用手机操作恒温器和音乐播放器。再过 30 多年，整个世界都会和我的设备交织在一起。毫无疑问，网络将会延伸到这颗星球的各个物理维度。

它还会延伸进时间。今天的网络显然忽视了过去。我或许能让你看到埃及塔希尔广场（Tahir Square）的实时流媒体影像，但想看到一年前的广场几乎不可能。浏览特定网站的早期版本特别不容易。但在未来 30 年中，就会出现能让我们查看过去任一版本的"时间机器"。就像你的手机可以加入过去几天、几个月乃至几年的交通数据来改善导航一样，2050 年的网络也会充满了来自过去的内容。而网络本身也会延伸到未来中去。

从睡醒睁眼的那一刻起，网络就会尽力预测你的意图。在记录了你的日常生活后，网络会尝试先你一步：在你提问前就给出答案；在你开会前就给出文件；在你和朋友吃饭之前，就根据天气状况、地理位置、本周吃了哪些东西、上次和朋友见面吃的什么等你会考虑的因素推荐出最完美的地点。

你还能和网络对话。你不用在手机上翻找朋友们的一堆照片，而只要向网络提起一个朋友，它就会预测出你希望看到哪些照片，还会根据你的反应，为你展示更多或者从另一个朋友那里拿来一些东西。又或者，你马上就要奔赴下一个会场，这时网络就能选出两份你必须要看的电子邮件。

网络会越来越像是一种存在，而非 20 世纪 80 年代大名鼎鼎的赛博空间那种你会前往的地点。它会像电一样，成为一种低水平的持续性存在。它无处不在，永远开启，暗藏不现。到 2050 年，我们会把网络理解成一种场景。

这种强化后的场景会释放出许多新的可能性。然而数字世界已经膨胀出了许多选项和可能。在未来几年里，网络似乎已经没有全新事物的落脚之处了。

你能想象在 1985 年，也就是互联网时代的黎明，当一个充满雄心壮志的创业者，是件多么棒的事么？那时，你可以得到任何你想要的域名，还不用承担任何成本。这么好的机遇持续了很多年。1994 年，《连线》杂志的一个记者发现 mcdonalds.com 没被注册后，在我的鼓励下注册了下来。之后，他尝试把域名送给麦当劳，但没有成功。不过，麦当劳对互联网的无知是个很有意思的故事，它后来变成了《连线》杂志上非常有名的一篇文章。

当时的互联网还是一片广袤的处女地。无论你选择做什么，都能轻而易举地成为第一。消费者的期望不多，行业的壁垒又极低。做一个搜索引擎！当开网店的第一人！播放业余爱好者拍的视频！当然，这些都是当时。

现在看来，前几波的开拓者好像已经开疆拓土，把每一个可能的角落都开发得一干二净。他们留给今天这些后来者的，似乎只有困难和苦涩。30 年后，互联网似乎会充斥着 App、平台、设备和远远超过我们未来 100 年的注意力所需求的内容。就算你能通过小小的创新榨出油水来，在那种极大丰富的环境里，又有谁会注意到呢？

但是问题在于，仅就互联网而言，什么都还没有发生呢！互联网仍然处在开端的开端。它只不过在变化而已。如果我们能够乘坐时光机前往 30 年以后，再从那时的视角来回顾现在，我们就会意识到，在 2050 年，大部分运转人类生活的伟大产品，在 2016 年以前，都还没被发明出来。未来的人们查看的会是全息投影，佩戴的会是虚拟现实隐形眼镜，呈现的会是可以下载的形象，操作的会是人工智能界面。他们回溯时会说，哦，你们那会还没真正地拥有互联网呢（没准互联网在未来已经有了别的名字了）。

那些未来人说得没错。因为从我们现在的角度来看，21 世纪前半叶最伟大的网络事物已经出现在我们面前。只不过那些奇迹般的发明都在等着一个狂人以他的卓识远见来点化我们去采摘那些累累果实——这情形，就像是 1984 年的那些 .com 域名一样。

那些未来人说得没错。因为在 2050 年，会有另外一个白胡子老头问你：你能想象在 2016 年当一个发明家有多棒吗？那是一片广袤的处女地！你随便找个什么东西，都可以加上人工智能，上传到云里面去。那时的设备里不像现在，传感器成千上万，很少有超过一两个的。那时的期望不多，壁垒很低。成为第一轻而易举。

到那时，未来的人们会感慨："唉，我们要是意识到那时有多少可能性该多好！"

所以真相就是：此时此刻，今天，2016 年，就是创业的最佳时机。纵观历史，从来没有哪一天会比今天更适合发明创造。从来没有哪个时代会比当前、当下、此时此刻更有机遇，更加开放，有更低的壁垒、更高的利益风险比、更多的回报和更积极的环境。未来的人们回顾此刻时，会感慨道："哦，要是活在那时该有多好！"

过去 30 年已经开创出了不可思议的起跑线——可以建造真正伟大事物的坚固平台。但即将到来的将会不同，将会超越现在，将会成为他物。而最酷的东西尚未发明出来。

今天确实是一片广袤的处女地。我们都正在"形成"。这在人类的历史上，是绝无仅有的最佳开始时机。

你没迟到。

The Inevitable

第 2 章

知化 Cognifying

知化 Cognifying

很难想象有什么事物会像强大、无处不在的人工智能那样拥有"改变一切"的力量。没有什么比把迟钝的东西变聪明更富有成效。在某个现有进程中植入极少量有效的智能都会将其效率提高到全新水平。我们在知化[1]没有生气的物体后会得到许多的好处，而这对日常生活的颠覆将是工业化的百倍。但是让东西变智能不会带来极乐世界。与开发先前各种能源时一样，我们将把人工智能浪费在那些看上去愚蠢的事情上。当然，我们会运用综合智能解决诸如治愈癌症之类的科研难题，或是某个棘手的技术问题，但是把机敏的头脑置入普通事物之中才能带来真正的颠覆，这些事物可以是自动贩卖机、鞋子、书、报税单、卡车、电子邮件、手表及手机。我们的日常行为将

---

[1] 知化意为赋予对象认知能力。——编者注

被彻底改变。

在理想情况下，这种额外的智能只是廉价还不够，还应当完全免费。一项免费的人工智能技术和网页上的免费公共内容一样，比其他任何我们能想到的事情更能满足商业和科学的需求，并且很快就能自给自足。直到最近，传统的看法认为，超级计算机将首先成为这种人工心智的载体，然后是家中的个人计算机，接着我们会把它放进我们的个人机器人中。人工智能将是一些有界限的实体，而我们能清楚地区分我们和它们的思维。

事实上，真正的人工智能不太可能诞生在独立的超级计算机上。它会出现在网络这个由数十亿计算机芯片组成的超级组织中。它将是轻巧、嵌入式的，没有固定形态，并且内部的联系松散。把它的思维和我们的区分开会很困难。任何与这个网络人工智能的接触都是对其智能的分享和贡献。这种人工智能连接了 70 亿人的大脑、数万兆联网的晶体管、数百艾字节[1]的现实生活数据以及整个文明的自我修正反馈循环。那种单独的人工智能无法像它一样快速而聪明地学习。因此网络本身将会知化为一种完善速度惊人的事物。过时的独立综合智能技术可能会被看作有缺陷的，它对于远离动态人工智能的人来说简直是种惩罚。

当这种新兴人工智能问世的时候，它会由于无处不在，反而让人们无法察觉。我们会利用它不断增长的智慧处理各种单调的杂活，但它却无影无形。我们将能够通过地球上任何地方的电子屏幕，用数百万种方式获得它分布在各处的智能，因此很难说它到底在哪里。还因为这种综合智能结合了人类的

---

1 艾字节，ExaByte，缩写 EB，常用来标示网络硬盘总容量。
1EB=1024PB=1073741824GB。——编者注

智能（包括所有人类过去的智慧以及所有互联网上的人），要准确地指出它到底是什么也很困难。它是我们的记忆，还是我们的一种共识？是我们在搜索它，还是它在寻找我们？

人工智能思想的到来加速了本书中描述的其他所有颠覆性趋势的进程，它在未来世界中的威力与曾经的"铀元素"相当。我们可以肯定地说，知化是必然的，因为它已经近在咫尺。

大约两年前，我长途跋涉来到IBM研究实验室位于纽约州约克敦海茨的林间园区，想要尽早一窥让人期待已久的人工智能的到来。在2011年的《危险边缘》[1]中夺魁的超级计算机"沃森"就诞生于此。最初的沃森计算机仍被留在这里，它与一间卧室体积相当，10台貌似柜式冰箱的机器围成了四面墙，通过中间的微小孔隙，技术人员得以操作机器背后的电线和电缆。里面的温度高得出奇，让人觉得这个机群是活生生的。

如今的沃森与从前大不一样。它不再仅仅存在于一墙机柜当中，而是在大量开放标准的服务器之间传播。这些服务器可以同时运行上百个人工智能项目。只要能用手机、台式机或是自己的数据服务器连上沃森，它就像所有云端化的事物一样，同时为世界各地的客户提供服务。这类人工智能的规模可以根据需求进行调整。由于人工智能会随着人们的使用自我改进，沃森将越来越聪明，它在一个项目中习得的东西能够被立即运用到其他项目上。它并非一个单独的程序，而是多种软件引擎的集合，其逻辑演绎引擎和语言解

1　一档非常受欢迎的美国智力竞赛节目。——编者注

析引擎可能使用不同的代码，分别在不同地点的不同芯片上运行，而所有这些都汇集成一条统一的"智能流"。

消费者可以直接连入这个不断运转的智能系统，也可以经由使用这个人工智能云端的第三方应用程序连入。就像许多聪明小孩的父母一样，IBM 希望沃森从事医学工作，因而他们正在开发的应用程序中有一款是医疗诊断工具并不奇怪。之前，与诊断有关的人工智能尝试都以惨败告终，但是沃森确有实效。简单地说，当我告诉它自己在印度感染的某种疾病的症状后，它给我一张按照得病可能性由高到低排列的疾病推断清单。它声称我最有可能感染了贾第鞭毛虫，结果确实是这样的。这项专门技术还未对病人直接开放，IBM 让合作伙伴使用沃森的智能，帮助他们开发供病人预约医生和医院的用户友好界面。"我相信类似于沃森这样的机器（人）将很快成为世界上最好的诊断专家。"Scanadu 公司 [1] 的首席医疗官艾伦·格林（Alan Greene）说道。这家创业公司受到《星际迷航》中医用三录仪的启发，正在借助沃森的人工智能制造一种诊断设备。他还说："从人工智能技术的发展速度来看，现在出生的孩子在成年后可能很少需要依靠医生来诊断了"。

医学只是个开端。所有的主流云公司加上几十家创业公司都争先恐后地启动类似于沃森提供的认知服务。根据量化分析公司 Quid 的数据，自 2009 年以来，人工智能已经吸引了超过 170 亿美元的投资。仅 2014 年，322 家拥有类似人工智能技术的公司获得的投资就超过 20 亿美元。脸书和谷歌都为自己的人工智能研究团队招募研究员。2014 年以来，雅虎、英特尔、Dropbox、领英、Pinterest [2] 以及推特都收购了人工智能公司。人工智能领

---

1 硅谷的一家科技公司，它利用移动与感官技术研发移动医疗设备。——编者注

2 全球最热门的图片社交网站之一。在这个网站上，新的图片会不断加载在页面底端，用户可以随时收藏自己喜欢的图片，其他用户可以关注并转发这些图片。——编者注

域的民间投资在过去 4 年里平均每年增长 62%，这个速度还会持续下去。

　　总部位于伦敦的 DeepMind 是谷歌收购的早期人工智能公司之一。2015年，DeepMind 的研究人员在《科学》杂志上发表了一篇文章，描述了他们如何教人工智能程序玩 20 世纪 80 年代的街机类电子游戏，比如"电子弹珠台"（Video Pinball）。他们教它学习玩游戏的方法，而不是具体游戏的玩法，二者有着根本的区别。他们只是打开基于云端的人工智能，放手让它去玩雅达利（Atari）公司的游戏——例如 Pong 的变种 Breakout，它会学着如何不断提高分数。从实验记录影像上可以看出，人工智能的进步速度惊人。起初，人工智能几乎是在随机地玩，但它在逐渐进步。半小时后，每 4 次操作，它才失误 1 次。一小时后，它在第 300 局游戏中做到了零失误。之后，它继续飞快地学习，以至于在第二个小时里，它算出了 Breakout 中的一个漏洞，而此前数百万人类玩家都没有发现。利用这个漏洞，它可以通过打通一面墙赢得游戏，这连游戏开发者也没想到。在没有 DeepMind 开发者指导的情况下，一种叫作"深度强化机器学习"（deep reinforcement machine learning）的算法在接触 49 个雅达利游戏数小时后，能在其中约一半游戏中打败熟练掌握游戏的人类。

　　在所有这些活动中，一幅未来人工智能的图景正浮现出来，它既不像哈尔 9000（HAL 9000）这个由非凡（却有嗜杀倾向）的类人意识驱动的独立机器，也不像奇点[1]论者（Singularitan）迷醉的超级智能。即将到来的人工智能更像亚马逊的网络服务——廉价、可靠、工业级的数字智能在一切事物背后

1　"奇点"本是天体物理学术语，著名未来学家雷·库兹韦尔用它来指人类与其他物种（物体）的相互融合。——编者注

运行，除了闪现在你眼前的短暂时刻，它近乎无影无形。这种常见的设施会根据你的需求提供你想要的智能水平。即使人工智能改变了网络、全球经济以及文明，它也会像所有设施一样让人感到极度无聊。就像一个多世纪前电力所做的那样，它会让没有生气的东西活跃起来。如今我们将知化从前所有被电气化的东西。新的实用人工智能还会通过加深我们的记忆力，加速我们的认识能力等方法来强化个体以及全体人类的能力。通过注入额外的智能，我们几乎想不到什么东西不能变得新奇、不同和有趣。事实上，我们可以轻而易举地预测接下来 10000 家创业公司的商业计划：挑选一个领域并加入人工智能。

关于加入人工智能的神奇力量，摄影术是个很好的例子。20 世纪 70 年代，我是个拖着笨重的摄影器材到处奔波的旅游摄影师。除了背包中的 500 卷胶卷，我还扛着两个铜制尼康机身，一个闪光灯以及 5 个奇重无比（每个 1 磅）的玻璃镜头。光线暗的时候得用"大镜头"捕捉更多的光。摄影术要求一台用复杂而惊人的机械工程手段制造的密封相机在千分之一秒内聚焦、测量以及折射光线。那么后来的情况呢？如今我使用的尼康傻瓜相机的重量几乎可以忽略，在近乎黑暗时也能拍摄，焦距能从我的鼻尖一直延伸到无限远。显然，我手机里的相机更轻、更易用并且能和又重又老的家伙拍摄同样质量的照片。新相机体积更小、反应更快、声音更小且更便宜，这不仅是微型化造成的，还因为许多传统相机的功能被智能因素取代，摄影术被知化了。当今的手机照相机通过加入算法、计算以及智能成分淘汰了层层笨重的镜头，完成了物理镜头过去所做的工作。这些新相机使用无形的智能因素取代物理快门。而暗房和胶卷则被更多计算以及视觉智能因素取代。甚至有一种没有镜头的纯平相机，其中，纯平的光传感器代替了镜头，利用惊人的计算识别能力，根据照在不聚焦的传感器上的不同光束，计算出一张图片。知化摄影术的结果是革命性的，它使得相机能塞进各个角落（太阳镜的镜框中、衣服上的某个色块中、写字的笔中），并能做更多事，如3D或高清计算以及其他曾经需要数十万美元和一卡车设备才能进行的工作。现在，知化的摄影几乎成了任何设备都能完成的附带功能。

类似的转变将会发生在其他任何一个领域中。拿化学来说，一桌子盛满溶液的瓶瓶罐罐操作起来得费不少力气。移动原子岂不是更费劲？加入人工智能后，科学家们可以进行虚拟化学实验。他们在多如天文数字的化学结合中精挑细选，决定哪些更有希望成功，值得放在实验室中检验。语言学也有可能，比如把人工智能加入语言中，收录过去100年来书籍、杂志和报纸中出现过的数以亿万计的词，然后据此追踪新词的诞生。用这种智能可以打造全新的商标名。把人工智能用在法律上，用它在堆积如山的文件中寻找证据，识别案件中的矛盾，或是对法律论据的使用提出建议。

能够结合人工智能的行业多到数不尽。越是看似不可能的行业，加入人工智能带来的影响会越大。知化的投资呢？像Betterment和Wealthfront这样的公司已经投入实践。他们运用人工智能分析股票指数，优化避税方案或者平衡投资组合的持有比例。这些是一个职业资金经理每年会进行一次的工作，而人工智能每天或每小时都能做。

以下是另一些看似不太可能，却有望得到认知加强的领域：

知化的音乐——人们能运用各种算法即时创作电子游戏或虚拟世界中的音乐。音乐的变化取决于个人的操作。人工智能将为任意玩家创作数百小时的个性化音乐。

知化的洗衣——机器自动识别各类衣物的洗涤方式。智能衣物将指挥洗衣程序根据每次放入的衣物自行调整洗衣方案。

知化的营销——读者或观众个人关注一个广告时，其社会影响力能够成倍提高广告的受关注程度（取决于跟风的人数以及影响力的大小）。商家利用这一点，优化每一份投入的受关注度和影响力。当规模达到百万级别时，这项工作由人工智能完成。

知化的房产——人工智能匹配买方和卖方，并能够提示"喜欢这间公寓的租户还喜欢哪些房子等"。它还能根据你的个人经济状况生成一份财务计划。

知化的护理——遍布病人全身的传感器从早到晚地工作，提供高度个性化的护理方案，并每天做出调整和细化。

知化的建造——复杂工程项目和其众多子项目能被即时纳入计划表，使工程速度和预算得到优化。想象一下，一个足够智能的项目管理软件，不光能考虑设计改动，还会考虑天气、港口交通延误、汇率、意外事故等因素。

知化的伦理——自动驾驶汽车需要被事先教授优先级和行为规则。在考虑司机之前，它们或许应当首先保证行人的安全。任何依赖准则的真正自主事物都需要智能的伦理规则。

知化的玩具——玩具更像宠物。类似宠物的玩具对孩子深深的吸引力是菲比娃娃完全无法相比的。能交谈的玩具更受青睐。或许第一款真正的大众机器人就是一个洋娃娃。

知化的体育——智能传感器能带来新的计分和裁判方式。并且，我们每秒就从运动员身上提取高度精细化的数据，用来打造一个精华版虚拟体育联赛。

知化的编织——谁知道呢？但它迟早会出现！

世界的知化是一桩正在发生的重要事件。

2002 年左右，我参加了谷歌的一个小型聚会。当时的谷歌是一家专注搜索的小公司，还未首次公开募股（IPO）。其间，我与谷歌出色的联合创始人——拉里·佩奇（Larry Page）交谈时说道："拉里，我搞不懂。已经有这么多家搜索公司，为什么还要做免费网络搜索？这主意有什么好的？"我当时因为缺乏想象力而无法做出正确地判断，这恰好有力地证明了预测是困难的，尤其是预测未来。但我得为自己辩解一下，那是在谷歌加强广告拍卖方案并盈利之前，更别提后来发生的包括 YouTube 在内的任何一宗大型收购。在所有谷歌搜索网站的狂热用户中，我不是唯一一个认为它撑不了多久的人。然而佩奇的回答让我一直难忘："哦，我们其实在做人工智能。"

关于那次谈话，我在过去几年里想了很多。其间除了 DeepMind，谷歌还收购了另外 13 家人工智能和机器人公司。乍看，你会认为谷歌正通过扩充人工智能方面的投资组合改善自己的搜索能力，毕竟搜索贡献了它总收入的 80%。我认为事实恰恰相反。谷歌正利用搜索改善它的人工智能，而不是用人工智能强化它的搜索能力。每当你键入一个查询词，点击一个搜索引擎生成的链接或是在网上创建一个链接，你都是在训练谷歌的人工智能。当你在图片搜索栏输入"复活节兔子"（Eastern Bunny），就在告诉人工智能复活节兔子长什么样。谷歌每天处理的 121 亿次查询是在一遍又一遍地训练深度学习型人工智能。随着对人工智能算法的稳步改进，加上千倍的数据量以及百倍的计算资源，再过 10 年，谷歌将拥有一款无可匹敌的人工智能产品。我的预测是：到了 2026 年，谷歌的主营产品将不再是搜索，而是人工智能。

这个观点自然会遭到质疑。因为近 60 年来，人工智能的研究者都预测人工智能时代近在咫尺，然而直到几年前，人工智能似乎还是遥不可及的。人们甚至把这个缺乏研究成果，更缺研究资金的时代称作人工智能的冬天。事情真的改变了吗？

是的。近期的三大突破将开启人们期待已久的人工智能时代。

廉价的并行计算

思考是人类固有的一种并行过程。我们大脑中的数百亿神经元同时激发，制造出用于计算的同步电波。建立一个神经网络——人工智能软件的基本结构，同样需要各个进程同步运行。神经网络中的一个节点大致类似大脑中的一个神经元，它能通过和周围节点的互动弄清接收到的信号。一个程序想要辨认出某个口语词汇，必须听到每一个音素以及它们之间的关系，想要识别出某幅图片，必须同时看见每个像素以及它和周围像素的关联。这两者都是深度并行任务。但是直到最近，典型的计算机处理器每次还是只能执行一项命令。

十多年前，情况开始改变，当时出现的一种叫作图形处理器（graphics processing unit）或 GPU 的新型芯片是为了满足电子游戏中大量的视觉并行需求而设计的。游戏里的一张图片中包含的数百万像素需要在一秒内被多次重新计算，这就需要在主板上增加一块专门的并行芯片作为辅助。并行图像芯片运行效果极佳，电子游戏也大受欢迎。到了 2005 年，投入大量生产的 GPU 的价格已经与一般商品相当。2009 年，吴恩达（Andrew Ng）和斯坦福大学的一个研究团队意识到 GPU 芯片可以并行运行神经网络。

这个发现让神经网络的节点之间能拥有上亿的连接，开启了神经网络新的可能性。传统的处理器计算拥有一亿节点的神经网络的级联可能性需要数周时间。吴恩达发现，一个 GPU 集群一天内就能完成同样的任务。如今，在 GPU 集群上运行神经网络被应用云计算的公司当作常规技术使用，如脸书用它来识别你照片中的好友，而 Netflix[1] 用它为超过 5000 万订阅用户推荐靠谱的内容。

大数据

每种智能都需要接受训练。尽管基因决定了人的大脑善于给事物分类，但人脑仍需要看过数十个实例才能区分猫和狗。人工心智更是如此。哪怕是程序编得最好的计算机也要对弈至少 1000 局国际象棋后才会有良好表现。人工智能之所以获得突破，部分是因为对全世界令人难以置信的海量数据的收集为人工智能提供了训练的条件。大规模数据库、自我追踪、网页

---

1 美国网络视频服务商，以 DVD 出租业务起家，提供网络视频付费订阅观看服务，收录内容大部分是有版权的作品。除网络视频业务之外，该公司目前还保持 DVD 出租业务。——译者注

cookies、网上足迹、太字节（TB）级别的存储、几十年的搜索结果、维基百科以及整个数字世界都成了让人工智能变聪明的老师。吴恩达这样解释道："建设人工智能就像造一艘火箭飞船，需要一个巨大的引擎和许多燃料。飞船的引擎是各种学习型算法，而燃料是我们提供给这些算法的大量数据。"

更好的算法

数字神经网络在 20 世纪 50 年代就被发明出来了，但是计算机科学家花费了几十年时间学习如何驾驭数百万甚至数亿神经元之间多如天文数字的组合关系。其中的关键在于将神经网络组织成叠层（staked layers）。可以用相对简单的人脸识别任务举例。当神经网络中的一组数位被发现能触发某种图案，比如一只眼睛的图像，这个识别的结果（"啊，是只眼睛！"）会被移到神经网络的下一层级做进一步解析。下一层级可能会将双眼归在一组，并把这个有意义的数据块传到层级结构的更下一层级，该层级能够将双眼和鼻子的图案关联在一起。识别一张人脸可能需要数百万这类节点（其中每个节点产生一个计算结果供周围的节点使用），并需要叠加多达 15 个层级。2006年，当时就职于多伦多大学的杰夫·辛顿（Geoff Hinton）对这个方法做出了关键改进，并将其称为"深度学习"。他能对各个层级的数据结果进行数学上的优化，从而加快了进一步叠层时的学习速度。数年后，当深度学习算法被移植到 GPU 集群上时，速度有了大幅提升。深度学习代码本身不足以产生复杂的逻辑思维，但它是当下所有人工智能产品的基本组成部分，这些产品包括 IBM 的沃森、DeepMind、谷歌的搜索引擎以及脸书的算法。

由并行计算、更大量的数据、更深层次的算法组成的这场完美风暴，让酝酿了 60 年的人工智能仿佛一夜间获得成功。它们的组合表明，只要这些技术趋势继续下去——没有不继续的理由，人工智能就将持续进步。

这样下去，这种基于云端的人工智能愈将成为我们日常生活中根深蒂固的部分。但这是有代价的。云计算遵循收益递增（increasing returns）法则，有时又叫网络效应（network effect）。这一法则指出，网络规模扩大的速度远远赶不上其价值增加的速度。网络规模越大，对新用户的吸引力越强，这就让它（的规模）变得更大，从而更具吸引力，如此往复下去。一个为人工智能服务的云端也将遵循这一法则。越多人使用人工智能，它就会变得越聪明；它变得越聪明，就会有越多人使用它；当它更聪明时，就会有更多人使用它。一家公司进入这个良性循环后，规模会变得极大，发展速度极快，以至于对其他新兴竞争对手形成压倒性优势。结果就是，未来的人工智能将由两到三家寡头公司主导，并以基于云端的多用途商业产品为主。

1997 年，沃森的前辈——IBM 的（超级计算机）深蓝（Deep Blue）在一场著名的人机对弈中击败了当时具有统治地位的国际象棋大师加里·卡斯帕罗夫（Garry Kasparov）。当计算机又赢得了几场比赛后，人类选手基本上对这种比赛失去了兴趣。你或许会认为这就是故事的结局（如果不是人类历史的终结），但卡斯帕罗夫意识到，如果他也能像深蓝一样即时访问包含先前所有棋局中棋路的大规模数据库，就能表现得更好。如果人工智能选手使用数据库工具被认为是公平的，那么人类为什么不能使用呢？为了实现用数据库加强人类大师的心智的想法，卡斯帕罗夫率先提出了"人加机器"

（man-plus-machine）的概念，即在比赛中用人工智能增强国际象棋选手水平，而不是让双方互相对抗。

如今，这种比赛被称为自由式国际象棋比赛，它们和混合武术对抗赛相似，选手们可以使用任何他们想用的作战技巧。你可以在没有协助的情况下比赛；也可以成为极其聪明的国际象棋计算机的傀儡，仅仅按照它的指示移动棋子；或者你可以当一个卡斯帕罗夫提倡的"半人马"型选手，也就是人类和人工智能结合的赛博格（Cyborg）[1]。这种选手会听取那些人工智能提出的走棋建议，偶尔也会否决它们，颇似我们在开车时使用 GPS 智能导航的情景。在对任何模式的选手开放的 2014 年自由式国际象棋对抗锦标赛上，纯粹使用人工智能国际象棋引擎的选手赢得了 42 场比赛，而"半人马"型选手则赢得了 53 场。当今世界上最优秀的国际象棋选手队伍就是"半人马"型的 Intagrand，它由一个人类团队和几个不同的国际象棋程序组成。

但更让人意外的是人工智能的出现并未削弱纯人类国际象棋选手的水平。恰恰相反，在廉价且超级智能的国际象棋软件的激励下，下国际象棋的人数、锦标赛的数量以及选手的水平都达到了历史之最。与深蓝首次战胜卡斯帕罗夫时相比，拥有国际象棋大师头衔的人数至少翻了一番。现今排名第一的人类国际象棋选手马格努斯·卡尔森（Magnus Carlsen）就曾和人工智能一起训练，并且被认为是所有人类国际象棋选手中最接近计算机的一个。他还是有史以来评分最高的人类国际象棋大师。

既然人工智能可以帮助人类成为更优秀的国际象棋选手，那么合理地推

---

1 赛博格（Cyborg），最早出现在科幻小说中，现在已经逐渐变为现实。指用机械替换人体的一部分，从而将大脑与机械连接起来。——编者注

测，它也能帮助我们成为更优秀的飞行员、医生、法官、教师。大多数人工智能完成的商业工作都将由专注某个狭小领域的专门化智能软件负责。比方说，它能把某种语言翻译成另一种语言，但不能干别的；它可以开车，却不能和你交谈；它能记得 YouTube 上所有视频里每个像素，却无法预测你的日常工作。在接下来的 10 年里，与你产生直接或间接互动的人工智能产品有99% 都将是超级智能的自闭型"专家"。

事实上，这并非真正的智能，至少不是我们细想后希望得到的。其实智能或许是种累赘，如果说"智能"意味着我们特有的自觉意识、疯狂的自省循环以及凌乱的自我意识流，那么结论尤其如此。我们希望自动驾驶汽车能够超乎常人地专注于道路，而不是在纠结之前和智能车库之间的争执。医院里的综合"沃森"医生能一心扑在工作上，永远不要去想当初是不是该学金融专业。随着人工智能的发展，我们可能要设计一些手段阻止它们拥有意识，而当我们宣传最优质的人工智能时，很可能给它打上"无意识"的标签。

我们想要的不是智能，而是人工智慧。与一般的智能不同，智慧是专注的、能衡量的、专门化的。它还能够用完全不同于人类认知的方式思考。2014 年 3 月，得克萨斯州奥斯汀西南偏南音乐节（South by Southwest festival）上的特技表演就是一个关于非人类思维的精妙例子。当时 IBM 的研究员给沃森加入了一个烹饪数据库，其中包含网上菜谱、美国农业部（USDA）营养成分表以及如何让配方更可口的研究报告。凭借这堆数据，沃森从味道资料以及现有的菜式中创制出新菜品，厨师则很乐意地把它们做出来。众人最爱的一道菜是美味版的"鱼和薯条"（fish and chips），它是用酸橘汁腌鱼和油炸车前草制成的。在约克敦海茨的 IBM 实验室吃午饭时，我津津有味地品尝着这道菜以及另一道沃森的发明：瑞士／泰式芦笋乳蛋饼。味道不赖！这两道菜怎么看都不像是人类所能想到的。

非人类智能不是一个程序错误，而是一项功能。会思考的机器最重要的特征就是它们思考的方式与人类有差别。

由于进化过程中的一种巧合，我们成为漫游在这个星球上唯一拥有自我意识的物种，这让我们误以为人类的智能是独一无二的。然而它不是。我们的智能只是某个特定社会的智能，和宇宙中可能存在的其他智能和意识种类相比，它只占据一个小小的角落。我们喜欢把人类的智能看作"通用的"，因为和我们遇到的其他心智相比，人类的心智能解决更多种类的问题，但是当我们创建了越来越多的综合心智后，我们开始意识到人类思维并不通用，它只是思维的一种。

今天，不断涌现的人工智能的思维方式就与人类不同。它们在完成诸如下国际象棋、开车、描述一张照片的内容等我们曾认为只有人类能做的事情时，使用的方法也与我们不同。脸书通过加强它的人工智能，能让它在看过一个人的照片后就能从网上约 30 亿人的照片中识别出此人。人脑无法提升到这种程度，因此这种能力完全是非人类的。众所周知，我们的思维方式不擅长做统计，所以我们制造出各种统计技术很强的智能设备，是为了让它们用不同的方式思考。让人工智能替我们开车的一项优势就是，它们不像我们那样容易分心。

在一个联系超密集的世界中，不一样的思维是创新和财富的来源。仅仅聪明是不够的。商业动机会让与工业力量相关的人工智能无处不在，它们廉价而聪明，会被植入所有我们制造的东西里。当我们开始发明新的智能种类和新的思维方式时，将获得更大的回报。我们目前还不了解智能的完整分类法。有些人类思维的特点将会是通用的（就像生物学中的左右对称性、细胞分裂、管状脏器）。但是很可能存在某种心智种类，和我们演化的结果大不相同，其思维方式并非一定要比人类更快、更强大、更深刻，有时反而更简单。

宇宙中潜在的心智种类数量庞大。最近，我们开始研究地球上动物的心智，而其间已经见到了许多其他种类的智能，伴随着更多的发现，我们会愈加尊重这个事实。鲸和海豚复杂而奇特的智能不断带给我们惊喜。很难设想如何准确地判断出一种心智比我们更高级。一种便于我们设想的手段就是着手建立一门心智分类学。这个心智的矩阵将包括人类心智、机器心智以及可能存在的心智，尤其是类似科幻小说家虚构的那种超越人类的心智。

这种异想天开的尝试是值得的，因为我们一定会在所有产品中加入智能，但加入哪种特质的智能并非显而易见，而是有选择空间的。智能的特质将会决定其经济价值以及它们在我们文化中的角色。列出机器在哪些可能的方面比我们（即便在理论上）更聪明，将会帮助我们调整并约束智能的发展。一些非常聪明的人，如天文学家斯蒂芬·霍金，以及天才发明家埃隆·马斯克（Elon Musk）担心，创造聪明绝顶的人工智能是个错误，因而探究更多智能种类显得更为明智。

假设我们登上了一个外星球，如何衡量我们在那里碰到的智能的水平？这是一个极难回答的问题，因为我们对自己的智能并没有一个真正的定义（部分是因为至今为止我们不需要）。

现实世界遵循补偿的法则，哪怕在强大心智的世界中也是如此的。一

种心智并不能把所有工作都完成得很好。一类特定的心智在某些方面的表现
更为出色，在其他方面就会有所欠缺。比如，指导自动驾驶汽车与评估房
产是两种差异很大的智慧；诊断疾病与监控住宅的人工智能所用的智慧有
天壤之别；能准确预测天气的超级大脑与植入衣服中的智能分属两个完全
不同的心智领域。心智分类学必须能反映出如何运用不同方法设计出具有
补偿特点的心智。下面这份候选清单中我只列出了那些可能比我们更高级
的心智，我排除了数千种将会大规模知化的物联网中那些平常的机器智慧，
比如一个计算器中的智能。

一些新的心智包括：

- 一种心智与人类的心智相像，只是反应更快（我们最容易想到的人
工智能）。

- 一种心智主要基于大容量存贮和记忆，有些愚钝但是信息面广博。

- 一种全球化超级心智，由数百万做着单调工作的智能体组成。

- 一种蜂巢型心智，由许多十分聪明的心智组成，但是自己却意识不到。

- 一种博格型（borg）的心智，组成它的许多聪明心智意识到它们构成
了一个整体。

- 一种心智被专门训练用来加强指定的人类个体，但是对其他人完全
无效。

- 一种心智能够设想但不能制造比自身更强大的心智。

- 一种心智能够制造比自身更强大的心智，由于自我意识不足，无法设
想自己制造的心智。

- 一种心智能够制造比自身更强大的心智。

- 一种心智能够创造比自身更强大的心智，而被创造出的心智能继续这么做。

- 一种心智拥有自身源代码的访问通道，因此可以修改自己的进程。

- 一种心智逻辑能力超强并且没有情感。

- 一种心智能解决普遍问题，但没有自我意识。

- 一种心智具有自我意识，但不能解决普遍问题。

- 一种心智成长期很长，并且在它成熟前需要一个保护者。

- 一种很缓慢的心智，覆盖了很长的物理距离，因而在快速的心智看来，它是"隐形的"。

- 一种心智能够多次克隆自己。

- 一种心智能够克隆自己，并且与克隆体组成一个整体。

- 一种心智能从一个平台迁移到另一个平台从而保持永生。

- 一种快速、动态的心智，能够改变自己的认知进程。

- 一种纳米级的心智，它是所有可能的超级心智中（尺寸和能耗数据）最小的。

- 一种心智专门提出设想并做预测。

- 一种心智从不抹去或忘记任何事情，包括错误或虚假的信息。

- 一种半机器半动物的共生心智。

- 一种半人半机器的赛博格心智。

- 一种使用量子计算的心智，我们无法理解它的逻辑。

如果上述任何一种心智能够成为现实，也将发生在 20 年开外的未来。

这张预测清单的重点在于所有的认知功能都是专门化的。从现在直到未来百年，我们制造的人工心智都将会是为专门任务而设计的，并且通常是超越我们能力的任务。我们最重要的机械产品不是某样事情比人类做得更好，而是能做人类完全做不了的事情。同理，我们最重要的思维产品也将不是比人类想得更快、更好，而是能思考人类无法思考的事情。

想要真正解决当前关于量子引力、暗能量以及暗物质高深复杂的谜团，我们可能需要人类以外的其他智能。并且想要解决这些问题带来的更为困难的极端复杂问题，我们或许需要更不同、更复杂的智能。实际上，我们可能还要发明中间水平的智能，来帮助我们设计那些我们无法独自设计出来的更精密的智能。我们亟需不同的思维。

如今，许多科学发现要靠数百个人类的心智共同完成，而在不久的将来，或许会有很多十分艰深的问题，得借助数百种不同类型的心智才能解决。到那时，我们不会那么容易接受异类智能提供的答案，这将把我们带到文化的边缘地带。当我们在认可计算机做出的数学证明后感到不舒服时，这种情形已经出现了。与异类智能打交道是一项新技能，也是对我们自身的开拓。人工智能的植入会改变我们的科研方式。非常智能的工具会加快我们的测量速度并改变我们的测量方法；海量的即时数据会加快我们的模型思维速度并改变我们的模型思维方式；极具智慧的记录手段会加快我们了解事情的速度并改变我们"了解"的方式。科学方法是一种认识的手段，但它向来都是从人类的视角出发的。当我们把一种新的智能加入科学方法，科学一定会以不同的方式去认识和发展。到那时一切都将改变。

人工智能（AI, Artificial Intelligence）也可以表示异类智能（Alien

Intelligence）。宇宙中有十亿颗类地星球，我们无法确定未来 200 年内是否会接触到其中一颗上的地外生命，但几乎可以 100% 确定我们会制造出异类智能。当我们面对这些人造异类时将和遇到外星人一样，既会受益也会遭到挑战。它们会迫使我们重新评估自身的角色、信仰、目标和身份。人的目的是什么？我相信有一个答案是我们要制造生物演化无法得到的新型智能。我们的职责就是制造能够用不同方式思考的机器，也就是创造异类智能。我们确实应该把各种人工智能称作"异类智能"。

人工智能会像外星人一样，用和任何人类厨师大不相同的方式对待食物，这将促使人类对食物进行不同的思考。这个例子同样适用于材料的制造、服装、金融衍生品、任意门类的科学和艺术。与人工智能的速度和力量相比，它的相异性对我们来说会更有价值。

如此一来，人工智能可以让我们更好地理解起初所说的智能的含义。过去，我们或许会说，只有那种具有超级智能的人工智能才能驾驶汽车，或是在《危险边缘》以及国际象棋中战胜人类。但是当人工智能做到了这些，我们就认为这些成就显然是机械的，几乎不能被称为真正的智能。人工智能的每一次成就都将自己重新划为"非人工智能"行列。

但是我们不仅在重新定义人工智能，也在重新定义人类。在过去 60 年里，机械过程复制了我们过去认为人类独有的行为和能力，我们不得不改变关于人和机器之间差别的看法。当我们发明了更多种类的人工智能后，会在"什么是人类独有的"这一问题上做出更大让步。我们将在未来的 30 年，甚至一个世纪里陷入一种旷日持久的身份危机，不断扪心自问人类的意义。最大的讽刺是，日常生活中那些实用的人工智能带给我们最大的益处将不在于产能的提高、富足的经济或是新的科研方式，尽管这些都显而易见。人工智能时代的到来最大的益处在于，各种人工智能将帮助我们定义人性。我们需要人工智能告诉我们——我们是谁？

未来几年里，那些被赋予实体的异类智能将获得我们最多的关注。我们把它们叫作机器人。它们同样会有各种不同的形状、体积和功能配置。机器人已经低调地走进了我们的生活。不久，更张扬、更聪明的机器人必将出现。它们所带来的颠覆效果将直抵我们生活的核心。

试想，如果明天 10 个美国工人中就有 7 个会失业，他们该怎么办？

如果超过一半的劳动人口都拿到了解雇通知书，很难相信一个经济体还能继续存在。事实上，工业革命就让 19 世纪初的劳动力面临这种状况，只不过事情发生得较为缓慢。200 年前，70% 的美国劳动力以农场为生。后来，自动化实现后，机器代替了农民以及在农场作业的动物，淘汰了大多数人的工作，只留下 1% 左右。但是被取代的农民并没有就此闲着。自动化转而在全新的领域中创造了亿万份工作。曾经务农的人如今操纵着工厂中炮制农具、汽车以及其他工业产品的机器。从此，一浪又一浪建立在自动化之上的新职业潮水般袭来，包括家用电器维修工、胶印工人、食品化学家、摄影师、网站设计师。今天，我们大多数人从事的工作是 19 世纪的农民无法想象的。

或许很难令人相信，但在 21 世纪结束前，如今人们从事的职业中有 70%很可能会被自动化设备取代。不用说，亲爱的读者，你的工作也会被机器取代。换句话说，机器人取代人工是必然的，一切只是时间问题。第二次自动化浪潮正引领这项变革，而人工认知、廉价传感器、机器学习和分布式智能将成为变革的焦点。广泛的自动化将会触及包括体力劳动和知识型工作在内的所有工种。

首先，已经实现自动化的行业中，机器会进一步巩固自身的地位。当机器人取代流水线工人后，它们会接着取代仓库工人。麻利的机器人能够从早到晚不断地抬起 150 磅的重物。它们把箱子取出来，分好类，然后装上卡车。这种机器人已经在亚马逊的仓库工作了。采摘水果和蔬菜的过程也将逐步由机器人接手，最后只有在特色农场里才能见到人类在采摘。药房里将会有一个配药机器人在后台工作，而药剂师专心回应病人的咨询。实际上配药机器人的雏形已经问世，目前正在加利福尼亚州的医院里工作。它们至今还未出现过一次弄错处方上要求的状况，这对人类药剂师来说很难做到。接下来，打扫办公楼这种相对精细的杂活也将由机器人在半夜完成。它们从简单的打扫地面和窗户开始，最终完成清洁厕所的要求。长途货运汽车在高速公路上行驶时，将由驾驶室内置的机器人进行驾驶。到2050 年，大多数货车将实现无人驾驶。鉴于货车司机是目前美国最普遍的职业，这件事的影响不容小觑。

机器人的触角终究会伸向白领工作。许多机器已经含有人工智能，我们只是没有称它们为人工智能机器人。请看谷歌最新的计算机之一，它能够为任意一张给定的照片写下准确说明。选取一张网上的照片后，它会"看着"这张照片然后给出完美的说明。它能持续地像人类一样正确描述照片上发生的事，却不会感到疲倦，还能阅读并概括出文本大意。任何与大量文书工作相关的岗位都可以由机器人从事，这其中就包括不少医疗岗位。任何较为机械的资讯密集型工作都能被自动化。无论你是一名医生、律师、建筑师、记者甚至程序员，机器人都将历史性地接管你的工作。

我们已经处在转折点上。

我们对于一个智能机器人的外形和行为已经有了先入为主的印象，这让我们意识不到身边发生的变化。要求人工智能效仿人类的智能，好比要求人工飞行模仿鸟类翅膀，在逻辑上是说不通的。

巴克斯特（Baxter）是 Rethink Robotics 公司的新型作业机器人。它的制造者是发明畅销吸尘器鲁姆巴（Roomba）系列产品的前麻省理工学院教授罗德尼·布鲁克斯（Rodney Brooks）。巴克斯特是一款较早被用来辅助人类工作的新级别工业机器人，但它看上去貌不惊人。当然，它和许多其他工业机器人一样有一条强壮的机械臂。巴克斯特的双手和工厂机器人一样，能进行重复性的手工劳动。但是它和一般的工厂机器人之间有着三方面的重要区别。

第一，它能向四周看并且可以通过移动头部的动画眼睛提示它正在看的地方。它能感知附近工作的人类从而避免伤到他们，工人们也能知道自己是否被它看到。之前的工业机器人无法做到这些，这就意味着工作中的机器人必须与人类保持距离。典型的工厂机器人被关在一个铁丝网围栏或是玻璃笼子里。它们意识不到他人的存在，因此放在人的周围太过危险。这种机器人无法在一家难以将它们与人隔开的小商店中工作。理想情况下，工人应该能够在机器人身上存取材料，或者在日常工作中手动调整机器人的控制参数，而双方被隔开的话，此类动作就难以实现了。但巴克斯特能和人类做伴。它们使用力反馈（force-feedback）技术来感知自己是否触碰到人或另一个机器人，显得彬彬有礼。你可以在自家的车里接通它的电源，从容地在它身旁工作。

第二，任何人都能训练巴克斯特。它不一定像其他工业机器人一样迅捷、强大或精准，但它更聪明。要想训练它，你只需要抓起它的双臂并引导它们按照正确的次序做动作。这是一种"照着做"的训练方法。当巴克斯特学会动作后，就会不断重复练习。包括文盲在内的任何工人都可以进行这种展示。想要命令先前的作业机器人做最简单的任务改变，需要高度受教育的工程师和训练有素的程序员写数千条代码，还要进行调试。代码必须用批处理模式（batch mode）载入，比如大型非常用批处理文件。因为机器人一旦投入使用就不能被重新编程了。典型工业机器人的大量花费不是来自硬件而是来自它的运营成本。工业机器人的购买价为 10 万美元，然而在整个使用期中编程、训练和维护的费用是购买费用的 4 倍多。这些费用累加后，平均每个工业机器人的总花费超过 50 万美元。

第三，巴克斯特更便宜。定价 2.2 万美元的巴克斯特与它的前辈机器人 50 万美元的总花费相比不在一个数量级上。使用批处理模式编程的老牌机器人就好像机器人界的大型主机，而巴克斯特好比第一台个人计算机。由于缺乏某些重要性能，如亚毫米级的精确度，这种机器人很可能沦落为机器爱好者的玩具。但是与个人计算机一样，却不同于过去大型主机的是：在不需要专家调试的情况下，用户可以即时与它进行直接交流，并且可以用它来做不太紧急，甚至是鸡毛蒜皮的事。它的价格足够低廉，因此小型工厂可以购买一台用来打包成品、喷涂定制化产品或者操作 3D 打印机。或者你也可以让它在生产 iPhone 的工厂充当工人。

巴克斯特诞生在波士顿查尔斯河畔一幢拥有百年历史的砖墙建筑中。

1895 年，这幢建筑是位于当时新制造业世界中心的一个奇迹。它甚至能发电供自己使用。百年来，这座围墙内的工厂改变了我们身边的世界。如今巴克斯特的性能以及即将到来的大量高级机器工人促使布鲁克斯思考一个问题：这些机器人会如何比上一次革命更彻底地颠覆制造业？看着办公室窗外那些比邻的工厂，他说道："现在我们提到制造业就会想到发生在中国的情形。但是随着机器人带来的制造成本下降，运输的成本将成为远比生产成本更重要的因素。距离近就代表低成本。因此我们会看到这种本地特许经营的工厂组成的网络，所有的东西将在距离需求地 5 英里（约 8 千米）以内的范围内生产。"

这些对生产行业来说或许是正确的，但是许多人从事的是服务业。我请求布鲁克斯和我一起穿过一家当地麦当劳餐厅，并让他指出哪些工作可以被他的机器人取代。他犹豫着表示："指望机器人为我们当厨师恐怕要等 30 年。在一家快餐店中，你不会一直干一种活，而是忙于在不同的任务之间转换，因此你需要一种特定的解决方案。我们不提供特定方案。我们正在打造一种能在人类身旁自主运行的机器人。"当我们能够与身边的机器人协同工作时，双方的工作内容必然会掺杂在一起，不久我们过去干的活将会由它们承担，而我们难以想象自己日后的新工作会是什么。

我根据人类和机器人的关系把工作分为四大类，希望能帮助我们更好地了解机器人将怎样取代人类。

人类能从事但机器人表现更佳的工作

人类需要花大力气动手织布，然而只用几美分，自动织布机就可以织出

1 英里（约 1.6 千米）的布。如今，对手工中不完美的留恋，是我们购买手工纺织品的唯一理由。但是没有人想要一辆有瑕疵的汽车。谁也不愿意驾驶一辆性能不稳定的汽车以 70 英里（约 113 千米）的时速在高速公路上飞驰。因此我们认定，在汽车的生产过程中人参与的程度越低越好。

我们仍然错误地认为，不能信任计算机和机器人在更为复杂的事务中的表现。因此我们不愿意积极地承认它们掌握了部分常规的抽象工作，并且在特定情况下，甚至比体力劳动做得更好。一种由计算机控制的装置被称作自动驾驶仪，它能在没有任何辅助的情况下驾驶一架波音 787 客机完成一次标准的飞行，其中只有 8 分钟时间完成起来有难度。驾驶舱中的人类驾驶员只需要完成这 8 分钟的飞行任务以及应对突发状况，而需要人操控的时间正在持续减少。20 世纪 90 年代，计算机大规模取代人类，为房屋抵押贷款作评估。大部分税务工作、常规的 X 光片分析以及审前证据收集工作都由计算机处理，而这些都曾是领着高薪的聪明人干的活。我们已经接受机器人从事制造业是可靠的，不久我们就会接受它们的智能和服务。

人类不能从事但机器人能从事的工作

举个琐碎的例子，人类想造出一枚铜螺钉都很困难，而自动化技术可以在一小时内生产 1000 枚。没有自动化，我们连一块计算机芯片也造不出来，因为这种工作需要人类身体不具备的精准、控制力和坚定不移的注意力。同样，无论受教育程度有多高，没有一个人或一群人能快速搜索世界上所有的网页，找到包含尼泊尔首都加德满都鸡蛋价格的网页。任何时候你在点击搜索按钮时，都是在雇用一个机器人帮忙完成我们这个物种无法独立完成的事情。

当过去人类从事的工作一项一项被机器人取代的消息不断登上新闻头条后，机器人和自动化将主要通过承担人类无法胜任的工作为人类谋福利。我们没有 CT 扫描仪器那样的注意广度，能够通过对每平方毫米范围进行搜索寻找癌细胞。我们没有将融化的玻璃变成瓶子所需要的毫秒级反应能力。我们没有完美的记忆力，能记住美国职业棒球大联盟（Major League Baseball）中的每一次投掷，并且实时计算出下次投掷的成功率。

我们不会把"好工作"交给机器人。大多数时候，我们只是把自己做不了的工作交给它们。没有它们，这些工作将永远无法完成。

人类想要从事却还不知道是什么的工作

在机器人和计算机智能的协助下，我们得以完成 150 年前完全无法想象的事情，这是机器人介入人类生活后最令人赞叹的一点。今天，我们可以通过手术摘除内脏上的肿瘤，录制婚礼视频，让登陆车在火星上行驶，在布料上印出朋友通过电波传来的图案。我们正在进行的 100 万种有偿或无偿的新活动会让 19 世纪的农民觉得眼花缭乱并感到震惊。从过去的角度看，这些新的成就不仅仅困难，而且主要是由那些能够完成它们的机器创造出来的。它们是由机器设计的工作。

在我们发明汽车、空调、平板显示器以及动画之前，住在古罗马的人不会想到他们能一边看动画片，一边吹着空调前往雅典，但我最近就这么干过。200 年前，没有哪个老百姓会告诉你，他们要买一小块用来和远方的朋友对话的玻璃面板，而不是家里的下水道系统。如今，没有现代下水道系统的农民却去购买智能手机。第一人称射击游戏中内置的精巧的人工智能技术，给了数百万青春期男孩成为职业游戏设计师的动力和需求，而这种梦想是维多利亚时期的男孩不会拥有的。自动化每一次微小的成功都会催生一些新职业，没有自动化的促进，我们不会想到这些职业。

需要重申的是，自动化创造的大多数新任务也只有其他的自动化技术能处理。如今，我们拥有谷歌这样的搜索引擎，就指望它们能干千百种新差事。人们会问："谷歌，你能告诉我手机放哪儿了吗？谷歌，你能帮抑郁症病人找到卖相关药物的医生吗？谷歌，你能预测下一次病毒性传染病的爆发吗？"技术会不加区分地把各种可能性和选择堆放在人和机器面前。可以打赌，到了 2050 年，薪资最高的行业将依赖目前还没有发明的自动化技术和相关机器。也就是说，我们不知道这些工作，是因为让这些工作成为可能的机器和技术还未出现。机器人创造了我们想要从事却还不知道是什么的工作。

（刚开始）只有人类能从事的工作

至少在很长一段时间内，人类想做什么是由人类而不是机器人决定的。这句话并不是一句多余的表述，事实上，人类发明的东西唤起了自身的欲望，因此人类的需求和机器人之间互为因果。

当机器人和自动化过程包办了我们的大多数基础工作，让我们的吃、穿、住变得相对容易时，我们就会闲下来并且自问："人的目的是什么？"工业化不仅延长了人类的寿命，还让很大一部分人认为，人类理应成为芭蕾舞演员、专职音乐家、数学家、运动员、服装设计师、瑜伽大师、同人小说作者或是拥有名片上那些独一无二的头衔。在机器的帮助下，我们才能担当这些角色。当然，随着时间的推移，机器也会从事这些工作。接下来，面对"人类应该做什么"这个问题，我们会想到更多的答案。但是机器人想回答这个问题还要等到多年以后。

后工业化经济将会持续发展。因为每个人的任务之一将是找到、从事并完成将来会成为机器人重复性劳动的新工作。不久的将来，由机器人驾驶的轿车和卡车随处可见。这项新的自动化技术会为以前的卡车司机带来一份叫作行程优化师的新工作。工作的内容就是通过调整运输系统的算法达到节能省时的效果。外科手术机器人成为常规后，让复杂机器保持无菌状态将成为必要的医疗新技术。追踪个人所有活动的自动化自我追踪技术成为常态后，将会出现一种新的专业分析师，为你解读数据。当然我们还需要一大批负责维护你的个人机器人正常运转的保姆。今后，所有这些职业也将逐个被自动化接管。

当人人都拥有招之即来的个人机器人（也就是巴克斯特的后继者们时），真正的变革就开始了。想象一下，你是 0.1% 依然从事农业的人群中的一员，打理一家直接向客户供货的小型有机农场。虽然你仍然是一个农民，但是机器人承担了大部分的农活。分布在泥土里的细小探针指导你的机器人队伍在炎炎夏日里播种、治虫、收割。你作为农民的新任务将是监管整个农耕系统。某天，你可能会研究一下应该种植祖传番茄的哪一个变种；第二天试着发现客户的需求；接下来的一天更新你的客户群。其他所有能被量化评估的任务都由机器人完成。

如今，这一切似乎难以想象。我们无法想象一个机器人能把一堆散件组装成一件礼品，或是制造除草机的配件，抑或是为我们的新厨房制作需要的材料。我们无法想象自己的外甥或侄女在他们的车库里操纵一堆作业机器人，为朋友的创业公司大量生产电动车逆变器。我们无法想象自己的子女成为家用装置设计师，制造一批定制化液氮（分子）甜品机并卖给富豪们。然而，个人机器人自动化系统能将这一切变为现实。

虽然，几乎人人都能得到个人机器人，但是仅仅拥有一个机器人并不是成功的关键。成功将青睐那些以最优化的方式与机器人以及机器一同工作的人。产品的地理集群性差异将会凸显，但各个集群的差别不在于人工成本，而在于人的专业技能。人类和机器之间将形成一种共生关系。人类的工作就是不停地给机器人安排任务，这本身就是一项永远做不完的工作，所以，我们至少还能保留这份"工作"。

将来，我们和机器人的关系会变得更复杂。同时，一种循环出现的模式值得我们注意。无论你现在从事什么工作，收入水平如何，都将反复经历机器人替代人的以下 7 个步骤：

1. 机器人（计算机）干不了我的工作。

【后来】

2. 好吧，它会许多事情，但我做的事情它不一定都会。

【后来】

3. 好吧，我做的事情它都会，但它常常出故障，这时需要我来处理。

【后来】

4. 好吧，它干常规工作时从不出错，但是我需要训练它学习新任务。

【后来】

5. 好吧，就让它做我原来的工作吧，那工作本来就不是人该干的。

【后来】

6.哇，机器人正在干我以前做的工作，我的新工作不仅好玩多了，工资还高！

【后来】

7.真高兴，机器人（计算机）绝对干不了我现在做的事情。

【重复】

　　这不是一场人类和机器人之间的竞赛，而是一场机器人参与的竞赛。如果和机器人比赛，我们必输无疑。未来，你的薪水高低将取决于你能否和机器人默契配合。90%的同事将会是看不见的机器，而没有它们，你的大部分工作将无法完成。人和机器的分工也将是模糊的，至少在开始时，你可能不会觉得自己在干一份工作，因为看上去所有的苦差事都被机器人承包了。

　　我们需要让机器人接手。许多政客们极力阻止机器人接手的那些人类工作，实际上是人们不情愿干的。机器人能干那些我们正在干的事情，而且远比我们干得好；机器人能从事那些我们从事不了的工作，能做那些我们从没想到需要去做的工作；机器人还能帮助我们发现自己的新工作，发现那些让我们拓展自身意义的事。

　　这一切都是必然的。让机器人代替我们从事现在的工作，让我们在它们的帮助下去构想有意义的新工作吧。

The Inevitable

第 3 章

流动 Flowing

流 动 Flowing

互联网是世界上最大的复印机。在最根本的层面上，它将我们使用它时所产生的一切行为、一切特征、一切想法拷贝成复制品。为了将信息从互联网的某个角落传输到另一边，通信协议让信息在传输过程中经历了数次的复制。在平常日子里，部分数据在内存、缓存、服务器和路由器之间循环往复，期间或许已经被复制了数十次。科技公司们也在销售这些永不停歇的复制设备上赚到了大钱。如果一样东西可以复制，那么当它接触互联网后，它就必然会被复制。

数字经济就是这样运转在自由流动的复制品河流中的。实际上，我们的数字通信网络经过设计后，尽可能地减少了复制品流动的阻力。复制品的流动是如此地自由，以至于我们可以把互联网想象成一个超导体。进入这个系统的复制品能够通过网络无休止地流动下去，就像超导电线中的电流一样。

病毒式传播的含义便在于此。复制品经过复制后，产生新的复制品——由此泛起一道道波纹，向外荡散开来。复制品一旦接触互联网，就再也不会离开。

这种超级分配系统已经成为我们经济和财富的基础。信息、创意和资讯的实时复制强构了 21 世纪经济中的主要部分。美国对外出口的软件、音乐、电影和游戏价值连城，都是易于复制的产品。拥有制造它们的产业是美国手握全球竞争优势的原因。美国的财富因此建立在一台能够迅速、混杂地复制信息的巨大机器之上。

我们不能阻止大规模的自由复制。这样做不仅会破坏创造财富的动力，还会使互联网本身停转。自由流动的复制品已经在互联网这个全球通信系统的本质中留下了烙印。网络技术需要没有约束的复制，复制品必然流动。

在我们的文明中，经济早先是建立在堆满实体货品的仓库和工厂之上的。现在这些实体库存仍然必要，但想得到财富与幸福，只有它们已经不再足够。我们的注意力已经从实体货品的库存上，转移到了无形产品（如复制品）的流动上。我们考察一样东西的价值，不再仅针对它所包含的原子。这件东西的非物质成分、设计，甚至它根据我们的需求灵活变化的能力，都会成为衡量它价值的因素。

曾经用钢铁和皮革制造出的实体产品，如今已被当作不断更新的流动服务来出售。马路上停泊的实体汽车，已经转变成了由优步、Lyft、Zip 和 RideShare[1] 按需提供的私人交通服务。这些服务的改进速度,远比汽车要快。购买日用品也不再是买得到买不到的问题了——现在，稳定的日用品补充流

1　均为美国流行的共享用车公司，可参考国内的滴滴出行。——译者注

如同流水一般,可以定期送货上门,不会间断。手机也每隔几个月就变得更好,因为新操作系统可以持续地在智能手机上自我更新——在过去,随这些更新而来的新功能和新好处则可能会产生对新硬件的需求。购买新手机后,会有让你的操作系统和之前保持相似的服务,你的个性化设置会被注入到新设备中。这种不间断的更新序列延绵不绝。对有着不知足的人类欲望的我们来说,梦想的确成真了:永无止境的改进,汇聚成了一条条河流。

这种不停变动的新体制的核心,是更加细致入微的计算。我们正在进入计算时代的第三个阶段:流(the Flows)。

数字时代的第一阶段,借鉴自工业时代。正如马歇尔·麦克卢汉[1]观察到的:新媒介最初的形态,是模仿它取代的媒介而来的。第一批商用计算机从办公室里汲取了大量的灵感:我们的屏幕上有"桌面"和"文件夹",还有"文件";它们层级分明,秩序井然,和计算机将要颠覆的工业时代颇为相似。

第二阶段的数字时代抛弃了这些灵感,引入了网络组织原则。基本单位不再是文件,而是"页面"。页面并未被组织在文件夹里,而是分布在连接起来的网络当中。网络本身则是由超链接联系起来的数十亿个页面,包罗万象,既储存信息,又传递知识。可以浏览任何页面的统一窗口"浏览器",取代了桌面界面。这种连接起来的网络,结构是平的。

现在,我们正在进入数字时代的第三个阶段。页面和浏览器远不如从前重要。今天,最基本的单位是"流"(flows)和"信息流"(streams)。我们持续不断地关注着推特和脸书上的信息流。我们观看流媒体视频,收听

---

1 加拿大著名哲学家及教育家,是现代传播理论的奠基者。——译者注

流媒体音乐。电视屏幕最下方是不断流动的新闻滚动条。我们还在 YouTube 上订阅视频流（却把它称为"频道"），通过 RSS 订阅博客。我们沉浸在通知和更新组成的信息流里。我们的 App 也在更新流中不断改善。标签取代了链接，我们在信息流中标注、点赞、收藏不同的时刻。某些像 Snapchat 和 WhatsApp[1] 这样的信息流甚至完全活在当下，没有过去和未来。它们只是流向了过去。如果你想再看一眼它是什么东西，还是算了吧，它消失了。

流动的时间同样也发生了转变，在第一阶段里，任务往往以按批处理的模式完成。你每个月都会收到账单；税金总是要在每年的同一天申报；电话费以 30 天为单位收取一次——事情总是堆积起来等待一次完成。

而在第二阶段中，随着网络的到来，我们很快就变得期待所有事能在当天完成。收到退款后，我们希望这笔钱当天就能出现在账户里，不必等到月末。发送电子邮件时，我们期望能在当天晚些时候收到答复，而不用像普通邮件那样等到两周之后。我们的循环时间从按批处理的模式跳转到了日清日毕的模式。这是一件大事。因为期望转变得太快，许多机构都措手不及。人们不再有耐心排队填写必需的表格。如果表格没法当天填完，人们干脆就置之不理了。

如今是第三阶段，我们已经从日清日毕的模式转换到实时模式。给别人发信息时，我们希望立刻就能收到答复。花钱时，我们也希望我们的银行账户能立刻结算。医疗诊断为什么不能当时就做好，反而还要等上好几天呢？如果我们在班级里展开一场问答竞赛，比分为什么不能实时显示呢？对于新

---

1 均是著名的网络聊天应用，前者可以自动删除聊天记录，后者可以通过技术手段防止聊天信息被他人监听。——译者注

闻，我们不再需要得知上个小时的事情，而是需要了解当下每一秒的一切。要么实时发生，要么不存在。推论下去，想在实时中运转良好，所有事情就必须流动起来——这至关重要。

例如，按需观看电影意味着电影必须是流动的。像大多数订阅 Netflix 服务的家庭一样，我们都对实时欲罢不能，都会忽视不由流媒体播放的电影。Netflix 的 DVD 出租目录，节目量是流媒体播放目录的 10 倍，而且质量也比后者更好。但我们情愿实时观看更少的节目，也不愿意为了 DVD 上更好的东西等上两天——"速度为王，质量靠边站"。

实时的图书也是如此。在数字时代来临之前，我会在想阅读的很久前购买纸质图书。如果在书店里看到一本好书，我就会买下来。起初，互联网扩大了我那巨长的"待读书单"，因为我在网上接触了越来越多的书评推荐。Kindle 上市之后，我就主要购买数字图书（digital books）了。不过我还保持着老习惯——不管什么时候，只要碰到好的推荐，就会把电子书买下来。毕竟这很简单！点击一下，书就到你的设备上了。

然后我就醒悟了（我保证别人也和我一样）：在购买一本电子书后，它存放的位置和我没有买它时存放的位置是一模一样的（都在云端），区别只是付款和没有付款而已。既然如此，为什么不让它保持"未付款状态"呢？所以现在，不是半分钟内非要读到不可，我是不会买下一本书的。这种"即时购买"模式正是实时数据流的自然结果。

在工业时代里，公司通过提高自己的效率和生产力来最大化地节省自己的时间。这在今天已经远远不够。现在，组织还要节省其顾客与公民的时间。他们需要尽其所能地进行实时互动。实时就是人类的时间。虽然和银行柜台相比，从 ATM 机上取钱的速度要快上很多，效率也会高上不少，但我们真正想要的，是在我们指尖上流动的现金。这就像 Square、Paypal 和 Apple Pay[1] 这样的数据流公司所提供的实时货币一样。名词需要变成动词，固定的实体事物需要编程服务。数据不会保持静止，万物如今都要成为流动的数据流。

信息混杂的上万亿条信息流汇聚在一起，相互流动，便是我们所说的"云端"。云端的软件流于你，就像是升级组成的信息流。你的文本信息流在到达朋友的屏幕之前，会先进入云端。你账户下的大量视频在云端安睡，等待你的呼唤。云端还是歌曲汇集的海洋，是和你交谈的 Siri 的智能所在。对计算机来说，云端是一种新的组织。而数字时代第三阶段中的基本单位，便成了流、标签和云端。

向实时转变的需求及复制品组成的云端破坏的第一个产业，是音乐产业。这或许和音乐本身就在流动有关（音乐是音符组成的溪流，它的美丽只能在音符的流动中展现），即音乐首先具有先天的流动性。随着音乐产业不情愿地发生了转变，起变化的故事在图书、电影、游戏、新闻等其他媒介中一遍又一遍地显现。这种向着流动性的必然转变几乎改变了社会的方方面面。音乐产业升级进入流动性领域的传奇，为我们揭示了前进的方向。

几个世纪以来，音乐的面貌一直被科技塑造。早期留声机设备的录音时

---

1 美国网络支付服务，Square 用户可通过连接智能手机的刷卡器进行刷卡支付。Paypal 是第三方网络支付平台，支付宝的基础功能与之类似。Apple Pay 是苹果通过 iPhone 提供的手机支付功能。——译者注

长最多只有 4 分半钟。音乐家们曲折悠扬的作品因此被简化和缩短，好适应录音技术的限制。今天，流行歌曲的"标准时长"4 分半钟。50 年前对留声机录音的廉价工业化生产极大地降低了精准复制唱片的成本，自此之后，音乐开始成为一种消费品。

2005 年前后，由 Napster[1] 和 Bit Torrent 等先锋引发的转变，给音乐产业带来了前所未有的颠覆。模拟复制品正在被数字复制品取代。模拟唱片驱动了工业时代，它精准而廉价；数字复制品则推动着数字时代，它精准，而且免费。

我们很难忽视免费。复制行为在免费的推动下，达到了我们早先难以置信的规模。最流行的 10 支音乐短片（MV），已经被（免费）欣赏了 100 亿次还多。当然，能被免费复制的不止音乐，还有文本、图像、视频、游戏、所有的网站、企业用软件、3D 打印文件等。在这个全新的网络世界里，任何可以被复制的东西都会被复制，而且免费。

经济学中有一条颠扑不破的定理：一旦某样事物变得免费，变得无所不在，那么它的经济地位就会突然反转。在夜间电力照明还是罕见的新事物时，只有穷人才会使用蜡烛。此后电力变得唾手可得，而且几乎免费时，人们的喜好快速翻转，烛光晚餐反而成了奢侈的标志。在工业时代，复制品变得比手工制成的原型品更有价值。没人会想购买一台笨重的电冰箱原型机。大部分人想要的是能够完美工作的复制品。复制越常见，人们对它的渴望就越强烈，因为随它而来的还有服务和维修店面组成的网络。

---

1 第一个广泛应用 P2P 下载技术的音乐共享服务。1999 年，唱片公司曾以侵犯版权为由对其发起诉讼。——译者注

现在，价值的轴心再一次发生了翻转。如江河般滔滔不绝的免费复制品已经削弱了既有秩序。在这个充满了免费数字复制品的超饱和数字时空中，复制品无处不在，太过廉价（实际上已经到了免费的地步），以至于只有无法复制的事情才变得真正有价值。科技告诉我们，复制品已经不再值钱了。简单来说，当复制品大量存在时，它们就会变得没有价值，无法复制的东西反而会变得罕见而有价值。

当复制品免费时，你就要去销售那些无法复制的东西。那么，什么是无法复制的呢？

例如信任。信任无法大规模生产，也无法购买。我们不能下载信任，然后储存在数据库或仓库里。信任必须通过时间积攒。它不会被伪造，也无法伪造（至少无法长期伪造）。既然我们更喜欢和信任的人打交道，我们就会更经常地为信任支付额外费用。对此，我们称为品牌营销。有品牌的公司可以比没有品牌的公司在同类产品和服务中卖出更高的价格，因为它们的承诺更容易被信任。所以，信任是一种无形资产，它在"复制品泛滥的世界"中具有的价值越来越高。

和信任一样难以复制的特性还有很多，它们成了云端经济的价值所在。察觉这些价值只要问一个简单的问题：为什么有人会为能够免费得到的东西付费？那些购买本来可以免费得到的物品的人们，他们买的到底是什么？

我列出了至少8种我们在为一些可以免费得到的产品消费时，所获得的无形价值。这个单子只是开始，能被列入其中的无形价值肯定还有更多。

从现实层面来看，这8种无法复制的价值要好过免费。免费是好事，但如果你愿意为它们掏钱，那么它们的价值就会比免费更好。我把这些特性称为"原生性"（generative）。原生价值必须是在交易时产生的特性或品质。人们无法复制、克隆、存储具有原生性的事物，也无法仿制和伪造原生性。原生性因实际进行的特定交易而生，独一无二。原生性为免费的复制品增添了价值，使它们变成可以出售的商品。

以下是8种"比免费更好"的原生性特征：

即时性（Immediacy）——迟早你都会找到自己想要的免费复制品，但是如果生产者能将产品在发布的第一时间，甚至是在生产出来的第一时间发送到你的收件箱中，这可是一种原生性资产。许多人会在首映式时去电影院花大价钱看那些以后通过下载或租赁的方式会变得免费，或者几乎免费的电影。从非常现实的角度来看，他们花钱购买的并不是电影（电影是"免费的"），而是即时看到最新的电影。精装版图书的优势也并非在于硬皮封面，而在于领先平装本的即时性[1]。排在队伍的前头通常也意味着要为相应的好处付出额外的价钱。作为一种可以出售的特性，即时性也包含着不同的级别，包括使用测试版本的权限。测试版的应用和软件曾经由于不完善而被低估了价值。但我们现在知道，测试版同样具有即时性，而即时性具有价值。即时性是一种带着相对意味的概念（如分钟之于小时），但它存在于所有的产品和服务中。

个性化（Personalization）——听普通的演唱会录音或许不用花钱，但如果能买回一张经过特殊音效处理、听起来就像是在你家客厅中录制的唱

---

1 同中国图书的发行习惯不同，欧美国家的图书往往最先发行价格较高的精装版本，等到一段时间后，才会发行价格较便宜的平装版本。——译者注

片的话，那你可能就愿意花大价钱了。这时，你花钱购买的不是演唱会的复制品，而是原生性中的个性化。一本免费的图书也可以经过出版社的个性化编辑，反映出你先前的阅读背景。你所购买的免费电影也许会按照你所希望的那样经过了重新剪辑（如没有色情场面，儿童可以观看）。在上述两个例子里，你得到的是免费的复制品，而你购买的则是个性化服务。阿司匹林同样免费，但是能适应你的 DNA 的阿司匹林可能会非常有价值，十分昂贵。个性化要求是创造者与消费者、艺术家与粉丝、生产者与用户之间的不断对话。它是一种典型的原生性，因为它可以交互，是一种对时间的消费。营销人员将这种情况称为"粘性"，因为在这种关系中，双方都对原生资产有所投入，同时也不愿意移情别恋，更不愿意从头再来。这种关系的紧密程度，是无法通过复制粘贴得到的。

解释性（Interpretation）——有个老笑话是这么讲的：软件下载免费，用户手册 1 万美元。但这并不是玩笑。红帽（Red Hat）[1] 和 Apache[2] 等一批高度知名的公司就是这么存活下来的，它们为免费的软件提供有偿的技术支持。这些公司只有代码的副本是免费的，但成千上万行的代码只有通过技术支持和技术指导才会变得对你有价值。许多医药和基因信息都遵循这种路线。今天，你自己的一整套 DNA 副本十分昂贵（1 万美元），但不久之后就不再如此了。价格会飞速下滑，很快就会变成 100 美元。届时，你的保险公司就

---

1 是美国一家以开发、贩售 Linux 包并提供技术服务为业务内容的企业，其著名的产品为 Red Hat Enterprise Linux。——译者注

2 Apache 软件基金会（Apache Software Foundation，简称为 ASF），是专门为支持开源软件项目而办的一个非营利性组织。在它所支持的 Apache 项目与子项目中，所发行的软件产品都遵循 Apache 许可证（Apache License）。——译者注

会在来年免费把基因序列送给你。当你获取基因序列不需任何成本时，解释它们是什么意思，搞清能利用自己的基因做些什么，了解怎样使用自己的基因序列（这需要一本解释基因序列的说明书），就会变得昂贵。这种原生性也适用于许多其他复杂的服务，如旅游和医疗保健。

可靠性（Authenticity）——你或许能免费获得一个流行的软件应用，但即便你不需要看说明书，你也得考虑这个软件有没有缺陷、是不是恶意程序或垃圾软件。在这种情况下，你会很高兴地为可靠性付钱。这样，你在使用软件时就会自由自在[1]，脑袋里不用为别的事情操心。在这种情况下，你付钱购买的不是软件的副本，而是软件的可靠性。美国乐队感恩而死（Grateful Dead）[2]的唱片种类多到几乎数不清，从乐队自己那里买上一张可靠版本的唱片就能省去你不少麻烦。最起码这张唱片里面的歌曲确实是感恩而死乐队自己的作品。艺术家在很久以前就解决了这种问题。无论是照片还是印刷品，视觉艺术的生产也步了音乐业的后尘。艺术家可以通过在复制品上留下自己的印记，比方说签名，来提升复制品的价格。数字水印等签名技术并不能用作对副本的保护（因为前文说过，复制品是一种具有超导性的流体），但它们却可以用来创造原生性，向那些在乎它的人提供可靠性。

获取权（Accessibility）——拥有往往是件烦人的事情。你得让自己拥有的东西井井有条，与时俱进。如果你拥有的是数字产品，还要加上备份的活计。在这个移动的世界里，你又得无时无刻不带着它们。当我们懒懒地

1　此处"自由自在"对应的原文是"free"，同时有"免费"和"自由"的含义。——译者注
2　20世纪60年代成立的美国摇滚乐队，《滚石》杂志将其列为"史上最伟大的艺人"第57位。——译者注

订阅云端上的服务时，包括我在内，许多人都乐意付钱给别人来照料我们的"财产"。我或许会拥有一本书，也或许会通过预付费的方式来获得我喜爱的音乐，但我还会付钱给 Acme 数字仓库（Acme Digital Warehouse），让它为我服务，无论何时无论何地。大多数东西都可以在某个地方免费得到，但很不方便。使用付费服务，我就可以通过一个超级用户界面，在任何设备上随时随地获取这些免费的东西。从某种程度上讲，iTunes[1] 通过云端提供的内容，就是在向你出售获取权。虽然可以从其他地方下载到免费版本，但你还是会为了方便地获取音乐而付费。你花钱购买的不是这些东西，而是简单获取的便利，以及亲自维护的劳作。

实体化（Embodiment）——从根本上看，数字复制品没有实体。阅读一本 PDF 格式的电子书，我会很开心，但有时候，同样的字句印刷在雪白的棉纸上，再配以皮革质地的封面，也非常诱人，给人很棒的感受。游戏玩家们喜欢和好友在网上对战，但不时地，他们也会呼朋引伴地在同一个房间里玩个痛快。人们支付上千美元亲身参加的活动，在网上也可以看到流媒体直播。把无形世界用更棒地实体化呈现出来的方法无穷无尽。消费者的家里并不总会出现好到难以置信的新显示技术，因此需要动一动身体，跑到剧场或礼堂这类地方去。剧场更有可能率先提供激光投影、全息显示、全息甲板这些技术。在实体化的最佳案例方面，没有什么能比得上具有真切实体[2] 的音乐现场演出。在这种情况下，音乐是免费的，现场演出却是昂贵的。这一

---

1 iTunes 商店是苹果公司 2003 年推出的数字媒体网络商店，最初在线出售数字格式音乐，2008 年 4 月成为美国最受欢迎的音乐经销商。——译者注

2 包括真实的乐器、真实的演奏者和现场观众。——编者注

公式迅速普及开，不仅音乐家能有收益，作者也能从中得到好处。图书是免费的，但亲身与作者交谈是昂贵的。巡演、TED 现场演讲、电台现场节目，甚至在你面前表演厨艺的厨师，都能展现出那些能免费下载的事物的实体化付费片段所具有的威力和价值。

可赞助（patronage）——从本质上讲，热心的受众和爱好者希望为创作者买单。爱好者们喜欢奖励，无论对方是艺术家、音乐家、作家、演员，还是其他创造欣赏价值的创作者，因为这能让爱好者们和倾慕的对象建立联系。但他们只在以下几种情况下才会买单：1. 支付方式必须超级简单；2. 支付金额必须合理；3. 可以看到支付后的效果；4. 花出去的钱必须让人感到能让创作者获益。今天，很多乐队和创意项目都会提供按需付费的选项。电台司令乐队（Radiohead）[1]是这方面的先锋之一。在电台司令的例子里，乐队发现 2007 年发布的专辑《In Rainbows》每被下载一次，他们就能获得大约 2.26 美元的回报，这让乐队挣到的钱比之前所有专辑加在一起的钱还要多，并且也刺激了专辑的销量，让 CD 卖出了几百万张。而受众因为无形的"订阅付费"购买的例子还有很多。

可寻性（Discoverability）——上述 7 种原生性扎根在创意作品之内，但可寻性是一种适用于许多产品的资产。没人能看到的产品没有价值，无论价格贵贱，而未被发掘的佳作更是一文不值。当世界上的图书、歌曲、电影、应用和其他所有事情都以数百万计的量级存在（其中大部分都是免费的）并争夺你的注意力时，能被找到就有了价值。鉴于被创造出来的作品每天都以

---

1 电台司令乐队 2007 年发布《In Rainbows》专辑时决定采用免费增值模式，即听众可以从乐队官网上下载到普通质量的 mp3 文件，付费用户则可以获得音质更好的 CD 唱片和黑胶唱片。——译者注

爆发性的数字增长，能被找到就更成了难事。爱好者们会用很多方法从百亿千亿的产品中发掘有价值的作品。他们利用评论、评测和品牌（出版商、厂牌、工作室），进而越来越多地依赖其他爱好者和朋友来推荐好东西。他们也越来越希望为引导买单。《电视指南》杂志（*TV Guide*）曾拥有上百万的订阅读者，读者订阅这本杂志的目的，就是为了找到电视上最好看的节目。对电视观众来说，这些节目完全免费，并不值钱。据说《电视指南》赚到的钱，比它提供指南的美国三大电视台赚到的还要多。今天，电子书的价格下降迅速，甚至不久之后，电子书基本上就是免费的。亚马逊最重要的资产并不是它的会员快递服务，而是过去几十年里积攒起来的上百万条读者评论。虽然可以在别的地方找到免费版本的电子书，但读者们还是会付费购买亚马逊的电子书包月服务"Kindle Unlimited"。这是因为亚马逊的评论能指导他们找到自己想读的书。Netflix 也是这样。电影爱好者会向 Netflix 支付费用的原因，是它的推荐引擎能向用户推荐其他地方找不到的精彩内容。这些内容或许在别处是免费的，但它们基本上被遗失与深埋在信息的汪洋大海之中。在上述例子里面，你花钱购买的并不是复制品，而是能够找到想要的物品的能力。

对创作者来说，要满足以上的 8 种特性，就需要新的技巧。成功不再源自对内容分发的掌握。分发近乎自动，内容全是信息流。天空中的巨大复印机会把这项工作搞定。保护复制品的技术也不再有用，因为复制无法停止。无论动用法律工具，还是利用技术上的窍门，禁止复制的尝试都不会有效果。囤积居奇作为商业技巧同样会失效。相反，这 8 种新的原生性所要的，是精心培育后获得的品质，而这些品质是无法通过点击鼠标就能复制的。想要在全新的领域中成功，就要掌握新出现的流动性。

　　某样东西一旦被数字化，就会像音乐一样，变成可以变形、连接的液体。在乐坛大佬们眼里，音乐刚被数字化时，听众被网络吸引的原因是他们对免费的贪婪。但实际上，免费只是其中一种吸引力，而且没准还是最不重要的一种。成千上万的人在网络上下载音乐，一开始或许是因为免费，但他们随后就发现了更好的东西。免费音乐没有阻碍，可以顺利迁移到听众生活中的新媒体、新角色和新位置中去。声音在数字化之后具有了前所未有的强大力量，这种力量源自流动，持续不断涌向在线音乐的人流也来源于此。

　　在具有流动性之前，音乐是种古板呆滞的东西。30 年前，作为音乐爱好者，我们的选择微乎其微。你可以从屈指可数的几个广播电台里收听主持人编排好的歌单；也可以买回一张专辑，按照唱片上排好的顺序来聆听音乐；再者，可以买回一件乐器，在昏暗无名的商店里猎寻心爱曲目的乐谱。除此之外，没有别的选择了。

　　流动性带来了新的力量。忘掉电台主持人的"暴政"吧。有了流动的音乐，你就有了按照专辑或跨专辑编排曲目顺序的能力。你可以缩减一首歌，也可以把它拉长，让播放时间变成原曲的两倍。你可以从别人的曲子里抓取音符样本以为己用，你还可以给音频加上歌词文本。你可以重新处理一支作品，让它在车载低音炮上听起来效果更好。数字化的"超导属性"把音乐从黑胶唱片和氧化物磁带的苛刻限制中解放了出来。现在，你可以把一首歌从 4 分多钟的包装中提取出来，对其过滤、修改、存档、重新编排、混音、打散。我们可以这样做并不仅仅是因为音乐免费，还因为它打破枷锁获得了自由。现在，用音符变戏法的新花样，已经成百上千。

重要的不是复制品的数量，而是可以通过其他媒体链接、处理、注释、标记、突出、翻译、强化一份复制品的方式的数量。漫山遍野的复制品被丢弃，价值也就随之从复制品身上转向众多可以对作品进行回忆、注释、个性化、编辑、鉴定、展示、标记、转化和接触的方法上面。重要的是作品流动得到底有多顺畅。

至少有 30 家音乐流媒体服务会向听众提供一系列方法，来根据没有拘束的音乐元素播放音乐。这个数量远比当初的 Napster 要多。在这些音乐服务中，我最喜欢的一家是 Spotify[1]，因为它封装了许多流体服务的可能性。Spotify 是一个包含了 3000 万首歌曲的云服务。我可以从浩瀚的音乐海洋中搜索并定位那些最特殊、最奇怪、最深奥难懂的歌曲。在它播放时，我只需按一个按钮，就可以在屏幕上看到这首歌的歌词显示出来。它可以从我喜欢的音乐中选取一小部分，为我创造出一个虚拟的个人电台。我可以跳过歌曲或删除我不想再听的歌曲，从而修改这个电台的播放列表。这种程度的音乐交互会让上一代的音乐爱好者们大吃一惊。我非常喜欢听我的朋友克里斯听的那些炫酷音乐，因为他在发现他爱好的音乐这件事上比我要认真得多。我愿意分享他的歌单，而他的歌单又可以通过订阅获得——这就意味着我实际上是在收听克里斯的音乐列表里的音乐，或者是克里斯正在实时收听的音乐。如果他的歌单里有哪首特别的歌曲是我非常喜欢的，例如，我从来没听过的鲍勃·迪伦的旧地下室录音，我就能把它复制进我自己的播放列表里。

---

1 起源于瑞典的音乐流媒体服务，提供包括 Sony、EMI、Warner Music Group 和 Universal 四大唱片公司和众多独立厂牌在内的、由数字版权管理的音乐。是目前全世界最大的流媒体音乐服务商。——译者注

而我的播放列表，又能分享给我其他的朋友收听。

当然，这种流媒体服务是免费的。如果我不希望看到或听到 Spotify 为了给音乐家付钱而展示出来的图片或音频广告，我也可以付费成为包月会员。在付费版本里，我可以把数字化文件下载到我的计算机里，而且只要我乐意，就可以立刻在其中添加音轨进行混缩。因为这个时代是流动的，所以无论在哪一台设备（包括手机）上，无论是在客厅还是在厨房里，我都可以播放我的播放列表和个人电台。还有一系列流媒体服务的运营方式就像是音频版的 YouTube 一样，比如 SoundCloud[1]。这种运营模式促使音乐爱好者上传自己的音乐，总人数已有 2.5 亿之多。

和这些选项所具有的美好流动性相比，几十年前我能选择的，只有少数固定的选项。难怪爱好者们会不顾音乐产业发出的逮捕威胁，扑向免费和自由。

这一切会何去何从？ 2010 年前后，美国约有 27% 的音乐销售额来自流媒体模式，这种模式的销量和 CD 相当。Spotify 会把 70% 的订阅收入贡献给音乐厂牌。除此以外，Spotify 的音乐库存还在不断增长，因为像甲壳虫乐队这样和流媒体抗争的大牌抵触者还有很多。但就像世界最大音乐厂牌的老板承认的那样，流媒体席卷音乐产业是"必然"。有了流动的流媒体，音乐从此不再是名词，再一次变成了动词。

流动性进一步释放了创造力。可以变换的音乐形式促进了业余爱好者创造属于他们自己的歌曲并上传到网络，将其转成新的格式。可以免费得到的

---

1 在线音乐分享平台，允许人们合作、交流和分享原创音乐录音，总部位于德国柏林。——译者注

新工具通过网络分发，使得音乐爱好者们可以混制音轨、采样声音、学习歌词、通过合成乐器拟建出节奏。非专业人士开始以作家雕琢一本图书的方式制作音乐——他们重新安排既有的元素（对作家来说，元素是字；对音乐家来说，元素是和弦），直到自己满意为止。

数字化的超导属性成为了释放音乐未知选项的润滑剂。音乐在数字频率上流入了广阔的新领域。在前数字时代，音乐占据了少量的生态位，它们可被保存在黑胶介质上，也可以通过收音机播放；人们可以前往演唱会聆听歌曲；每年还会有上百部音乐电影拍摄出来。而在后数字时代，音乐深入我们生活的方方面面，试图占领我们全部的清醒时间。弥漫在云端的音乐如同雨水，通过耳机浇在我们身上，无论我们是在家锻炼，还是在罗马度假，抑或是在车辆管理局排队等待验车。音乐占据的生态位激升，音乐流以爆发性的态势喷涌而出——这是个纪录片复兴的时代，每年都有数千部纪录片被拍摄出来，而每一部纪录片都需要一首配乐；故事片更是原声音乐的消费大户，囊括了数千首流行歌曲；即便是 YouTube 视频的制作者都知道，有效提升观众情绪的办法，是为他们的简短影片配上一曲；需要上百小时音乐的，还有大型电子游戏；成千上万的广告需要朗朗上口的曲调；最近蔚为风尚的媒介 Podcast 是一种音频形式的纪录片；每天都至少有 27 个新的 Podcast 被制作出来。没有一首主题曲，更常见的情况是，没有根据漫长内容谱写音乐的 Podcast 可是相当不体面的。我们的整个生命都正在成为一张原声大碟，演出场所就是增长着的市场，它们扩张的速度就像那些流动的比特一样迅速。

文本一度主导着网络社交媒体的内容。下一代的网络社交媒体正在引入视频和声音。微信、WhatsApp、Vine[1]、Meerkat[2]、Periscope[3] 等许多其他社交媒体都能让你实时地在朋友圈里，甚至与朋友的朋友分享视频和音频。能够迅速为音乐转调、修改歌曲、用算法创作音乐，好让你实时分享出去的工具并不遥远。个性化音乐，即用户产生的音乐，会变得稀疏平常。实际上，个性化音乐将会在每年创作的音乐里占到大头，因为音乐是流动的，它会扩张。

就像我们已经从其他艺术的逐步民主化中了解到的那样，很快你就可以不以音乐家的身份制作音乐了。100 年前，拥有拍摄照片的技术能力的人们，只是一小群专注的实验者。当时，拍摄照片的一系列流程复杂和烦琐到让人难以置信。在把一张照片"伺候"到能看的程度之前，你要有丰富的技术、技巧和极大的耐心。一位专业摄影家每年产出的照片，或许只有十几张。而今天，所有人都有手机，只要有手机，任何人都可以立刻拍出比 100 年前商业摄影师平均水平好上 100 倍的照片。我们都成了摄影师。同样地，排版曾经是门手艺。一个排字工需要多年的经验，才能把书页上的字体排印得既赏心悦目，又清晰可读。这是因为当时还没有所见即所得的技术。而当时知道字间距是什么东西的人，或许只有 1000 个。今天，字间距已经成了小学课本里的内容，即便是新手利用数字工具排出的版面，也能胜过以前平均水平排字工的成果。制图也是如此。随便一个网络潮人都能比过去最好的制图员做出更好的地图。所以，音乐也会变成这样。在新工具加速比特和副本的液态流动下，我们都会成为音乐家。

---

1 推特旗下的免费移动应用，允许用户创建最长 6 秒的短片并分享到推特、脸书等社交网络。——译者注

2 美国流行的流媒体直播应用，允许用户通过手机向关注用户进行直播。——译者注

3 推特旗下的流媒体直播应用。——译者注

音乐如此，其他媒介也会如此。音乐产业如此，其他产业也会如此。

电影也步了音乐的后尘。曾经，电影是个罕见的东西，是制作成本高昂的产品之一。即便是一部 B 级片[1]，也需要一群高薪的专业人士才能制作出来。昂贵的放映设备需要看护，所以看场电影，就变成了既麻烦又稀少的事情。随后，就是和文件分享网络一同出现的视频摄像头，而你也可以随时观看任何影片了。成千上万的人变成了电影系学生，开始制作自己的视频，并上传到 YouTube 或类似的视频网站，使其成为数十亿作品中的一员。受众金字塔再一次重构，我们现在都是电影制作者了。

从一成不变到流动的巨大变革，可以从书籍的地位中鲜明地体现出来。最初，书籍是具有权威性的固定作品。在作者和编辑的精心雕琢下，它们可以在一代又一代人中传承下去。一本大部头的纸书在本质上是十分稳定的。它被安放在书架上，不会移动，不会变化，或许会以这个姿态保持上千年。图书评论家尼克·卡尔（Nick Carr）[2]同时也是个爱书之人，他罗列出书籍的 4 种一成不变的体征。我转述如下：

书页是一成不变的——书的每一页会保持不变。无论什么时候，翻开到一本书的固定一页，它都是不变的。这让人感到十分可靠。也就是说，无论是参考还是引述，书中某一页的内容都会是一模一样的。

版本是一成不变的——无论你手里拿起的书是哪一本，也无论你在任何

---

1 拍摄时间短暂且低制作预算的影片，所以普遍布景简陋、道具粗糙，影片常缺乏质感，剧情也趋于公式化，没有良好的品质。——译者注

2 全称尼古拉斯·G.卡尔（Nicholas G. Carr），美国科技、商业领域作家。2011 年获普利策非虚构类作品奖。——译者注

地方、任何时间购买到了这本书。只要是同一个版本，它们就不会不同，所以我们才能分享其中的文字，讨论其中的内容，而不用担心我们看到的东西是否不同。

介质是一成不变的——爱护得当的话，一本书可以保存很长时间（比数字格式多保存几个世纪），书中的文字不会因为年久而发生改变。

完成度是一成不变的——一本纸书同时意味着盖棺定论。书中的内容已经终结，是已经完成的东西。以印刷品出现的文学，部分魅力就在于它把自身交付给了纸张，几乎如同誓言一般。而作者的威望，就建立在此之上。

上述 4 点都是非常吸引人的特性。它们使书籍历久弥新，使书籍成为需要严肃对待的东西。然而任何一个喜爱纸书的人都意识到，印刷出版的书本会越来越少；想象一个仅有少数新书付印的时代并不困难。今天，图书主要以电子书的形态问世。即便是旧本藏书，其文字也会被扫描并注入互联网的任何角落里，进而在互联网的超导线路中自由地流动。电子书，至少是我们今天看到的电子书，并不会出现上述 4 种一成不变的情况。但当爱书之人怀念那些一成不变时，我们应当意识到，电子书具有 4 种流动性，分别对应纸书的 4 种一成不变：

书页是流动的——页面成了一种灵活的单位。从智能眼镜上那微乎其微的屏幕，到一整面墙，内容会流动适应任何可用的空间，它可以适配你喜爱的阅读设备和阅读风格。书页以你为主。

版本是流动的——电子书的材料可以变得个性化。如果你是学生，那么你手中的版本或许会解释生词。如果你在阅读一个系列的丛书，那么这本书可以省略掉前情提要，因为你已经读过之前那一本的了。个性化的"我的图书"会在真正意义上为我量身打造。

介质是流动的——电子书在云端保存的成本是如此之低，以至于在没有限制的图书馆里保存一本书的费用是"免费"的。而且这本书还能瞬时发往地球上的任何地方，无论发送时间如何，接收对象是谁。

改进是流动的——电子书的内容可以随时更正，也可以逐步改进。和一块毫无生气的石头相比，永无更新止境的电子书（至少在理想状态下）更像是一种动物。这种生机勃勃的流动性也鼓舞我们成为创造者和读者。

在这个时代主流科技的驱动下，我们看到了两种完全相反的特性：一成不变和流动不息。纸张倾向于一成不变，电子倾向于流动不息。但没有任何事情可以阻止我们发明第三种特性——把电子融入纸张，或者融入任何一种材料里（想象一本书中的每一页，都是柔软的数字屏幕）。几乎任何实体物品都可以增加少许的流动性，而任何一种流态的事物都可以融入实体事物中。

在音乐、书籍和电影上发生的变化，正在游戏、报纸和教育中发生。这一模式，会延伸到运输业、农业和医疗健康领域。车辆、土地和药品这些一成不变的东西将会变得流动起来。拖拉机会变成配备了轮胎的快速运转的网络模块；土地会变成网络传感器的基板；药品会变成可以从病人那里传回信息给医生的分子信息胶囊。

以下就是流动的 4 个阶段：

固定、罕见。最开始的情况，是耗费了大量专业经验创造的宝贵产品。这些产品，每一个都如同艺术品一般，完成度高，盈盈独立，通常以高质量产品的形式出售，如此才能补偿创造者付出的艰辛。

免费、无所不在。最早的破坏来自对第一阶段产品的杂乱复制，其量级之大，使产品变成了日用品。廉价、完美的复制品近乎免费，哪里有需求，就会在哪里开枝散叶。复制品的过度散播会破坏既有的经济体系。

流动、分享。第二阶段的破坏是对产品的解构，产品拆散后的每一个原件，都会流动寻找新的用途，并和新的产品绑定在一起。第一阶段的产品现在成了服务信息流。它分享自云端，变成了财富和创新的平台。

开放、变化。前两个阶段引发了第三阶段的解构。强大的服务信息流和既有的"原材料"顺手把成本降得很低，使业余爱好者只需要很少的专业技能就能创造新产品和全新品类的产品。创造的地位发生了转变，受众因而成为艺术家。输出、选择和质量都会突飞猛进。

以上 4 个流动的阶段适用于所有媒介。然而一成不变并未消亡。我们文明中大部分优秀的固定事物（如道路、摩天大楼）不会走掉。我们会继续制造模拟介质（analog objects）的物品（椅子、盘子、鞋），但它们会吸纳数字特性，同时嵌入芯片（除了那些数量极少但又具有超高价值的史前手工制品）。流体信息流的百花齐放不是做减法，而是做加法的过程。旧的媒介形态延续，新的媒介形态会覆盖其上。最重要的不同在于，一成不变不再是唯一的选项了。好东西不一定是静态不变的。换句话说，正确的不稳定现在成了好事。从停滞到流动，从一成不变到奔流不息，其间的变化并不意味着要放弃稳定性。这是一场对广阔边界的开垦，许多建立在可变性基础上的额外选项都会成为可能。我们正在进行方方面面的探索，从而可以在无休止的变化和形态变换的过程里，制造出东西。

以下是不久将来中一天的生活：我点击登录云端，进入包含了所有音乐、电影、图书、虚拟现实世界和游戏的资料库。我选择了一首歌。除了音乐，我还能得到这首歌的所有部分，细致到每一个和弦。这首歌的素材被分配到不同的音轨中，也就是说，我可以只获得贝斯或鼓点的音轨，也可以只留下人声，还可以得到没有人声的音乐——用来唱卡拉 OK 再合适不过了。我可以通过各种各样的工具，在不影响音高和旋律的情况下延长、缩短乐曲的时长。更加专业的工具还能让我换掉歌曲里的某件乐器。我喜爱的音乐家中，有一位发布了她歌曲的另类版本（需要额外收费），此外，她甚至还提供了她创作过程中尝试的所有历史版本。

电影的情况类似。除了配乐，无数电影的桥段也会单独提供。我可以得到声音效果、每个场景（之前或之后）添加的特效、各种镜头视角、旁白。这些素材都是可以直接拿来使用的。有些工作室还会发布一整套可以重新编辑的花絮片段。利用如此丰富的素材，业余剪辑师会重新剪辑已经发布的影片，并期望能够做出比原导演更好的版本。这已经成为一种亚文化。我就在我的媒体课程里东拼西凑地做了一点出来。当然，并非所有的导演都会对有人改编自己的作品感兴趣，但这种需求如此庞大，那些内部素材的销量如此之高，以至于一些工作室会以此为生。成人分级的电影可以被改编成老幼皆宜的家庭版本。在暗网[1]中，G 级影片[2]也可以被制作成非法的色情版本。在成千上万部已经发行的纪录片里，有许多还会根据观众、爱好者和导演添加

---

1 指只使用非常规协议和端口以及可信节点进行连接的私有网络。暗网的数据传输是匿名进行的，因此被大量用于非法交易。——译者注

2 根据美国电影协会制定的电影分级制度，G 级影片意为所有年龄皆可观赏，影片不含或仅含少量家长认为不适合儿童观看的内容。——译者注

的素材保持更新，继续讲述没讲完的故事。

我自己的移动设备可以制作、分享视频信息流。这些信息流生来就分好了频段，可以轻易被我的朋友们改造加工。他们可以选择背景，把我的朋友们放到异域风情的场景中，并且用一种绝佳的方式诙谐地调节氛围。每一段上传的视频都需要用另外一段基于它制作的视频回复。而无论从朋友还是从专业人士那里，人们收到一段视频、一首歌、一段文本后的自然反应，不再是消费它，而是对其加以改造。人们会对通过增减、评论、修改、变形、合并和翻译，把内容品质提升到新的高度。人们会继续让内容流动，会把流动的效果最大化。我对媒体的畅想，或许是充满了碎片的信息流，其中一些被我用来消费，而对于大部分媒介，我都会在某种程度上参与进去。

我们刚刚开始流动的数字时代。对于某些种类的数字媒体来说，我们已经开始进入第四个阶段，但对于大部分媒体来说，我们还停留在第一个阶段。我们的日常生活和基础设施，还有很多有待液化，但它们终归会变成流动的信息流。稳步朝着减物质化和去中心化的巨大转变，意味着进一步的流动将会是必然。在我们的制造环境中，大部分固化且固定的器械将会转变成缥缈的力量，这在现在似乎成了一项延伸出来的趋势。但柔会克刚。知识将支配原子。原生的无形资产将会在免费的基础上建立起来。现在，请畅想这个世界正在流动。

The Inevitable

———————

第 4 章

屏读 Screening

屏读 Screening

　　在古代，文化都是围绕着言语的。记忆、念诵与修辞的语言技巧向这些依凭口口相传的社会注入对过去、对模棱两可、对华美言辞、对主观认知的崇敬之情。我们曾经是言语之民（People of the Word）。大约 500 年前，科技推翻了言语。1440 年，谷登堡发明了金属制成的活字，将写作提升到文化的中心位置。机械印刷文本意味着廉价却完美的副本，成为变化的引擎和稳定的基础，新闻、科学、数学公式和法律法规无一不从印刷中诞生。印刷向社会灌注的，是对（白纸黑字式的）精准的崇敬，是对（字据为证的）客观的追求，是对（通过作者树立的）权威的拥护 [1]。真相都在书中固化终结。

　　大规模生产的图书改变了人们的思考方式。印刷技术扩展了既有的文字

---

1 英语中的"权威"（Authority）是"作者"（author）的派生词，由表示作者的 author 和表示性质、状态的后缀 -ity 构成。——译者注

量。古英语中大致拥有的 5 万个词汇，如今已经膨胀到 100 万个。词汇选择方式越多，沟通就越丰富。媒介的选择方式越多，写作的主题就越宽广。作者不一定只能撰写学术巨著，还可以"浪费"那些"不值钱"的印刷书籍来创作些让人撕心裂肺的爱情小说（浪漫小说发端于 1740 年）。哪怕作者不是国王，也可以出版个人回忆录。人们可以写下反对主流舆论的小册子，在廉价的印刷技术帮助下，非正统的理念或许也能产生推翻国王或教皇的影响力。作者具有的权力曾经一度催生出对作者及作者拥有的权威的崇敬，并哺育出了专家文化。完美"由书籍而成就"。官方把法律编纂成册，写就的合同如不使用书中的语言便不会有效。印刷、音乐、建筑、舞蹈都很重要，但西方文化的核心却是书中那一张张可以翻动的书页。到 1910 年，居民超过 2500 人的美国城镇中，有四分之三拥有公共图书馆。而美国的根基更是从文件中萌发出来的：无论是美国宪法、《独立宣言》，还是影响不那么直接的《圣经》。美国的成功依赖于较高水平的识字率，依赖于强大的自由媒体，依赖于对（书面规定的）法律的忠诚，依赖于遍布全国的通用语言。我们变成了书籍之民（People of the Book）。

今天，超过 50 亿张数字屏幕在我们的生活中闪烁。数字显示器制造厂商每年还会生产出 38 亿个新屏幕。这几乎相当于地球上的每个人每年都会得到一个新屏幕。我们会在所有平整的表面上装设显示屏。文字已经从纸页里转移到计算机、手机、游戏机、电视、电子显示屏和平板电脑的像素当中。字母不再白纸黑字地固定在纸上，而是在玻璃平面上以彩虹样的色彩，于眨眼间飞速来去。屏幕占据了我们的口袋、行李箱、仪表盘、客厅墙壁和建筑物的四壁。我们工作时，它们就在我们面前安坐，无论我们做的是什么样的事情。我们现在成了屏幕之民（People of Screen）。

这在当下的文化中埋下了书籍之民与屏幕之民冲突的种子。今天的书籍之民善良勤奋，他们撰写报纸，编纂杂志，起草法律条文和办公室规定，为金融秩序定下规矩。他们依据书籍，依据作者散发的权威信息生活。这种文化的根基完完全全地被安置在了文本当中。可以这么说，他们全都位于同一张书页上。

书籍浩瀚无边的文化力量，源自再生产的机器。印刷厂和出版社快速、廉价、准确地复制了书籍。即便是一个屠夫，都可能有本《欧氏几何》或《圣经》。印刷副本就是这样超越阶层，点亮了公民的思想。艺术和音乐领域中也出现了具有类似变革性的再生产机器，激发的效果与书籍相当。廉价复制的图表加速了科学发展。不再昂贵的照片拷贝和音乐副本最终把书籍的再生产规则发扬光大。我们制造廉价艺术和音乐的速度，就像印刷图书一样迅速。

至少从 20 世纪开始，再生产文化就已经浇灌出了人类成就史上最美丽的花朵，创造出了创意作品前所未有的黄金时代。廉价的实体复制品已经让数百万人通过向自己的受众直接出售作品的方式赚取生活费，而不必再去接受各种古怪的赞助。从这种模式中获益的不仅仅是作者和艺术家，还有受众——几十亿普通人第一次能在日常生活中接触到优秀作品。在贝多芬的时代，很少有人能听过一遍以上贝多芬的交响乐。而随着廉价录音制品的出现，爪哇岛上的理发师都能整天整天地听音乐了。

但是今天，我们中的大部分人都变成了屏幕之民。屏幕之民倾向于忽略书籍中的经典逻辑和对书本的崇敬，他们更喜欢像素间的动态流动，他们会被电影银幕、电视屏幕、计算机屏幕、手机屏幕、虚拟现实眼镜屏幕、平板电脑屏幕，以及在不远的将来嵌在所有平面上的大量数字屏幕吸引。屏幕文化是一个不断变动的世界，充满其中的是无穷无尽的新闻素材、剪辑资料和未成熟的理念。这是一条由微博、摘要、随手拍照片、简短文字和漂浮的第一印象构成的河流。其中的观念并不突出，却和方方面面交织联结在一起。在这里，真相并非来自权威，而是由受众自己一个碎片一个碎片实时拼接出来的。屏幕之民创造他们的内容，构建他们自己的真相。和流动的入口相比，一成不变的书本不再重要。文化变得快速、流动和开放。快速得就像30秒钟的电影预告片，流动、开放得就像维基百科上的词条页面。

屏幕上的文字会变，会扦入图片，会变幻色彩，甚至还会改变含义。有时候，屏幕上根本没有字，只有能引申多种含义的照片、图表和符号。许多以文本为基础的文明对这种流动性大为恐慌。在这个新的世界里，快速变化的代码（就像是不断升级的计算机代码）比固定的律法更加重要。呈现在屏幕上的代码可以不断地逼用户修改，而印制在书本中的律法却不能这样。然而代码塑造行为的能力和律法几乎一样，甚至更大。若想通过屏幕改变人们在网上的行为，只要改变管理这个地方的算法即可。算法可以监督集体行为，也可以把人们引向其所偏好的方向。

书籍之民喜欢律法提供的解决方案，而屏幕之民则把技术看作是解决一切问题的灵丹妙药。真相在于，我们都处在变革当中，而在我们之间发生的书籍文化和屏幕文化的冲突，在个体的身上也会发生。如果你接受过现代教育，那你没准就会被这两种模式困扰。这种紧张是新的常态，源自50年前入侵我们客厅的第一块屏幕，源自类似电视机的那种笨重宽大、容易发烫的显像管屏幕。屏幕"祭坛"越大，我们花在阅读上的时间就越少。这一趋势延伸了下去，以至于在其后的几十年里，阅读和写作似乎即将终结一样。教育者、知识分子和政客们在过去半个世纪里忧心忡忡，担心"电视一代"丧失写作技能。人们把一系列社会病症归结在屏幕上，而这张病症清单长度惊人。不过可以肯定，我们还在观看屏幕，而且有那么一段时间看上去确实像是没有任何人写作，或者没人能写作了，阅读测试分数也是在几十年里连年下降。但让所有人都吃惊的是，在 21 世纪初，显示器上那些互相连接的炫酷超薄屏幕，还有新式的电视和平板电脑引起了写作的热潮，而这股热潮持续至今，仍没有消散。人们花在阅读上的时间差不多是 20 世纪 80 年代时的三倍。到 2015 年，万维网上的页面数量超过了 60 万亿个，而这个数字还在以每天几十亿个的速度增长。这些网页中的每一个网页都要人来写就。就在现在，普通民众每天能发布 8000 万条博客。书写工具也从笔变成了手机。全世界的年轻人每天能用手机写下 5 亿条段子，无论他们是正在求学，还是已经工作。屏幕数量的增长在继续扩展人们的阅读量和写作量。美国的识字率在过去 20 年中一直保持不变，但那些有阅读能力的人却比以前读得更多，也写得更多。如果对所有屏幕上创作出的所有文字加以统计的话，就会发现，你每周写下的文字比你的祖母要多，无论你住在什么地方。

除了一行一行地阅读文字，我们现在还会阅读音乐电视那跳动无规律的歌词，也会阅读电影结束后快速上滚消失的职员表。我们能阅读虚拟现实化身说出的对话气泡，也会点击视频游戏里的物品标签，还会解读在线图标中的文字。"屏读"（Screening）或许是这种行为更合适的名称，而不是阅读。屏读包括阅读文字，还包括观赏文字、观看图像。这种新行为拥有新的特征。

屏幕不用关闭，我们的视线永不离开。这就和书籍不一样。这种新的平台非常视觉化，而且会逐渐把文字和变化的图像融合在一起。文字在屏幕上无处不在，它们会浮动在图像之上，也会充当注释和注脚，还会连接到其他文字或图像。你或许会觉得，这种新媒介就像是我们用来观赏的图书，或者像是用来阅读的电视。

尽管文字重新回到了我们的视野，但书籍之民却有理由担心，书籍和因此产生的经典阅读与写作，作为一种文化形式，会很快消亡。如果这种消亡成为现实，谁还会追随阅读书籍所鼓励的线性推理？如果法律文典的地位不断被削弱，转而被试图控制我们行为的一行行代码所取代，谁还会遵纪守法？如果屏幕上闪烁的所有东西都几乎免费的话，谁还会付钱给作者？或许到那时，只有富人才会阅读纸张做成的书籍，只有少数人才会留心那些书页中的智慧，只有少数人才会为此付费。书籍为我们的文化带来的稳定会被什么东西替代？我们会不会直接抛弃构筑现有文明的庞大文本基础？文学、理性思维、科学、公平、法律法规——这些现代文明中被我们珍爱的事物，无一不来源于旧的阅读方法，而新的方法与此无关。那么在屏读到来之后，它们会变成什么样子？书籍的未来又会是怎样的？

书籍的命运值得仔细研究，因为在屏读将会转变的众多媒介中，书籍是第一个。屏读首先会改变书籍，然后会改变图书馆；之后，它会给电影和视频"动手术"；再之后，它会瓦解游戏和教育；而最终，屏读将会改变每件事。

书籍之民认为，他们理解书籍的本质——书是书页装订在一起的集合，它们会有一条书脊，好让你握在手里。过去，在封面和封底之间无论加入什么东西，都可以用书籍的量词"本"来称呼。我们会把众多电话号码集合叫作"一本电话簿"，尽管"这本书"在逻辑上并没有开端、中间和结尾。一堆空白页面装订在一起，是"一本素描册"。这种空无一物的东西实在有些不害臊，但它确实有封面和封底，因此可以用"本"来计量。在一排页面中印刷上各式各样的图片，就成了"一本画册"，哪怕这"本"东西里一个字都没有[1]。

今天，书籍中的纸页正在消失，留下的只是书籍的结构性概念——根据一个主题串联起一堆符号，要花上一段时间才能读完。

既然书籍的传统外壳已经消失，那么怀疑书籍的组织形式是否已经成为老古董，就是很正常的事了。与现在出现的许多其他文本形式相比，书中的无形容器能否具有某种更强的优势呢？

有文学学者称，在阅读的时候，书就真正成为你思绪神游的虚拟空间。而有人管这种充满想象的概念状态叫作"文学空间"。这些学者认为，当你进入这种阅读空间之后，大脑的工作方式就会变得和"屏读"完全不同。神经学研究显示，学习阅读会改变脑神经回路。和跳过那些让人心烦的繁杂信息不同，你会变得情不自禁、专心致志、沉浸其中。

有人可以花上好几个小时来阅读网络上的文字，但从来不会进入到这种文学空间里，得到的反而只有碎片、线索和印象。网络最大的吸引力就在于

---

1 作者原文意思是"无论什么东西，只要被夹在了封面和封底之间，就能成为'书'（book）。"电话簿（yellowbook）、素描册（Sketchbook）、画册（coffee table book）在英文中都有"书"（book）的含义，但对应的中文并没有这种说法，因此此处用意译代替。——译者注

此——五花八门的碎片化信息以松散的方式聚集在一起。但如果缺少某种牵制的话，这些松散聚集在一起的碎片化信息就会把人搞得晕头转向，把读者的注意力带离核心，在中心论述和观点之外的地方游荡。

一个分离出来的阅读设备或许能够带来帮助。到目前为止，我们已经有了平板电脑、电子书和手机。其中手机最让人吃惊。长久以来，专家一致保持着这样一种观点：没人想在巴掌大的小屏幕上阅读。但他们错了，而且错得十万八千里。我和很多人都喜欢用这种方式来读书。实际上，我们还不知道可以读书的屏幕到底可以做到多小。有一种实验性质的阅读方式，被称为"快速连续视觉展示"（Rapid Serial Visual Presentation）。这种阅读方式使用的屏幕，宽度和一个字相当，大小就像一枚邮票一样。阅读的时候，你的眼球会保持不动，固定在单个的字上。而屏幕上的单字会一个接一个地变化成文本中的下一个字。这样一来，你眼里看到的便是一个个单字"排在后面"组成的文字序列，而不是一行行冗长的文字。只有一个字宽的小屏幕几乎可以塞进任何地方，扩大我们可以进行阅读的地点。

Kindle 和类似的电子书的销量，已经超过了 3600 万套。而这些电子书的模样，是一块能显示出单页内容的板子。点击板子，就能"翻页"。而所谓的"翻页"，其实是屏幕上的内容消失变成了另一页的东西。和纸书中使用的传统墨水相比，最近几代 Kindle 使用的反射式电子墨水一样能够显示出既轮廓分明又易读的文字。然而这些电子书和印刷书籍不一样的地方在于，用电子书时，你可以从页面里复制、粘贴文本，可以顺着超链接了解更多内容，还可以和插图互动。

但是一本电子书并不是非要做成一块板子不可。人们可以用电子墨水做成像纸张一样既便宜，又柔软，又轻薄的电子纸。人们还可以把 100 张左右的电子纸装订在一起，加上书脊，把它们安插在漂亮的封面和封底之间。这样一来，电子书看上去就非常像是以前那些厚重的纸书了。不过这种电子书可以改变内容。就在一分钟前，书页上显示的还是一首诗，而在下一分钟，这页"纸"就变成了一张收条。然而你还可以翻动那些薄薄的书页（这种导航文本的方式很先进）。你阅读完一本书之后，可以拍打书脊，然后它就变成了一本完全不同的书。它不再是一本畅销的神秘小说，而是变成了教你如何养殖水母的指导手册。这种人工制品会被精心打造，握在手里也能带来满足。一本设计精良的电子书带来的感觉非常之好，以至于值得你为其购买一个覆有摩洛哥软牛皮的封面，制成适合你双手的样子，并引得你抚弄这些最轻薄、最光滑的页面。你或许还会拥有好几个电子书阅读器，它们都为不同内容做过优化，大小不同，形状不一。

个人来讲，我喜欢我的藏书中那些宽大的书页。我希望能有这样一个电子书阅读器：它可以折叠，很像日本的纸艺，展开之后，就有今天一张报纸的大小，或许页面数量也和今天的报纸一样。读完内容之后，我并不介意花上几分钟的时间把它叠成口袋大小。我喜欢一眼扫过好几个长篇专栏，也喜欢在同一个版面上的不同标题间挑挑拣拣。有几家研究实验室正在实验一种书的原型，它可以通过便携设备上的激光把内容又宽又大地投影到附近的平面上。一张桌子、一面墙，都能变成这种书籍中的页面，通过手势翻动。这种超大型号的页面能让你的眼球在不同的栏目间漫游，能让人产生怀旧时才有的那种激动。

数字图书的直接效果，是可以在任何时间呈现在任何屏幕上。书将会变得呼之即来。在你需要读书之前，就购买和囤积书籍的行为会消失。书不再像是一种人工制品，而更像是映入你视野的信息流。

这种液态性不只是书籍制作所面对的现实，对消耗品来说也是如此。试想一下，无论在哪个阶段，一本书都成了一种信息流，而非制品。"书"这个字不再是名词，而成了动词。书的含义会更多地向"订购"倾斜，而非纸张或文本[1]。书是一种变化，是思考、写作、研究、编辑、改变、分享、社交、知化、组合、营销、进一步分享、屏读等动作的持续流动。而这种流动产生出来的书籍，又会随着时间不断变化。书籍，特别是电子书，会成为"订购"流程的副产品。屏幕上显示的书籍，变成由订制字词和想法产生的关系网络。它能将读者、作者、角色、想法、事实、概念和故事连接起来。而这些关系经由屏读的新方式，不断地扩大、加强、拓宽、加速、改变、重新定义。

然而，书和屏幕之间的关系仍然紧张，不时地会"擦枪走火"。目前，亚马逊、谷歌等提供屏读内容的公司，仍在遵循纽约出版商制定的规则，等待部分畅销书作者的许可。这些电子书的监管者已经同意在当前，通过一系列方法削弱电子书的极端流动性。这些方法包括：防止读者接触容易复制粘贴的文本，禁止读者复制一本书中的大量段落，以及其他严肃处理文本的行为。

维基百科是屏读的原始文本，它具有的可替代性，是今天的电子书所缺乏的。但电子书的文本会逐渐得到解放，而书籍的真实特性将会绽放出来。我们会发现，书籍其实从来不想被印刷成电话号码簿，也不想被印在纸上做

---

1 此处的"书"和"订购"对应的原文都是book，该词为多义词，名词含义是书，动词含义为订购。——译者注

成五金商品目录，更不想成为纸质版的说明手册。对于这些工作，可以升级与搜索的屏幕和比特比起纸张来具有太多优势，被人批注、标注、标记、收藏、总结、参考、链接、分享、传播，才是这种书籍长久以来真正想要的。数字化能让这些书籍实现"夙愿"，而且做到的还能比"夙愿"更多。

在 Kindle 设备中，我们已经能够看到书籍获得的"新自由"的些许火花。在我阅读一本书时，我可以把我希望记住的段落重点标注出来（尽管还是有些麻烦）。我还能把这些重点标注的段落提取出来（今天需要费些功夫），并且选出最重要、最需要记住的部分重新阅读。更重要的是，只要我允许，我标注出的重点就可以分享给其他读者，而我也可以读到他们标出的重点。我们甚至还能从所有读者标注的重点里，过滤出最受欢迎的那些，然后通过这种方式，开始以一种全新的方式阅读书籍。我还能阅读某个特定朋友、学者或是评论家的标注。这让更广泛的受众群体能够访问另外一位作者深入阅读一本书时做下的珍贵旁注（前提是得到他们的允许）。以前，只有珍本书籍的收藏者才能有幸见证这种福利。

阅读变得社交化。通过屏幕，我们能够分享的，不再只是我们正在阅读的书名，还有我们的反应，以及读书时做下的笔记。今天，我们可以重点标注段落，明天，我们就能把这些段落链接起来。我们可以在我们正在阅读的书里，选出一个词语，加上链接，导向另一本我们已经读过的书中的一个词来对比，也可以从一段话里选出一个字，链接到一本晦涩的字典里。我们还可以从一本书里选出一个场景，链接到某部电影里的相似场景。（做到以上这些，需要能够找到相关内容的工具。）我们或许可以从我们尊敬的人那里订阅他们做下的旁注，如此一来，我们得到的就不只是他们的读书笔记，还有他们做下的旁注——他们标出的重点、他们写下的笔记、他们发出的疑问、他们获得的灵感。

图书分享网站 GoodReads[1] 上，正在发生这种智能化的读书俱乐部讨论。而这种讨论或许会伴随书籍本身，并且会通过超链接更加深入地融合到书籍里面去。所以，每当有人引述了一段特殊的段落时，评论和段落之间就会建立一对双向的链接。即便是最微小的善举，都能汇聚成一套维基[2]一样的评论，这些评论会紧密地和实际文本绑定在一起。

实际上，密布在书籍中的超链接，会把所有书籍变成一个网络化的内容。关于书籍的未来，传统观点认为书仍将会是孤立存在的物品，每本书之间相互独立，就像它们摆在公共图书馆书架上的样子一样。在这种情形下，每本书都不会意识到相邻的那本。一旦作者完成一部作品，这本书就是一成不变、已经完成了的。只有读者拾起这本书，用他或她的想象力让它变得生动起来时，这本书才会变得动态起来。在这种传统的观点里，未来的数字化图书馆，其主要优势是具有移动性——将一本书的全部文本转译成比特，从而使人们可以通过屏幕在任何地方进行阅读。但这种观点忽视了由扫描书籍催生出的重大变革：在万能的图书馆（universal library）里，任何一本书都不会成为一座孤岛，它们全部都是相互关联的。

把油墨印刷出来的文字转变成可以在屏幕上阅读的电子像素，只是创建

---

1 GoodReads 是一家图书分享型社交网站，允许访客搜索网站内的书目、注释和书评。注册用户可以添加新书目和推荐书单，也可以建立自己的图书讨论小组。——译者注

2 维基（Wiki）是一种在网络上开放且可供多人协同创作的超文本系统，使用维基系统的网站称为 Wiki 网站，它允许任何访问它的人快速轻易地添加、删除和编辑所有的内容，而且通常都不需登录，因此特别适合团队合作的写作方式。——译者注

这种全新图书馆的第一步。真正具有魔力的，将会是第二步行动，即每本书中的每一个字都被交叉链接、聚集、引述、提取、索引、分析、标注，并被编排进文化体系中，程度之深前所未有。在这个电子书和电子文本的新世界里，每一个比特都预示着另外一个比特，每一个页面都会读取其他页面。

关于互联，我们现在能做到最好的，是把部分文本与其来源的标题，以目录学或注脚的方式链接起来。如果能在一本著作里把一段特定段落和另外一段链接起来的话自然更好，但以目前的技术水平来看，还是不可能的事情。不过，当我们可以深入地以句为单位链接文件，并能让它们成为双向链接的时候，我们就会拥有网络化的书籍了。

你可以通过访问维基百科来试想这是怎样的一种场景。请把维基百科想象成一本非常庞大的书（维基百科当然是），想象成一本单独的百科全书。在这本拥有3400万个页面的百科全书里，大部分页面都充满了标注下划线的蓝色字体，这些标注意味着这些词可以超链接到这本百科全书中其他词条的任意位置去。这种错综复杂的关系，恰恰是维基百科，还有网络巨大力量的来源。维基百科是第一本网络化的书籍。由于每一个论点都会被交叉参考，每一个维基百科的页面都会随着时间的推移，沉浸在蓝色链接的海洋当中。随着所有书都变得完全数字化，每一本书都会随着时间的推移，积累出数量相当的蓝色下划线段落，因为每一处文字的引用，都会在书里和书外建立起网络。书中的每一页都会发现其他页面，都会发现其他书籍。如此一来，书籍便会从它们的约束中抽身出来，并将它们自身编织在一起，成为一本巨大的元书籍（meta-book），成为万能的图书馆。这种以生物神经方式连接起来的集体智能，能让我们看到从单独、孤立的书中看不到的东西。

万能图书馆的梦想早已有之：在同一个地方，拥有所有知识，无论是当下的还是过去的。以各种语言写就的所有书籍、所有文件、所有概念作品，都互相关联。这种愿望似曾相识，部分原因是在很久以前，人们就简单修建过这样一座图书馆：公元前 300 年左右建成的亚历山大图书馆，其设计目的便是存放当时已知世界中所有流传的卷轴。曾几何时，这座图书馆存放了大约 50 万个卷轴，几乎是当时世界既有图书的 30%~70%[1]。但即便如此，在这座伟大的图书馆灰飞烟灭之前，知识可以存放在同一栋建筑里的时代就早已消逝了。从那时起，信息已经逐步扩大到了我们无法容纳它的地步。2000 年来，万能图书馆和隐身斗篷、反重力鞋及无纸化办公等人们长久以来的渴望一起，已经成为一种神话般的梦想，不断向无限的未来前进。我们对存放所有知识的伟大图书馆如此渴望，它能否成为我们看得见摸得着的现实呢？

正在备份整个互联网的档案保管员布鲁斯特·卡利（Brewster Kahle）认为，伟大的图书馆现在就能成为现实。"这是我们超过古希腊人的机会！"他称颂道："不需要等到明天，用今天的科技，它就真的有可能成为现实。我们可以把所有的人类著作提供给世界上的所有人。它将会是一个永世难忘的成就，就像把人送上月球那样。"而且和仅限精英使用的旧式图书馆不同，这种图书馆将会变成真正的民主化图书馆，其中的每一本书，都会以每一种语言提供给在这个行星上生活的每一个人。

理论上，在如此完整的一座图书馆里，我们应该能够阅读到所有报纸、

---

1 这里仅统计了西方国家及周边地区的图书，未包括中国的。——译者注

杂志、期刊上发表的文章。从古至今所有艺术家创作出的画作、照片、电影和音乐，万能图书馆也都应该收录一份副本。而且，所有的广播、电视节目，也都应该收录其中。还有广告。当然，这座巨大的图书馆自然需要一份数十亿早已下线的网页，和现已消逝、以百亿计的博客博文的副本——它们是在我们的时代短暂存在过的文学。简单来说，人类有史以来的所有作品，无论语言，都应当在任何时间，向任何人开放。

这会是一座极其巨大的图书馆。从苏美尔人在泥板上写下楔形文字到现在，人类已经至少"出版"了3.1亿种书，14亿篇文章和论述，1.8亿首歌曲，3.5万亿幅图像，327514部电影，10亿个小时的视频、电视节目和短片，60万亿个公共网页。这些资料目前全部存放在世界各处的图书馆和档案馆中。它们全部数字化后，数据可以压缩存放到一个50PB大小的硬盘上（以目前的技术水平）。10年前，你需要一个小城镇图书馆大小的空间才能存储50PB的数据，而今天，这个万能的图书馆只要卧室大小就能装下。以明天的技术，它会全部塞进你的手机里。到这一切发生时，收录所有图书馆的图书馆就会进入你的钱包中——前提是它不会通过细白的线缆直接接入你的大脑。部分生活在今天的人，完全有希望在有生之年看到这种事情发生。而其他人，大部分是年轻人，则想知道是什么东西让它拖了这么久才发生（我们能不能把它搞好，下个礼拜就运行起来？它们足以形成一个历史工程了）。

不过，能带给我们整个星球书写资料的科技，还会以同样的方式，改变我们今天称之为"书"的，以及存放书的图书馆的本质。万能的图书馆，以及它所收录的"书"，将会和今天我们已知的任何一座图书馆、任何一本书都不一样，因为我们不只会阅读这些书，我们还会以屏读的方式阅读它们。

在维基百科大规模互联取得成功的支持下，许多技术宅相信，数十亿的读者可以可靠地将旧书籍中的书页编织在一起，依次建立超链接。久而久之，那些对无名作家、珍品图书等特殊主题怀有激情的人，将会连接起这座图书馆最重要的部分。普普通通的慷慨之举乘以百万计的读者，万能图书馆便会由此汇聚全面的内容。它们来自爱好者，面向爱好者。

除了能添加将字词、语句、书本精确联系起来的链接，读者还能添加标签（tag）。标签是公共记下的标注，就像关键词和分类名一样，依附在文件、页面、图片和歌曲上。任何人都能借助标签来搜索文件。例如，在照片分享网站Flickr上，数以百万计的观赏者会根据他们自己对照片认知产生的简单分类，为其他用户上传的照片加上"山羊""巴黎""笨蛋""海滩派对"等标签。推特上的标签则注明了文章和短文内容的理念或主题。某人照片的标签或许会是主人在脸书上的名字。因为标签是在少量正式规则下，由用户以自由形式产生的内容，所以书籍世界接纳标签之后，书就会以更快的速度，更广的范围和更优质的服务被分发出去，这比僵化难用的杜威十进制图书分类法[1]（Dewey Decimal System）要好用得多，特别是在纳米科学或人体识别等前沿领域。基于人工智能的搜索技术取代了需要大量训练才能使用的分类系统。实际上，永远不会休息的人工智能，将会为文本和图像自动加上数以百万计的标签，如此一来，任何寻求智慧的人都能从万能图书馆中汲取养分。

链接和标签或许是过去50年里最重要的发明。在被编入文本的代码当

中时，它们就获得了第一股力量，但是它们真正的变革性能量，是普通用户在每天的网络浏览中通过点击释放出来的。用户没有意识到，每一个普普通通的点击，都是对一个链接的"投票"，会提升它的相关等级。你或许认为你只是无意间瞅瞅这段文章，浏览下那个网页而已，实际上，你正在用面包屑一般琐碎的注意力，匿名地构建出整个网络。这些兴趣的碎片被搜索引擎汇聚在一起并加以分析，从而强化了每一个链接的终点和每一个标签建立的联系之间的关系。这种智能自网络诞生以来，就在网络之中生根发芽，只不过对书籍世界来说，一直比较陌生。因为有链接和标签的存在，对万能图书馆进行屏读变得可能，而且威力巨大。

这种效应在科学领域显现得尤为明显。科学是一项长期的运动，它把世界上所有的知识编织成一张由事实组成的网。这张网巨大无垠，相互关联，富含各式注脚和同行审议。对科学来说，独立事实的价值微乎其微，哪怕它在自己的世界中能讲得通。（实际上，伪科学和超科学就像是没有和科学这个巨大网络相连的小池塘。它们只在自己的网络里才有效。）在这种方式下，在科学网络中新加入的所有新发现和新数据，都会提升其他数据观点的价值。

一旦一本书以这种连接方式被收录进方兴未艾的万能图书馆，它的文本就再也不会独立于其他书籍中的文本。举例来说，今天一本严肃的非虚构著作通常会有索引，还会有某种类型的脚注。当书籍深度连接起来之后，你就能在任何索引、脚注或参考文献里点击标题，找到参考文献中标明的参考书籍。而在图书馆书目中列出的参考书籍，又会使它们自身变得唾手可得。如此一来，你就可以用网页中链接跳转的方式，在图书馆的书籍中跳转，从一个脚注中发现另一个脚注，直到抵达事物的核心为止。

接下来便是词语。就像一篇介绍珊瑚礁的网络文章一样，它会在部分词语上加入链接，导向对鱼类的介绍。数字化书籍当中的所有词语，都能用链接的方式接入另一本书的其他部分。书籍，包括虚构作品在内，将会变成书籍组成的网络，以及词语构成的群落。

在未来 30 年里，学者和爱好者们会借助计算机算法，将全部书籍编织成一个单一的文献网络。一个读者会贡献出一个理念的社会化图景、一项概念的时间线，以及对图书馆中任何观念有影响力的网络地图。我们将会理解，没有任何著作和理念是出类拔萃的。但所有优秀、真实和美好的事物，都是互偶部分和相关实体组成的生态系统。

即便在书籍的核心特征变成了单一作者编写之后（对大部分书籍来说这很有可能），书中网络化的补充参考、讨论、批评、索引和围绕一本书设置的链接或许都将成为一种协作。缺乏这种网络的书籍，将会显得空无一物。

与此同时，书籍一旦数字化之后，就可以被拆分为单独的页面，甚至会被进一步解构成页面中的片段。这些片段可以混合进入重新编排的书籍和虚拟书架当中。就像今天的音乐听众将歌曲改编、混缩进新的专辑或播放列表一样，万能图书馆也将鼓励读者创建虚拟"书架"——一种文本的集合，有的短小精悍，有的长篇累牍，从而形成一个关于某类特殊信息的图书馆"书架"。而且就像音乐播放列表一样，这些"书架"或书籍组成的播放列表一旦创建，就会面向普通大众公开和交换。实际上，部分作者将会开始撰写以片段方式阅读的书籍，还会创作能混合页面的著作。能够推动未来参考书（菜谱、手册、旅行指南）发展的，肯定是参考书具有的购买、阅读和复制单独或部分页面的功能。你或许会策划你自己的"菜谱书架",也可以通过许多不同的来源,编纂一本卡津人[1]食谱汇编,其中包括网页、杂志、剪辑和整本的卡津人菜谱。网络剪贴板网站 Pinterest 允许人们创建包含引述、图像、段子、照片的剪贴本。亚马逊最近向你提供了一个机会,让你公开自己的书架(亚马逊管它叫 listmanias)——这是你标注出来的书单,其中都是你想推荐的某些冷门主题图书。读者们已经在使用谷歌图书搜索来组建特定主题(比如所有关于瑞典桑拿浴的书籍,介绍钟表的经典作品等)的迷你图书馆了。一旦书籍中的片段、文章和页面变得无处不在并可以混合和传递,用户就会通过创建优秀的合集获得威望甚至收入。

图书馆(还有许多人)并不情愿放弃白纸黑字的老式书籍,因为印刷书籍是目前为止最长久、最可靠的长期存储技术。印刷而成的书籍并不需要通过中间设备阅读,因此对技术更迭带来的淘汰具有免疫力。除此之外,和硬盘或 CD 相比,纸张还非常稳定。忠于作者最初想象的、不会改变的版本排除了重混和编排的干扰,往往会成为最有价值的版本。如此一来,精装书稳定而不易改变的特性,便成了好事。它始终如一、忠实地反映着它的原始创作,却也孑然一身、孤立无助。

那么,当世界上所有书籍都由互联的词语和理念构成一张流动的网状织物后,将会发生什么呢?会有以下四件事情发生:

第一,处在流行边缘的作品将会找到受众。虽然数量很少,但远比它们

---

1 卡津人(Cajuns),又称阿卡迪亚克里奥尔人(Acadian-Creoles),是主要居住在美国路易斯安那州的一个族群,主要由被流放的法国殖民者后裔组成,大多数是早期法国殖民者和北美洲原住民的混血后代。自在路易斯安那定居后,卡津人发展出了生机勃勃的文化,包括独特的风俗、音乐和食物。——译者注

今天近乎为零的受众要多。发现一本用爱倾注而成的南印度牧师的素食食谱杰作，将会变得更容易。世界上大部分书籍的销量要么很低，要么近乎为零，远在分布曲线的"长尾"之外。但在这里，数字化的相互链接会提升任何作品的读者数量，无论它有多么地晦涩难懂。

第二，伴随文明前进的每一份原始文档都将被扫描并交叉链接，万能图书馆将增强我们对历史的理解。这些被收录的文档包括所有的黄色新闻小报[1]、未被使用的电话号码簿、落满灰尘的县志档案，以及封存在地下室中的老旧账簿。过去会更多地和今天相连，增进我们对今天的理解和对过去的欣赏。

第三，收录所有书籍的万能图书馆将会培育出新形式的权威作品。如果你能通过一个特殊的主题，将所有文本忠实地结合起来，无论古今，无论语言，那么你就会对我们文明的本质、人类物种的本质及人类知识的范围和界限，有更清晰的视野。人类的共同无知造就的空白空间将会突显，而人类知识巅峰的面貌将会更加完整。今天，只有少数学者达到了这种程度的成就并成为权威，但它会变得司空见惯。

第四，也是最后一件事情，全面、完整地收录所有著作的万能图书馆会比只是改进搜索技术的图书馆变得更好。它会成为文化生活的平台，在某种程度上将书籍中的知识还原回到其核心。现在，如果你把 Google Maps 和

---

1 黄色新闻是新闻报道和媒体编辑的一种取向。在理论上，以煽情为基础；在操作层面上，注重犯罪、丑闻、流言蜚语、灾异、性等问题的报道，采取种种手段以达迅速吸引读者注意的目的，同时策动社会运动。19 世纪末美国报业大亨威廉·赫斯特和约瑟夫·普利策之间的报业竞争使黄色新闻成为美国新闻史上一种正式潮流。——译者注

Monster.com[1] 混合起来，你就会得到一张张根据薪水标注工作地点的地图。以此类推，在这座巨大的图书馆里，人们很容易看到所有曾被描写过的事物。举例来说，当你通过类似谷歌眼镜[2]的可穿戴设备，"置身"伦敦的特拉法加广场[3]时，广场就会出现在你眼前。同样地，地球上的所有物体、事件和地点，都会"知道"曾在任何书中、以任何语言、在任何时间写下的任何事情。一种新的文化参与从这种深层次的知识结构中产生。你会全身心地与万能书籍展开互动。

不久之后，在收录一切的万能图书馆之外的书籍，就会变得像网络之外的网页一样苟延残喘。实际上，就书籍本质而言，在我们的文化中，维持书籍不断下降的权威性的有效方法，就是将它们的文本接入万能图书馆中。大部分新作品将以数字化的面貌问世，并且会流进万能图书馆。而你则或许会为一篇长篇小说加入更多文字。公共领域的模拟介质图书是一片广袤大陆，此外还有 2500 万著作是既没有印刷，也没有进入公共领域的孤本。它们最终会被扫描和连接。在书籍传统和屏幕协议之间的碰撞中，屏幕将会获胜。

网络化书籍的神奇之处是，它们永远不会写完。或者说，它们不再是纪念碑，而是变成了文字的信息流。维基百科是编辑记录的信息流，任何尝试过引用它的人都能意识到这点。书籍不仅可以在时间上网络化，在空间上也可以。

但为什么还要自寻烦恼地管这些东西叫作书籍呢？根据定义，一本网络

---

1 是美国访问量最高的求职网站。——译者注

2 是谷歌开发的可穿戴智能设备，眼镜上附有小型显示器，具有信息浏览、增强现实、智能语音操作等功能。——译者注

3 特拉法加广场（Trafalgar Square）是伦敦市的著名景点，建于 1805 年。——译者注

化的书籍，是没有中心的，并且到处都是边缘。万能图书馆的计量单位，会不会是句、段、章，而不是一本书呢？会的。但鸿篇巨制自有其力量。别出心裁的故事，一致的叙述方式，以及严谨的论述，总是强烈地吸引着我们。网络会被一种自然的共鸣吸引，围绕在其周围。虽然我们会将书籍解构，把组成它们的点点滴滴编织进网络，但书籍更高层次的组织形式，将会专注于我们的注意力。它在我们的经济中，会保持稀缺状态。一本书，就是一种注意力单位。事实固然有趣，理念自然重要，但只有精彩的故事、精妙的论述、精心打造的叙述才会让人赞叹，永生难忘。就像穆里尔·鲁凯泽[1]说的那样："组成宇宙的是故事，而非原子。"

这些故事将会通过屏幕呈现出来。无论我们向哪里望去，都会看到屏幕。有一天，我在给汽车轮胎充气时看了一个电影的片段。另一天晚上，我则在一架飞机的后座上看了部电影。而今天晚上的早些时候，我又在手机上看了部电影。我们在任何地点都看着屏幕。播放视频的屏幕会在最出乎意料的地方——例如在 ATM 机上和超市结款台前——突然出现。这些不断出现的屏幕已经为极其短的、只有三分钟的电影创造了受众，廉价的数字创作工具则已经将新一代的电影制作者们武装起来，他们在迅速地为那些屏幕填充内容。我们正前往一个屏幕无处不在的时代。

屏幕需要的不只是你的目光。我们读书时，最常见的肢体动作是翻书和折页。屏幕也能够吸引我们的身体，触摸屏会对手指的不断触摸做出反应。

---

1 穆里尔·鲁凯泽（Muriel Rukeyser），20 世纪美国女诗人与政治活动家，倡导女性平等、自由。——译者注

任天堂 Wii 这种游戏机上的传感器[1] 会追踪我们的手与胳膊的动作。电子游戏屏幕的控制器会让手指快速颤动。而我们在虚拟现实头盔和眼镜中看到的最尖端的屏幕，则会引导我们全身运动起来。这些屏幕触发了互动，其中一些最新的屏幕（例如三星 Galaxy 手机上使用的那种）可以跟踪我们的眼球动作，预测我们将会看向哪里。屏幕将会知道我们在注意什么，注意了多长时间。智能软件现在也可以在我们阅读屏幕的同时，读取我们的情绪，并且能根据我们的情绪做出反应，改变我们即将看到的东西。阅读几乎变成一种运动。就像 5 个世纪以前，大家看到有人默读时会感到奇怪一样，在未来，若有人看着屏幕，身体却没有对内容产生反应的话，也会看起来很奇怪。

书籍曾擅长培养出深思的头脑，屏幕则鼓励更加功利性地思考。人们提出新理念、发现不为自己熟悉的事实之后，屏读会激起人们的反应，敦促他们去做些什么——人们可以研究术语；可以征询"屏友"的意见；可以查询其他观点；可以创建书签；可以与事物互动或发相关微博，而不是只坐在那里深思。阅读书籍会增强我们的分析能力，鼓励我们一路探求到脚注，然后得出观察结论。而屏读则鼓励我们快速建立起模式，将不同的理念结合在一起，从而将自己武装起来以面对每天数以千计的新想法。屏读会实时培养思想。我们会一边观看电影，一边对其评论。我们也可以在一个论据中提取模糊不清的事实。我们还可以在购买小玩意之前，先阅读用户说明书，而不是等买了之后才发现它没法完成我们想要它完成的事情。屏幕是"当下"的工具。

---

1 Wii 是日本任天堂公司制造的体感游戏机，游戏机可以通过手柄上的传感器检测玩家的肢体动作，从而使玩家可以在屏幕前挥动身体操作游戏。——译者注

屏幕用激发行动取代了劝阻行动。宣传在满是屏幕的世界里变得越来越没有效果，因为在假消息的传播速度和电子一样快的同时，更正信息的传播速度也是如此。维基百科之所以能够运行得如此之好，是因为它只需要一次点击就可以移除错误。这使其在消除错误信息方面就从一开始就比发布它要容易得多。在书中，我们找到被揭示的真理；在屏幕上，我们通过碎片组合出自己的迷思。在网络化的屏幕上，一切与一切链接。新作品的地位并非由评论家的评分决定，而是根据它与世界的链接程度来判定。无论是人、物还是事，直到它被链接，才得以"存在"。

屏幕能够揭示事物的内在本质。在制造品上挥挥智能手机的摄像头，就可以得知它的价格、产地、成分和其他拥有者对它的评论。通过合适的App，例如谷歌翻译，手机屏幕就可以把菜单、指示牌上的外语以同样的字体即时翻译成你的母语。还有一种手机App，可以通过只出现在屏幕上的额外行为与互动，增强一只被填充过的儿童玩具的功能。这就好像是屏幕展示了物品的无形本质。

随着移动屏幕变得更大、更轻盈、更强大，它们会被用来观察更多这种内在世界。在街上行走时，只要拿上一块电子平板，或者戴上一副魔术眼镜或隐形眼镜，你就会看到前方被注释覆盖的真实街道——你会看到哪里的厕所干净，哪些商店卖的东西你会喜欢，你的朋友正在哪里闲逛……计算机芯片变得如此之小，屏幕也变得如此轻薄和便宜，以至于在未来30年，半透明的眼镜会为现实提供一层信息。如果你拿起一件东西（在某一个地方），并通过这种眼镜来看，那么这个东西（地方）的本质信息将会以文本覆盖的方式显现。通过这种方法，屏幕将能让我们"阅读"一切，而不仅仅是文本。

是的，这些眼镜看上去愚蠢不堪，就像谷歌眼镜证明的那样。但解决外观问题，让它们既时尚又舒适，还需要一段时间。仅 2015 年，就有 100 亿亿（10^{18}）只晶体管被集成进计算机之外的物体当中。很快，从鞋子到罐头盒，这些最常见的制造品中都会包含一小块隐藏着智能的银色芯片。而屏幕将会成为我们用来和无处不在的知识互动的工具。我们会乐见这一切发生。

更重要的是，我们的屏幕还会观察我们。它们将会成为我们的镜子，成为我们对之凝视以找到自我的那种水井。它们并非映照我们的面容，而是映照我们的自我。已经有数百万人在口袋里的袖珍屏幕中输入自己的位置、饮食、体重、情绪、睡眠情况及所见所闻。少数先锋已经开始了"life logging"，即记录生活中每一个微小的细节，包括对话、照片和活动。屏幕既可以记录，又可以播放这些活动的数据库。不断自我追踪的结果，是对他们生活没有瑕疵的"记忆"，也是对他们自身客观且可量化的审视。没有任何书籍可以提供这些。屏幕成了我们身份的一部分。

我们在全方位、全尺寸地进行屏读——大到 IMAX 屏幕，小到苹果的 Apple Watch。在不远的未来，我们将永远不会远离各种屏幕。屏幕将会成为我们寻找答案、寻找朋友、寻找新闻、寻找意义、寻找我们自己是谁及能够成为谁的首选目标。

在不远的未来，我一天的生活将会是下面这样：

早上醒来，我还没有下床，就开始了屏读。我通过手腕上的屏幕查看了时间和闹钟，又看了看紧急新闻和滚动的天气情况。我在床边的一块小屏幕上查看了来自朋友的消息。之后，我用手指擦掉这些消息。我走进浴室，在墙上屏读了最新的艺术品——朋友们拍摄的炫酷照片，和昨天的照片相比，它们更加欢乐，更加阳光。穿衣服的时候，我屏读了衣橱里的衣服。屏幕显示，红色袜子和我的衬衫搭配起来会更好。

在厨房里，我通过屏幕浏览新闻全文。我喜欢平铺在桌面上的显示器，我在桌面上方挥动胳膊，就可以修改文本信息流的方向。我转而屏读厨房里的橱柜，寻找我最喜欢的麦片。橱柜门上的屏幕能显示出门后有什么东西。飘浮在冰箱上方的屏幕告诉我里面有新鲜的牛奶，于是我打开冰箱，取出牛奶。牛奶外包装上的屏幕想要让我玩一个游戏，但我退了出去。我屏读了碗，确认它是从洗碗机里拿出来的干净碗。在吃麦片粥的时候，我查询了盒子上的屏幕，来看看它是否新鲜，以及是否像一个朋友说的那样，麦片里有基因标记。我低头继续阅读桌子上的新闻和故事。当我专心阅读时，屏幕就会出现提醒，而新闻也会显示出更多的章节。我屏读得越深，文本中就会产生出更多的链接和更密的图片。我开始屏读一篇对本地市长的调查报道，这是篇长篇大论，但我要送儿子去上学了。

我冲向汽车。在车里，我还能继续刚才在厨房里被打断的故事。我的汽车可以为我屏读这篇报道，并在我开车的时候高声朗读出来。我们在高速公路上开车经过的沿途建筑，本身就是屏幕。它们往往只显示针对我的广告，因为它们认识我的车。这些屏幕都是激光投影屏幕，这意味着它们可以聚焦出只有我才能看到的图像，而其他路过的人从同一块屏幕中看到的内容却是不一样的。我通常会忽略它们，除非它们显示的是和我正在车里屏读的故事相关的图片或图表。我屏读交通状况，找出今天早上哪条路最不拥堵——虽然汽车的导航设备能从其他司机的路线中学习，并且基本上会提供最佳路线，但也不免偶尔犯傻，所以我仍然想屏读下交通情况。

在我儿子的学校里，我看到走廊一面显示的公共墙。我举起手掌，说出我的名字，屏幕就会通过我的面貌、指纹和声音认出我来。它转变成我的个人界面。如果不介意在走廊里泄露隐私的话，我就可以在那里屏读信息。我还可以使用我手腕上的微小屏幕。我看了一眼想要仔细屏读的信息，然后将其扩展开。其中一些信息被我转发出去，剩下的那些则被我归了档。其中一条信息十分紧急。我在空中捏了一下，就立刻屏读到一场虚拟会议中。我在印度的合伙人正在同我交谈，他们正在班加罗尔[1]对我屏读。这种感觉非常真实。

终于，我到了办公室。刚碰到椅子，我的房间就认出了我，房间里包括桌子上的所有屏幕都为我做好了准备，让我从上次暂停的地方继续工作。在我处理一天的工作时，屏幕上的双双"眼睛"紧密地观察着我，尤其是我的手和眼睛。除键盘输入之外，我还非常擅长使用全新的手势命令。在观看我工作 16 年之后，它们终于能参与我的不少工作了。其他任何人都看不懂我屏幕上的符号序列，就像同事屏幕上的序列也让我犯迷糊一样。我们一同工作，却各自处在不同的屏读环境中。我们一面在房间里手舞足蹈，一面注视、抓取着不同的工具。我是个有点儿老派的人，仍然喜欢在手里握着小一些的屏幕。我最喜欢用的还是我上大学时的那种有皮革保护套的屏幕（屏幕是新的，但保护套是旧的），这种屏幕和我毕业后拍摄一部讲述睡在商场里的移民的纪录片时所用的屏幕是同一种。我的双手已经习惯了它，而它也习惯了

---

1 印度城市，以软件外包行业闻名。——译者注

我的手势。

下班后，我在户外慢跑的时候戴上了增强眼镜。我的跑步线路跃然出现在我的面前。在路线上方，我还看到了心率、代谢统计等实时显示的全部锻炼数据。我还屏读了图景地点上更新后的虚拟标注。我在眼镜里看到一条笔记，是我朋友一小时前在同一条线路上跑步时，记录下的替代路线。此外，我还在一系列熟悉的地标上看到了本地历史俱乐部（我是会员）留下的历史介绍。或许有一天，我会试一下识别鸟类的App，当我路过公园时，那些鸟的名字就会贴在我的眼镜上了。

回家吃晚饭的时候，我们不允许个人屏幕出现在餐桌上，但还是屏读了房间里的情绪颜色。晚饭过后，我会用屏读的方式来放松。我关注的一位世界构建师水平惊人，他新创建了一座卫星城市，我要戴上虚拟现实头盔去探索一番。有时我会沉浸在一部3D电影中，有时则会加入一场仿真游戏。和其他学生一样，我的儿子也屏读着他的家庭作业，尤其是他的个人辅导。虽然一有机会他就会玩起屏读探险游戏，但在上学期间，我们把这个时间限制为一小时。他可以花一小时就屏读一场仿真游戏——全程用快速屏读的方式，与此同时，他还能在其他3张屏幕上屏读信息和照片。此外，我也试着慢下来。有时候，我会在我膝上的平板上屏读一本书，与此同时，墙上屏幕的文件压缩包会释放出缓慢悠长的景观。我的伴侣最喜欢的事情就是躺在床上，望着天花板屏读她最喜欢的故事，直到睡着。而我躺下后，会在手腕上的屏幕上把闹钟设置成早上6点。接下来的8小时里，我将暂停屏读。

The Inevitable

———

第 5 章

使用 Accessing

使用 Accessing

来自 Techcrunch[1] 的一名记者最近注意到一些现象："优步作为世界上最大的出租车公司，却不拥有任何出租车辆。脸书作为世界上最流行的媒体平台，却不创造任何内容。阿里巴巴作为最有价值的零售公司，却没有任何库存。另外，Airbnb[2] 作为世界上最大的短租住宿供应商，却并不拥有任何房产。一些有意思的事情正在发生。"

实际上，数字媒体领域也有着类似的现象。Netflix 作为世界上最大的视频供应商，准许我观看一部电影而无须拥有它。Spotify 作为世界上最大

---

1 美国科技类博客，主要报道新兴互联网公司，评论互联网新产品，是美国互联网产业的风向标。——译者注

2 AirBed and Breakfast，缩写 Airbnb，是一家联系旅游人士和家有空房出租的房主的服务型网站。——译者注

的音乐流媒体公司，准许我聆听任何我想听的音乐而无须拥有其中的任何一首。亚马逊公司的 Kindle Unlimited 服务使我能够畅读 60 万本电子书中的任何一本而无须拥有任何一本，索尼公司的 PlayStation Now 服务使我可以畅玩游戏库中的各种游戏而无须全部购买它们。每一年我使用的东西都要比我实际拥有的多。

对事物的占有不再像曾经那样重要，而对事物的使用则比以往更加重要。

假设你住在世界上最大的租赁店里，为何还要占有什么东西呢？在伸手可及的地方，你就可以借到任何你需要的东西。即时的借取使你能够享受到占有一件物品时的绝大多数利益，同时减少了占有它所带来的一些不利因素。你无须承担清洗、修理、存储、归类、投保、升级和保养等责任。如果这个租赁店是一个魔法橱柜，好比玛丽·波平斯[1]的手提袋，在这无底洞似的容器里挤满了无数的可供选择的工具，又会怎样呢？你需要做的就只是在外面敲一敲，说出你想要的东西，在一阵咒语过后，它就出现了。

先进的科学技术已经使得这一魔法租赁店变成了现实，它就是互联网的世界、万维网的世界、手机的世界，它的虚拟橱柜是无限大的。在这个最大的租赁店里，最普通的市民也可以很快地获取一件商品或一次服务，其速度之快就好像这个商品是他自己的一样。有些情况下，商品的获取速度可能比你从自己的"地下室"里找到自己的那件东西还要快。商品的质量也同你能拥有的一样好。就某些方面而言，使用权要优于所有权，以至于使用权正在开拓经济的新领域。

---

1 玛丽·波平斯（Mary Poppins），电影《欢乐满人间》中会魔法的仙女保姆。——译者注

在我们向使用权靠拢并远离所有权的长期进程中，有五个深层的科技发展趋势起着推动促进的作用。

减物质化（Dematerialization）

在过去的 30 年里，这一趋势已经使我们可以用更少的物料制作更好的东西。这一趋势的经典事例就是啤酒罐，它的基本形状、大小和功能已经有 80 年没什么变化了。在 1950 年时，一个啤酒罐是由镀锡钢做成的，重量可达 73 克。在 1970 年时，更轻、更薄也较为灵巧塑形的铝制罐子将其重量降至 16 克。采用更为精巧的折叠和弯曲工艺使原材料的使用大大减少，以至于现在的啤酒罐重量只有 13.5 克，或者说只有当初重量的五分之一。而且现在的罐子也不再需要开瓶器。仅用 20% 的物料就带来更大的收益，这就被称为减物质化。

平均来看，大多数现代产品都在经历减物质化。自 20 世纪 70 年代起，汽车的平均重量已经下降了 25%。各种功能的家用电器也在变得更轻。当然，通信技术有着最为鲜明的减物质化倾向。曾经巨大厚重的个人计算机显示器缩小为平板式的屏幕（但是我们电视的尺寸在增加！），而曾在桌子上放置的笨重的电话机已经变得可以装进口袋了。有时，我们产品的重量没有减轻，而是增加了一些新功能，但是总体的趋势是产品倾向于使用更少的物质。也许我们并没有注意到这一趋势，这是因为虽然每个物品使用了更少的材料，但是随着经济的增长，我们使用的东西变多了，所以总体来看我们向生活中添加了更多的东西。即使如此，为获得 1 美元单位的 GDP 产出，我们所需投入的物质总量在减少，这说明我们在用更少的物质创造更大的价值。在过去的 150 年里，我们产出 1 美元单位 GDP 所需投入的物质总量一直在减少，而且在过去的 20 年里减少的速度变得更快了。在 1870 年时，需要花费 4 千克重的物质才能产生 1 美元单位 GDP。在 1930 年时，只需要 1 千克物质。最近，每千克物质投入所产生的 GDP 价值从 1977 年的 1.64 美元增长到 2000 年的 3.58 美元，这说明在 23 年里减物质化进程产生了翻倍的效果。

数字科技通过加速产品向服务的转变来促进减物质化趋势。服务的液态本质使得它们无须与物品绑定，但减物质化并非仅与数字产品有关。即使是固态的实体商品——如苏打水罐，在嵌入更少的材料时也能产生更多的效益，这是因为它们沉重的原子被没有任何重量的比特替换了。有形的材料被无形的替代——无形的材料包括更好的设计、创新的过程、智能芯片，以及不可或缺的网络连接——这些无形的材料承担着曾经需要大量铝原子来做的工作。像这样把类似人工智能的软材料嵌入到类似铝原子的硬材料里，就使得硬材料在运作时变得更像软件了。实物商品在嵌入越来越多的比特后，运作起来就好像是没有形态的服务。名词变成了动词，硬件运作起来就像软件。在硅谷，人们将这一现象描述为："软件吃掉一切东西。"

一辆汽车使用的钢铁材料在逐步减少，取而代之的是质量较轻的硅材料。事实上，现在的一辆汽车更像是一个装有车轮的计算机。智能的硅材料使汽车的引擎性能、刹车效果和安全性都得以提升，而这些改变在电动车身上更为突出。这一台跑动的计算机将会与网络连接，变成一台互联网汽车。最值得称赞的就是它的无线网络连接，通过无线连接可以进行无人驾驶导航，保证操控与安全性，并提供最新的顶级高清 3D 视频娱乐系统。这样一辆联网的汽车也将变成新的办公室，如果你不是在你的专属空间里驾驶，你也可以在车里工作或娱乐。我预计到 2025 年时，这种高端的无人驾驶汽车的网络带宽将会超过你家里的网络带宽。

当汽车变得更加数字化时，它们将会像我们交换数字媒体一样以一种社交化的方式被交换、共享和使用。我们在家居用品和办公用品中嵌入越多的智能和智慧系统，就越会将其作为社会财产对待。我们将在某些方面分享它们（可能是它们的组成成分、它们的使用位置、它们所看到的东西），则意味着我们在分享它们时会思考自身。

当亚马逊公司的创始人杰夫·贝索斯（Jeff Bezos）在 2007 年第一次介绍 Kindle 电子书阅读器时，称 Kindle 并不是一件产品，而是通过阅读材料提供的一种服务。在亚马逊公司将其存有约 100 万本电子书的图书馆开放为"全部可阅读"的订阅服务时，这一转变变得更加显而易见。书迷们无须再购买单本实体图书，只需要买入一个 Kindle 后，再购买大量已出版图书的使用权即可。（Kindle 里电子书的价格已经在逐渐下降，并且向近乎免费的方向发展。）产品会主张所有权，但服务并不主张所有权，因为伴随所有权的排他性、控制性和责任类特权在服务时是没有的。

一方面，这种从"拥有你所购买的"到"使用你所订阅的"的转变推翻了一些传统。所有权是随意的、不稳定的。如果有更好的东西出现，那就抓住新的丢掉旧的。另一方面，订阅则提供了一个有关发布、更新的永不停歇的服务流程，促使生产者和消费者之间保持永久的联系。服务并不是一次性的事件，而是一种不间断的关系。当一个消费者选择使用服务而非购买一个产品时，他或她会对其有更为强烈的认同。你经常会被困在一个订阅服务里难以跳出来（想想你的电话运营商或宽带供应商）。你使用一个服务的时间越长，它对你就越了解；对你越了解，想要离开它并重新选择服务商就越困难。这简直就像是与它结婚了。对于这种忠诚的关系，生产商自然是满怀期待的，消费者也能从这持续的关系中获取一些收益——不间断的质量保证，持续的性能提升，以及细致的个性化定制——前提是服务本身是良好的。

使用模式将消费者与生产者的距离拉得更近，实际上，消费者通常也会扮演生产者，或者正如未来学家阿尔文·托夫勒（Alvin Toffler）在1980年创造的新词"产消者"所意指的，生产者和消费者的结合。如果不再拥有软件，只是使用软件，那你就可以与其共同进步，但这也意味着你已经被这个软件公司"招募"了。作为新的产消者，你会被鼓舞去发现漏洞并报告给公司（省去一家公司中开销巨大的质量保证部门），到论坛里的其他消费者那里寻求技术帮助（省去一家公司中开销巨大的服务后台），还要去开发和改进你自己的扩展插件（省去一家公司开销巨大的研发团队）。使用模式令我们加强了与服务的各个环节的沟通。

第一个转变成"服务化"的独立产品是软件。今天，软件即服务（Software as a Service，SaaS）而非产品的理念，已经变成几乎所有软件的默认模式。作为软件即服务的一个例子，Adobe 不再将其 Photoshop 等相关设计工具作为独立的产品销售，无论是老版本还是7.0版本，又或是其他什么版本。取而代之的是，你可以订阅 Photoshop、InDesign、Premier 或 Adobe 一整套的软件服务，以及后续一系列的更新。在你注册成为软件用户后，只要按月支付订阅服务费用，你的计算机就可以始终运行最新版本。这一新的模式使消费者可以根据自己的需要重新定位软件的使用，有选择地长期使用某些功能。

电视、手机和软件以服务形式发展产业还只是开始。在最近几年，我们将旅店做成了服务（Airbnb 公司），将工具做成了服务（Techshop 公司[1]），将衣服也做成了服务（Stitch Fix 公司，Bombfell 公司[2]）。在前方不远还有数百家新兴创业公司，它们在尝试如何将食物做成服务（Food as a Service，FaaS）。每个公司都用其自己的方式给你一份食物订阅服务，而非购买。举个例子，在一个项目计划里，你可能不需要购买具体的食物制品，但是可以选择需要或想要的食物元素——如特定的蛋白质、营养、风味等。

还有其他可能的新兴服务领域，例如：

玩具服务

家具服务

健康服务

收容服务

度假服务

学校服务

当然，在所有这些服务里你仍然是需要付费的，不同之处在于服务鼓励消费者和供应商之间建立更为深层的联系，而且也确实需要这种联系。

1　会员制连锁工具店，缴纳会员费后，会员可以免费使用各种制作工具和设备。——译者注

2　均为会员制电商，用户提交身高、体重、肤色、风格等信息后，按月缴纳会费后会定期收到由商家根据用户信息推荐的衣服。——译者注

按需使用的即时性（Real Time On-Demand）

使用性也意味着在使用新事物时要做到近乎即时的传递。除非这个东西是即时实现的，否则就不必考虑。就出租车的方便性而言，它们经常不能做到足够即时的服务。即使电话预约过，你也经常需要为了等一辆出租车而花费很长时间。并且最后的支付手续也比较麻烦。哦，还有就是它们应该更便宜点。

优步作为按需、即时的出租车服务公司，已经打破了运输业的传统。当你预约一辆车时，你无须告诉优步你在哪里，你的手机自然会去做这些。你也无须去处理最后付款的事情，你的手机同样会去做这些。优步利用司机的手机来准确定位车辆的位置，精确到厘米，所以优步可以将离你最近的司机匹配给你。你可以追踪他的到达进程，精确到分钟。任何一个想挣点钱的人都可以开车，所以优步的司机要比出租车司机多。而且这使得其价格普遍更为便宜（在正常使用状态下），如果你愿意共享搭车的话，优步还会匹配在同一时间段内目的地几乎一致的两三名乘客来分摊费用。这种多个优步用户共享的搭车费用可能只有普通出租车费用的 1/4。依靠优步（或者是它的竞争对手 Lyft），出行已经是个无须再动脑筋的事情了。

当优步广为人知时，类似的这种按需"使用"模式正在一个接一个地冲击着其他数十个行业。过去几年里，风险投资家已经被众多寻求资金的创业者吸引，投入到"X 领域的优步"，这里的 X 代表任何一个还需消费者等待的行业。涉及的领域有：三家不同的鲜花服务优步，三家洗衣服务的优步，两家除草服务的优步，一家提供技术支持服务的优步（Geekatoo），一家提供医生出诊服务的优步，三家提供合法大麻快递的优步（Eaze，Canary，Meadow），以及类似的一百多家企业。对于消费者而言，这意味着你无须等待修草匠、洗衣机，也无须去采花，因为会有人为你做这些事情——等候你的指令，在你需要时随时提供服务，而且有着你难以拒绝的实惠价格。这些类似优步的公司能提供这些服务是因为相比拥有坐满员工的办公大楼，它们拥有软件。所有这些工作都是外包出去的，由随时准备工作的自由职业者（产消者）来执行。"X 领域的优步"的核心业务是将分散在各处的工作需求和人员进行协调匹配，并使其即时开展。亚马逊公司甚至也已经开展类似的匹配业务，将提供服务的人与那些需要家政服务的人匹配（亚马逊家政服务，Amazon Home Services），涉及的工作包括打扫卫生、组装设备，甚至放羊。

大量资金涌入服务领域的一个原因是，一项服务的开展形式要远多于一件产品。将运输业重新升级为一项服务的方式多到数不清，优步仅仅是其中的一种变式。已经有数十种存在的形式，但还有更多创新的可能。创业者们通常采用的方式是将运输业（或任一个行业）的利益分散到每一个组成的商品中，然后以新的方式进行整合。

以运输业为例，你如何从 A 点到 B 点？在今天，你有 8 种方式来与车辆进行结合：

1）买一辆车，自己开车去。（当今社会的默认方式）

2）雇佣一辆公司的车载你到目的地。（出租车）

3）租借一辆公司名下的车子，自己开过去。（Hertz 租车公司）

4）雇佣一个人开车送你到目的地。（优步公司）

5）从他人那里租辆车，自己开过去。（Ride Relay 公司）

6）雇佣一个公司，将你与同行的人按照固定线路送过去。（公共汽车）

7）雇佣一个人，将你与搭车的旅客送往目的地。（Lyft Line 公司）

8）雇佣一个人，将你与搭车的旅客送往固定的目的地。（BlaBlaCar 公司）

在这些变式上又可以有其他的变式。Shuddle 公司提供捎带其他人的服务，如上学的儿童，有人将其称为儿童领域的优步。SideCar 公司与优步类似，只是它采用了反向竞价运作。你设置你愿意花费的费用，让司机用投标的方式竞价决定谁来搭载你。还有数十家新兴公司（如 Sherpa Share 公司）旨在服务司机而非乘客，帮助司机管理多个系统，并优化他们的行驶路线。

这些创业公司尝试以新奇的方式开拓低效领域。他们可以在一秒之内，就将那些恰好临时闲置的资产（例如无人居住的卧室、停泊的汽车、闲置的办公空间）与等着急用的人们匹配起来。雇佣由分散在各地的自由职业者构成的网络作为服务提供者，他们几乎可以做到瞬间完成任务。设想将这种实验性的商业模式应用到其他领域：快递行业里，可以让组成网络的自由职业者送包裹上门（快递领域的优步）；设计行业里，可以让一群设计师提供设计，而只对获胜者支付费用（CrowdSpring 公司）；医疗行业里，可以共享胰岛素泵；房地产行业里，可以将你的车库作为库房出租，也可以将房间租给初创公司当办公室（WeWork 公司）。

尽管这些想法会继续兴旺发展下去，但绝大多数这种公司都无法成功。由于初创费用较低，去中心化的生意是很容易开办起来的。如果这些创新公司的商业模式被证明是有效的，那么较成熟的公司就会准备效仿。像 Hertz 这样的汽车租赁公司没有理由不去租汽车给自由职业者，出租车公司也没有理由不去做些与优步相似的业务。但无论怎样，重新整合的利益会继续蓬勃发展和壮大。

我们对即时使用的欲望是难以满足的。这种即时性需要精确匹配与深层合作，这在几年前是难以想象的。现在，大多数人的口袋里都装有一台超级计算机，全新的经济力量正在释放。如果进行巧妙的结合，一群业务爱好者就能做得和单独一位专业人士的平均水平一样好。如果进行巧妙的结合，现有产品的利益就可以得到松绑，并以未曾预期和令人满意的方式重新组合。如果进行巧妙的结合，产品就能够融入可以被持续使用的服务中。如果进行巧妙的结合，共享就将是默认的选择。

共享与租赁并没有太大的不同。在租赁关系中，租借者可以享有所有权的部分权益，而无须承担昂贵的资产购置费用或维护费用。当然，也有些对租借者不利的方面，就是他们不能获取传统所有权的全部权益，如修改权、长期使用权或资产升值。租赁业的出现并不比财产概念的出现晚多久，在当今社会你几乎可以租赁任何东西。拿女性的手提包来讲，名牌手提包的售价可能是 500 美元或更多。由于手提包往往还要搭配着全身装扮或当季的流行时尚产品，所以选购一个时髦的提包将是短时间内的一大笔支出。因此，规模可观的提包租赁业便出现了。租金的起步价格大概是每周 50 美元，根据需求不同会有所调整。正如我们所预期的，App 和匹配服务使租赁变得更加顺畅，也更加省时省力。租赁业之所以繁荣，是因为很多情况下，使用是比拥有更好的选择。你可以根据穿衣风格来更换手提包，还了之后也不用找地方存放。对短期使用来讲，分享所有权真是明智之举。而就我们即将迎来的世界，短期使用将成为常态。越来越多的事物被发明和制造出来，而每天能够享受它们的时间总量不变，所以我们在每件事物上花费的时间会越来越少。换句话说，我们现代生活的长远发展趋势就是大多数物品和服务只做短期使用。因此，大多数物品和服务都在准备被用来租赁和共享。

传统租赁业的下滑源自实体商品的"竞争"本质。竞争意味着零和博弈，只有一个竞争者能够胜出。如果我租给你一艘船，其他人就不能再租。如果我租给你一个手提包，也无法再将它租给其他人。为了保证实体商品租赁业务的增长，出借方不得不购买更多的船只或手提包。当然，无形的商品和服务可不会以这种方式运作。此时，租赁是"非竞争性的"，这意味着你可以将同一部电影租给任何想在这一时刻观看的人。无形产品的共享范围正在迅速壮大。这种将产品共享给很多人而不减少每个租赁个体满意度的能力是极具改革性的，它将使用该产品的总费用急剧降低（由百万人承担而非一个人）。突然之间，消费者所有权不再那么重要了。既然可以通过租用、租借、许可和共享来即时达到同样的效果，为什么还要拥有呢？

不论好坏，我们的生活正在加速，而唯一足够快的速度就是"立刻"。电子运动的速度将会是未来的速度。虽然从这种速度中脱离出来的休闲度假仍是一种选择，但从平均来看，通信技术依然倾向于将每一个事物都导向按需即时使用。而按需即时性，则会更加偏向使用权，而非所有权。

去中心化（Decentralization）

现在，我们正处在长达 100 年的伟大的去中心化进程的中点。在各种机构正在进行大量的去中心化工作时，将这些机构与进程粘起来的是便宜且无处不在的通信技术。当事物在互联网上广泛传播时，如果没有能力让它们保持连接，运行着的集体就会分崩离析，并且带来些许倒退。更准确地说，是长距离即时通信的技术手段促成了这个去中心化的时代。也就是说，当我们用跨越沙漠、穿越海底的电缆无休无止地在地球上缠绕时，去中心化趋势就成了必然。

从中心化的组织向更为扁平化的互联网世界转变的后果是，每一个事物——无论是有形的还是无形的，都必须更快地流动起来，以保证整体在一起移动。流动的事物是难以拥有的，所有权似乎正从你指缝间流失。液态联系掌管着去中心化组织，对它们来讲，"使用"则是更加合适的应对方式。

现代文明的每个方面几乎都已经开始变得扁平化，除了其中一个方面——货币。货币制造是留给中央政府最后负责的工作之一，大多数政党也认为这是理所应当的。人们需要中央银行进行对抗假币和骗子的常年战争。总要有人来管理货币的发行量，追踪钱币序列号，保证货币价值的可信性。一个稳健的货币体系需要准确、协调、安全地执行，还需要一个机构来对以上所有事情负责。因此，每一种货币背后都有一家时刻警惕的中央银行。

但如果你也能将货币去中心化呢？如果你创建了一种分布式的货币，它安全、准确，并且无须中央就可确保其价值，又会怎样？如果货币都可以去中心化，那么任何事物也都可以去中心化了。但即使你能这样做，又为什么要这样做呢？

如果事实证明你可以将货币去中心化，那么实现它的技术也可以作为其他中心化组织去中心化的工具。关于"现代生活中最中心化的那些方面是如何去中心化的"的故事，为很多其他无关行业提供着经验教训。

故事是这样开始的：我可以直接付给你现金，而中央银行对于这笔交易则无从知晓。但当经济变得全球化时，实体钱币的转移就不太实用了。Paypal 和其他点对点（P2P）支付系统能够在全球经济一体化的基础上建立跨越广大空间的连接，但每个点对点支付都必须要经过一个中央数据库，确保 1 美元不会被支付两次或出现作假的情况。移动电话与互联网公司为贫穷地区设计了基于 M-Pesa 这样的手机 App 的、非常有用的支付框架。但直到最近，即使是最先进的电子货币系统仍然需要一个中央银行来保证货币交易的诚实性。6 年前，一帮声名狼藉之徒想利用现金的匿名性在网上贩卖毒品，于是便想找到一种没有政府插手的货币。而一些拥护人权的可敬人士也在苦苦寻找一种货币系统，使其可以脱离那些腐败或镇压民众的政府，以及在那些压根不存在政府的地方效力。最终，他们共同想出来的这种货币就是比特币。

比特币是一种完全去中心化的、分布式的货币，它无须任何一家中央银行来为其准确性、强制性与调节性负责。自 2009 年被投入使用后，流通中的比特币已达 30 亿，并且有 10 万户商家已接受其作为支付货币。也许比特币引人关注的就是其匿名性及它所激发的黑市交易。在此，请先抛去匿名性这一点——它总是让人们分心。比特币最重要的创新是它的"区块链"[1]——

---

1 区块链（blockchain），是比特币的重要概念，指一串使用密码学方法相关联产生的数据块。每一个数据块都包括过去 10 分钟内所有比特币网络交易的信息，用于验证该信息的有效性和生成下一个区块。——编者注

使其变得强大的数字化技术。作为一个革命性的发明，区块链能够让金钱之外的很多系统都实现去中心化。

当我通过信用卡或 PayPal 账户转给你 1 美元时，需要一家中央银行来核查这笔交易；至少，它必须确认我有 1 美元可以给你。当我发给你 1 比特币时，则不存在一个中央式中介牵涉其中。我们的交易会被记录在一本公共账簿里（即一个区块链），而这本账簿会分发给全世界其他所有的比特币持有者。这一共享数据库记录着所有现存比特币的交易历史及持有者。这可是相当疯狂的，就好像每个人都拥有着所有美元的完整交易历史！这一比特币分布式数据库会以每小时 6 次的速度更新，以记录比特币产生的所有新交易；在你我的新交易达成前，它必须被大量的其他比特币持有者进行数学化验证。通过这种方式，一个区块链便借用点对点系统建立了货币信任。正如比特币的支持者们所说，使用比特币时，你对政府的信任被对数学的信任取代。

一些初创公司和风险投资人正梦想着将区块链技术应用到其他领域，例如，将这种去中心化的账户系统用于管理不动产三方契约和抵押合同。相比支付一大笔钱给传统的产权公司来核实房屋买卖类的复杂交易，点对点的区块链系统可以在取得相同结果的同时收取更少的费用，甚至是免费的。一些区块链的狂热爱好者建议创建只使用自动区块链技术的综合代理端，来执行一系列要求信任与核实的复杂交易（如进出口贸易）。无论比特币本身是否成功，它的区块链创新都会促进点对点信任系统的发展，这将进一步推动众多机构与行业的去中心化。

区块链的一个重要特征是它是一种公共资源（Public Commons）。没有一个人真正拥有它，因为每个人都拥有它。作为一个变得数字化的发明，它也在倾向于变得共享；在它变得共享的同时，它也在变得无主化（Ownerless）。当每一个人都"拥有"它时，也就没有人拥有它。实际上，这就是我们通常所指的公有财产或公共资源。我使用道路，但我并不拥有它。我可以随时驶入全世界99%的道路和高速公路（当然也有些例外），因为它们是公共资源。我们通过向当地政府缴纳税费获取道路的使用权。就我能想到的所有的目的而言，全世界的道路都在为我服务，就好像我拥有它们一样——甚至比我拥有它们还要好，因为我无须负责维护工作。大多数公共基础设施都带给我们这种"胜过拥有"的利益。

去中心化的网络或互联网现在是中心化的公共资源。网络的好处在于，它服务我时就像我拥有它一样，我只需做很少的事情来维护它。我划下手指，就可以随时召唤它。我享受着它令人惊奇的工作能力所带来的全部益处——像天才一样回答问题，像巫师一样到处航行，像行家一样自娱自乐——而无须承担所有权的负担，只要使用它就够了（我需要纳税来获得网络的使用权）。我们的社会愈发去中心化，使用性就会愈发重要。

平台协同（Platform Synergy）

长期以来，组织人们进行工作的基本方式有两种——企业和市场。企业（如一家公司）有着确定的边界，员工需要经过认证许可才能开展工作，并且它让人们通过协同合作来提升工作效率，这要比他们在公司外各自工作更加高效。市场则有着更具渗透性的边界，无须许可即能参与，而且能够利用"看不见的手"来分配资源，以实现最高的效率。最近，第三种组织工作的形式——平台——出现了。

平台是由一个企业创建的基地，其他企业可以在平台基础上创建产品和服务。它既不是市场也不是企业，而是某种新的事物。一个平台就像是一个百货公司，出售并非由它创造的商品。微软公司的操作系统（Operating System，OS）是第一批被广泛使用的成功平台之一。任何有雄心的人都可以创建并销售能够在微软拥有的 OS 平台上运行的软件。很多人都这样做了。其中有一些，如电子制表软件 Lotus123，发展得极为迅速，并且本身成了微平台（mini-platform），孕育出众多插件和其他基于其产品的第三方衍生品。不同水平的、高度彼此依赖的产品和服务，组合成一个基于平台的"生态系统"。生态系统是一个相当恰当的比喻，因为平台就像一个雨林，一个物种（产品）的成功是建立在其他共存物种的基础之上的。平台的这种深度生态的互相依赖性，会打压所有权，扶持使用权。

不久，第二代平台吸收了更多的市场属性，所以它有点像市场与企业的结合。iPhone 上的 iTunes 就是这种优秀的平台之一。苹果公司拥有这个平台，这个平台同时也是一个针对手机 App 的市场。供应商可以在 iTunes 上设立虚拟货架来销售自己的 App。苹果公司则负责调节这个市场，会淘汰一些垃圾的、占用资源的或是无效的应用程序。苹果公司设定规则和协议，并且监管经济往来。你可以说苹果公司的新产品就是这个市场本身。基于手机的内置设备资源，iTunes 形成了一个完整的 App 生态系统，并且还在不断壮大。

苹果公司不断地添加能让人们与手机互动的创新方式，包括相机、GPS、加速器等新的传感器，数以千计的各类创新都在深化 iPhone 的生态环境。

第三代平台进一步拓展了市场的力量。不像传统的双边市场——如促成买家和卖家的农贸市场——这种平台生态系统已经成为多边市场。脸书就是一个不错的例子。这家公司创造了一些规则和协议来搭建市场，在这个市场里独立的卖家（大学生）生产他们自己的个人信息，这些信息在市场上会与他们的朋友进行匹配。在这个市场里，学生们的注意力被卖给了广告商，游戏公司对学生进行销售，第三方 App 对广告商进行销售，并且还对其他的第三方 App 进行销售。它们不停歇地以多种方式匹配着。这种由互相依赖的产品构成的生态系统在继续保持扩张，而且只要脸书能够作为企业管理市场规则和自身发展，它还将继续壮大。

今天，最富有的以及最具"破坏性"的组织机构几乎都是多边平台，如苹果、微软等公司。所有这些企业巨头都借用第三方供应商来增加其平台的价值，并且普遍开放 API（应用程序接口）的使用来促进和鼓励他人参与。像优步、阿里巴巴、Airbnb、PayPal、Square、微信、安卓都是新兴的已获得广泛成功的多边市场，它们各自由一家公司运作，促进生成由衍生但相互依赖的产品和服务构成的强劲的生态系统。

生态系统受到共同进化原则的支配——类似于生物学上的共生（co-dependence），是竞争与合作的混合物。在一个真实的生态环境里，提供支持的供应者们可能会在某一方面合作，又在其他方面彼此竞争。例如，亚马逊网站既会帮助出版商在其平台销售全新的图书，也会通过它的二手书店生态系统来销售更为便宜的旧版本图书。旧书供应商既要互相竞争，也要与出版商进行竞争。平台的工作就是确保无论供应商之间是合作还是竞争，平台自身都能盈利，并且还能升值！就这点来说，亚马逊网站做得很好。

在一个平台的几乎各个水平上，共享都是默认设置——即使这也正是竞争的规则。你的成功取决于他人的成功。在一个平台里，继续持有所有权的想法将会变得问题多多，因为它还停留在"私有财产"的观念里。但无论是"私有"还是"财产"，在一个生态系统里都没有太多意义。随着被分享的事物越来越多，会被当作财产看待的事物越来越少。在平台上，同时滋养出更少的隐私（持续分享私人生活）和更多的剽窃（对知识产权的漠视），可并非简单的巧合。

从所有权到使用权的转变是有代价的。你拥有的所有权使你有权利——也有能力——修改或控制你对所有物的使用。这种修改的权利在当今流行的一些数字平台上正快速消失，它们的标准服务条款禁止了这一点。相较于买到的东西，只能暂时使用的东西会受到一些法律层面的限制。（坦白说，修改的能力在传统的购买行为中也被压缩了——想想那些愚蠢的打开包装就默认许可其服务条款的协议。）但是修改和控制的权利与能力现在可以借用"开源"的平台和工具实现——如Linux OS或流行的Arduino硬件平台——这也是它们拥有巨大吸引力的部分原因。针对共享的事物进行提升、个性化或优化调整的能力和权利，将是下一代平台需要解决的关键问题。

减物质化、去中心化和大量的沟通会共同催生更多的平台。平台是提供服务的工厂，而服务则偏爱使用权胜于所有权。

云端（Clouds）

现在你接触的电影、音乐、图书和游戏都保存在云端。一个云端就是一块由几百万台计算机组成的"殖民地"，这些计算机无缝隙地对接在一起，使其行动起来就像一台超级计算机。今天你在网络上、手机上做的大多数事情都是借助云计算完成的。虽然我们看不见它，但是云端运行着我们的数字生活。

云端的核心是动态分布的，所以一个云端要比一台传统的超级计算机更为强大。这意味着它的记忆和工作是以大量后备存储的方式分布在众多芯片里的。例如，你在线观看一部很长的电影时，一个小行星突然撞毁了构成云端的机器的1/3，你可能不会察觉到任何中断。这是因为电影文件并不是存储在任何一个特定的机器里的，而是以后备的方式储存在大量的处理器里的，这一方式使云端可以在任何一个单元关联失败时重新定位到自身的其他单元。这个过程非常像有机体的自行愈合。

网页是众多超链接的文件，云端则是超链接的数据。从根本上讲，将东西放置在云端上的首要目的是深度共享数据。相比于独自发挥作用，交织在一起的比特会变得更聪明也更强大。云端没有一个独立固定的架构，因而各种云端的属性仍在快速地进化中。总体来看，云端是巨大的，一个云端的基础存储量可以达到多个装满计算机的、足球场大小的库房存储的信息总量，而这些"库房"还分布在相隔几千英里的诸多城市里。云端也具有弹性，这意味着可以通过在其网络中添加或减少与其连接的计算机数量，即时地扩大或缩小云端。同时，由于它们固有的备用与分布的特性，云端是现存机器中可靠性最高的。它们可以表现出著名的5个9的(99.999%)的近乎完美的服务。

云端的一个核心优势是，它变得越大，我们的设备就变得越小巧、越轻薄。云端负责所有的工作，而我们手里的设备只是一个对接云端工作的窗口。当我盯着手机屏幕看一个视频直播时，我正在看的是云端里的东西。当我在平板电脑上浏览书签网页时，我是在云端里冲浪。当我的智能手表界面因一条信息亮起来时，信息其实是来自云端的。当我翻开我的云笔记本电脑时，所有我进行的工作实际上都在另一个地方，即一个云端里。

我的东西到底在哪里，以及它是否真的是"我的"，这些问题的模糊性可以通过谷歌上的一个文本文档的例子来说明。我通常会用 Google Drive 这个 App 写市场报告，"我的"这个词汇可能出现在我的笔记本电脑或手机上，但其本质则存在于谷歌的云端里，并分散在一些遥远的机器上。我使用 Google Drive 的一个关键原因是它的易于合作性。十几个或更多的协作者可以在他们的平板电脑上看到这个词汇，并对其加工——编辑、添加、删除、修改——就好像这个词汇是"他们"的词汇一样。在任何一个副本上的改动都将同时——即时——出现在其他所有计算机上，无论在世界的哪里皆是如此。这一分布式的云端能够存在，真是一个奇迹。这一词汇的每个实例都不仅是单纯的复制，因为复制意味着毫无活力的繁殖。实际上，对每个人而言，他们计算机上分配到的副本就是原件！这十几个副本中的每一个都与我计算机里的那个一样真实——真实性是分布存在的。这种集体性的互动与分布式的存在，使这个词汇感觉更不像是我的，而是"我们的"。

由于生活在云端里，谷歌将来便可以轻易地将基于云计算的人工智能应用到我们的文字中。除自动检查拼写问题和关键语法之外，Google

可能也会对语句中的事实陈述进行核查，使用的则是称为"知识型信任"（Knowledge-based Trust，KBT）的新型事实检验员。它可以将超链接加到适当的词汇上，也可以（在我的准许下）添加一些智能的附件以显著增强该词汇，而这将更加侵蚀我对事物所有权的感觉。为了完全利用人工智能和其他基于云端的技术力量，我们的工作与娱乐将愈发远离个体所有权的孤岛，转向云端中的共享世界。

我已经开始通过云端"谷歌"答案，而非尝试去记住一个 URL 地址或某个较难拼写的词汇。如果我"谷歌"自己的电子邮件（存在一个云端里）来找出自己说过什么、做过什么，或者说我的记忆依赖云端，那么我的"我"终止于何处，云端又从何处开启？如果我生活的所有影像，我感兴趣的所有信息，我的所有记录，我与朋友的所有聊天，我的所有选择，我的所有建议，我的所有想法，以及我的所有愿望——如果这些都存在于某个地方，却又不是一个特定的地方，它就会改变我对自己的看法。相比以前，我更大了，也更薄了；我的反应更快了，却也常常更肤浅。我思考起问题来，更像是一个云端——没有什么边界，开放地应对改变，并且充满矛盾。"我"包含了大量不同的东西！借助机器智能和人工智能，所有的这些混合体将进一步发展。我将不仅是"我 +"（Me Plus），还是"我们 +"（We Plus）。

但是如果从这样的世界中抽离会发生什么？一个十分分散的我将会消失。我的一个朋友因为他那十几岁的女儿犯了严重的错误，就将她关在家里并没收了她的手机。当她开始身体不适、呕吐的时候，父母被吓坏了，那情形就像是她做了截肢手术。从某种意义上讲，她确实有类似的感受。如果一个云端公司限制或监控我们的行为，我们就会感到痛苦。与云端构建的令人舒适且全新的自我进行分离，将是可怕的、难以忍受的。如果麦克卢汉关于"工具是我们自身的延伸"的观点是正确的——例如，车轮是腿的延伸，相机是眼睛的延伸——那么云端就是我们灵魂的延伸。你也许更喜欢这种说法——它是我们的自我（self）的延伸。从某种意义上讲，它并不是我们拥有的自我的延伸，而是我们使用的自我的延伸。

到目前为止，云端主要是商业化的。有甲骨文公司的云端（Oracle Cloud）、IBM 的智慧云（Smart Cloud）、亚马逊的弹性计算云（Elastic Compute Cloud）。谷歌和脸书则在其内部运行世界上最大的云端。我们不断地连接云端，是因为它们比我们自身更可靠，并且它们确实比其他设备更让人信赖。我那个非常稳定的苹果电脑每个月还会死机或需要重启，但是谷歌云平台在 2014 年只有 14 分钟的断线时间。相比其服务的巨大信息量，可以说是无足轻重的断档。云端就是备份，我们生活的备份。

今天，所有商业和社会的大多数活动都在计算机上运行。云端给我们提供了令人惊异的可靠性计算、极快的速度及不断拓展的深度，而使用者却无须承担任何维护的负担。任何一个拥有计算机的人都知道那种麻烦：它们占空间，需要持续的专业照料，而且很快就会过时淘汰。谁想拥有他们自己的计算机？这个问题的答案越来越多地变成："没有人愿意。"就像从电网买电一样，你并不会想拥有自己的发电站。云端使机构组织可以享受使用计算机的便利，而无须承担拥有它们的麻烦。以优惠价格出售的可扩展的云计算服务使创建一家新科技公司容易了 100 倍。创业者可以直接订阅一个云端的架构，无须再构建自己公司的复杂的计算架构。用行业术语来说，这叫作"基础设施即服务"（Infrastructure as a Service，IaaS）。作为服务的计算机取代了作为产品的计算机，使用权取代了所有权。通过在云端操作，以优惠的价格获得最好的基础设施的使用权，这是过去十年里硅谷诞生出众多创新公司的一个主要原因。它们增长很快，所以也获得了更多对它们并不拥之物的使用权。云端公司鼓励这种增长和依赖，因为人们越多地使用云端，越多地共享服务，它们的服务就会变得更智能和强大。

　　一家公司的云端能发展到多大是有一定实际限制的，所以在未来的几十年里，云端崛起的下一步就是将不同的云端结合成一个"互联云"（intercloud）。如同互联网是网络的网络，互联云则是云端的云端。虽然进程缓慢，但可以明确的是，亚马逊的云端、谷歌的云端、脸书的云端及所有其他企业的云端将会交织成一个巨大的云端——大云端（The Cloud）。而且对于每个使用者或公司而言，这个大云端运行起来就是一个独立的云端。这一融合过程的阻力之一，是互联云需要各个商业云端共享它们的数据（一个云端就是一个连接数据的网络），而现在人们倾向于把数据像黄金一样储备。数据储备被视作一种竞争优势，免费共享数据则被法律阻止，所以在企业学会如何创造性地、富有成效地、负责任地共享数据之前，还有很多年（也许是几十年？）的路程要走。

　　在迈向去中心化的使用权的无情进程中，还有最后一步要走。在我们移向互联云的同时，我们也是在移向一个完全去中心化的、点对点的社会。当亚马逊、脸书和谷歌的巨大云端在分布运行时，它们自身并非是去中心化的。这些机器是由众多公司运作的，而不是由你们这些潮流人士控制的潮流计算机网络运作的。但也有一些方法能够使云端在去中心化的硬件上运行。有一种传递信息的方式，这一方式无须把信息传到一个手机信号塔，也不用通过微博、微信或电子邮箱的企业服务器。取而代之的是，他们在各自手机上安装了一个叫作 FireChat 的 App。两部装有 FireChat 的手机可以通过 WiFi 进行直接的联系，而无须将信息上传至手机信号基站。更重要的是，两个手机中的任何一个都可以将这个信息传给第三个装有 FireChat 的手机。继续增加装有 FireChat 的手机，你就可以得到一个所有手机完全连接的网络。若某部手机并非信息接收者，它便会作为一个中继站，将信息传至目标接收者那里。这一紧密联系的点对点网络（被称作无线网格网络）并不高效，却能够发挥作用。这种不太灵活的传播方式正是互联网在某一层面上的运行方式，也是互联网如此强劲的原因。

构建这种去中心化的通信系统是有一些其他理由的。当大范围的紧急事件造成电力系统中断时，一个点对点的手机网络可能是唯一能发挥作用的网络。若每个人的手机都可以通过太阳能充电，这便是一个无须电网支持的通信系统。一个手机的范围是有限的，但你可以将小小的手机作为"中继器"放在屋顶上——让它既可以通过太阳能充电，又可以复制信息并向更远距离的一个手机传递。它们就像是迷你信号基站，但并不被某一个公司控制。一个屋顶中继器和数百万手机构成的无线网格网络将会创建一个无监控的网络。现在，已经成立了不止一家以提供这种无线网格网络服务为业务的初创公司。

一个不属于任何人的网络会令那些管理我们通信设施的合法组织不安。云端并不具有很多地理性质。谁的法律能够通行？是你住宅地的法律，还是你服务器所在地的法律，抑或是国际组织的法律？如果所有的工作都在云端进行，谁来向你收税？谁拥有数据，是你还是云端？如果你所有的电子邮件和电话都经由云端，谁来对它透漏的信息负责？在云端的这种新型亲密关系中，当你有些不完整的想法、诡异的白日梦时，它们是否应该与你真正相信的东西区别对待？你是否拥有你自己的思想，还是说你只是访问了它们？所有这些问题不只是出现在云端和无限网格网络，也出现在所有的去中心化系统中。

在未来的 30 年里，减物质化、去中心化、即时性、平台协同和云端将继续强势发展。只要科技进步使通信成本、计算成本继续下降，这些趋势都是必然的。这是通信网络扩张到全球的每一个角落所带来的结果，随着网络化的加深，智能逐渐代替了物质。无论这些趋势在何处发展（美国、中国，或者是廷巴克图），这种巨大的转变都是确定无疑的。趋势背后潜在的数学与物理原理将始终不变。当我们推进减物质化、去中心化、即时性、协同平台化和云端等所有这些方面的发展时，使用权将逐步取代所有权。我们对日常生活中的大部分事物的使用将会胜过对其拥有。

但只有在科幻世界里，一个人才会不拥有任何东西。大多数人还是会在使用一些东西时拥有另一些东西，其比例则因人而异。然而如果一个人只是使用所有东西而不拥有其中的任何一件，这种极端情景则是值得深挖的，因为它揭示了未来技术发展的明确方向。下面我们来看看这种情景。

我住在一个综合性公寓里，像大多数朋友一样，我选择住在这里是因为能够获得全天候的即时服务。我房间里的箱子每天都会更新 4 次，这意味着我将需要更新的东西（如衣服）放在里面几个小时后，它们就能焕然一新。

这个综合性公寓有自己的服务"网点",每小时各种包裹会从本地处理中心通过无人机、机器人货车和机器人自行车送到这里。我把我想要的东西告诉自己的设备,然后这些东西就会在两个小时或更短的时间内到我的箱子里(无论是在家里还是在工作的地方)。位于大厅的"网点"还有一个超棒的 3D 打印间,在那里可以用金属、合成材料、有机组织打印几乎所有东西。这里还有一个非常好的储藏室,里面放满了各种电器和工具。不久前的某一天,我想要个火鸡煎锅,不到一小时,我就在盒子里收到了从网点储藏室发来的一个煎锅。做完火鸡后,我无须亲手清理它,而只要把它放回到盒子里就可以了。有个朋友来访时,突然想修剪下自己的头发,不到 30 分钟,盒子里便又有了剪发器。我也常常订些露营装备。露营装备每年都在快速升级,而我通常只会使用它们几周或几个周末,所以我更想从我的盒子里获取最先进的、最棒的露营装备。相机和计算机也是一样的道理,它们很快就会被淘汰,所以我更喜欢订些最新最好的设备。如大多数朋友一样,我的绝大部分衣服也是订的。这可是很划算的交易。只要我想,便可以在一年当中的每一天都穿不一样的衣服,只要我在每天结束时把穿过的衣服丢到盒子里就行。它们会被清洗并重新分发,而且通常会为了给人些新鲜感做些小改动。"网点"里甚至还有许多纪念版 T 恤,它们是其他绝大多数地方没有的。我只拥有几件特殊的智能衬衫,它们内部被嵌入了芯片作为标记,使它们可以在清洗并熨烫好后的第二天返回我这里。

我还订了几条食品线。我可以从附近的一个农民那里获得新鲜的农产品,还有一条食品线是可以送到门口的即食熟食。这个"网点"知道我的日程表、我上下班路上的位置及我的喜好,这样它就可以在送餐时做到准确及时。当我想自己做饭时，"网点"会提供给我所需的任何食材或特殊器皿。我的公寓里有个资源配置中心，所有我需要的食物和可循环使用的器皿都会在需要它们出现在冰箱里或碗柜里的前一天送到。如果我现金充裕的话，我会租一个更为优质的公寓。但现在我居住的这个综合性公寓还是很划算的，因为在我不在时房间也会被租给其他人使用，以节省我的开支。我对这一点没有什么意见，因为它会比我离开时还要干净整洁。

我从来不曾拥有任何音乐、电影、游戏、图书、艺术或现实世界中的其他东西。我只是在"环球物料"（Universal Stuff）上订。我房间墙上的艺术图片会一直更新，否则我便会对其习以为常并视若无物。我有一个特殊的网络服务，它可以从我在Pinterest上的收藏夹里提取图片装饰我的墙壁。我的父母订了一个博物馆服务，那样他们就可以轮流借阅一些颇具历史的艺术作品，但那不在我的兴趣范围之内。最近一段时间，我在尝试3D雕塑，它们每个月都可以重新塑形，使你保持对它们的关注。当我还是个小孩子时，我玩的玩具就来自"环球物料"，它们陪伴我长大。我的母亲曾经这样说："你只会玩它们几个月，为什么要拥有它们呢？"所以每隔几个月，玩具就会被放进盒子里，然后新的玩具就会出现。

"环球物料"实在是太聪明了，每当我要出行时，即使是出行高峰，通常等待的时间也超不过30秒。汽车会及时出现，因为它知道我的行程，而且还能从我的短信、日历和电话中推断我的出行计划。我最近在尝试省钱，所以有时我会与去工作的其他两三个人拼车。车上的网络带宽很是充足，所有搭车的人都可以进行屏读。说到锻炼身体，我订了一些健身房服务和一个自行车服务。我很快就得到了一辆最新款的自行车，它已经被调试和清洗过，就停在我的出发点。进行长途旅行时,我喜欢用那些新型的单人无人驾驶飞机。它们比较新,所以想立即得到它们还比较难,不过现在的商用飞机也方便多了。只要我去旅行的城市中有类似的综合性公寓可以提供交互服务,我基本不需要收拾行李,因为我可以从当地的"网点"那里得到所有与我日常使用的一模一样的东西。

有时,父亲会问我是否曾因不拥有任何东西而感到不踏实、不可靠。我告诉他自己的感觉恰恰相反——我感到自己与原始社会有着深刻的联系。我感觉自己就像一个原始社会中的狩猎者——穿行于复杂的自然环境中时不会拥有任何东西,却可以在需要时随时随地地获得一个工具,用完后便将其抛之脑后,继续前行。只有农民才需要谷仓来储藏他的财富。数字原住民[1]是自由地奔向前方的,他们不用承受拥有事物所带来的负累,可以自由地探索未知的世界。使用而非拥有事物,使我可以保持敏捷并且精力充沛,时刻为即将出现的未知事物做好准备。

---

1 数字原住民(Digital Natives),哈佛大学网络社会研究中心提出的新概念,指 80 后及更年轻的新一代人,他们出生时就面对无所不在的网络世界。——译者注

The Inevitable

————

第 6 章

共享 Sharing

共享 Sharing

　　比尔·盖茨曾经嘲笑过那些免费软件的倡导者，并给这些倡导者冠上一个资本家所能想出的最恶毒的绰号。他说，他们是一股致力于摧毁垄断的邪恶势力——而正是对垄断的追求支撑起了美国梦。盖茨的言论有几点错误，其中一点就是，免费开源软件的爱好者更有可能是自由主义者。不过他的指责也并非全错：当一场席卷全球的浪潮将每个个体无时无刻地连接起来时，一种集体主义的改良技术版正在悄然兴起。

　　数字文化中的公有部分体现在更为深层和广泛的方面。维基百科仅是这一新兴集体主义中一个较为突出的例子。事实上，所有类型的维基都是集体主义的体现。维基是指通过协作而产生的文档集合，任何人都能方便地创建、增删或修改其中的文字内容。各式各样的维基引擎运行在不同的平台和操作系统上。沃德·坎宁安（Ward Cunningham）在 1994 年首次发明了协作式的网页，如今他追踪记录着将近 150 个维基引擎，而每个引擎都支持着数量众多的网站。"知识共享"（Creative Commons）这种利于共享的版权许可协议已被人们广泛接受，它鼓励人们准许他人合法地使用和改进自己的图像、文本或音乐，而无须额外许可。换句话说，内容的共享和摘取是新的默认模式。

2015 年采用知识共享的实例已达 10 亿个之多。像 Tor 一样的文件共享网站比比皆是，凡是可以被复制的文件几乎都能在这些网站上找到。这些网站使我们向协作互助又迈进了一步，因为你可以利用一些已经被创造出的东西十分方便地开始自己的创作。类似 Digg、StumbleUpon、Reddit、Pinterest 及 Tumblr 这样的社交评论网站，使数以亿计的普通人可以到专家和朋友资源库那里查找照片、图画、新事物和新创意。然后大家一起对这些材料分级、评判、共享、转发、注解，并将这些材料重组到自己的数据流或资源库里。这些网站就像协同过滤器，将当下最好的内容推荐给读者。几乎每天都会有一家新的创业公司骄傲地宣称他们找到了一个新的管理社区的方式。所有这些发展都预示着我们在稳步迈向一种网络世界所特有的、数字化的"社会主义"。

事实上，这种"新的社会主义"不同于以往的任何一场运动。恰恰相反，"数字社会主义"可能正是美国的最新创新。"数字社会主义"与政权无关。它仅运行在文化和经济领域。

盖茨曾用以抹黑共享软件（如 Linux 和 Apache）开创者的传统共享主义诞生于一个中心化的信息传播时代。彼时，工业流程过于强调上层管理，地域边界被强行划分。新兴的"数字社会主义"借助网络通信技术运行在没有边界的互联网上，催生了贯穿全球一体化经济的无形服务。它旨在提升个人的自主性，是去中心化的极致表现。

我们聚集在集体空间里，通过桌面工厂与虚拟的合作社相连接，我们共享脚本和应用程序接口而非锄头与铁铲。有未曾谋面的社群领袖，有大众协同机制。提供免费的商品和服务，对于社区管理者来说，唯一重要的事情就是把事情做成。

而我之所以用"社会主义"这个词，是因为从技术角度看，它最能恰如其分地指代那些依靠社交互动来发挥其作用的技术。"社会化媒体"（即社交媒体）之所以被称为"社会化的"也是基于同样原因：它是一种社会化活动。宽泛地说，社会化活动是网站和移动应用在处理来自庞大的消费者（或称为参与者／用户／受众）网络的输入时所产生的。所以我们不妨重新定义这组最为直接的词汇：社会的、社会化活动、社会化媒体。当众多拥有生产工具的人都朝着一个共同的目标努力，共享他们的产品，不计较劳务报酬，乐于让他人免费享用其成果时，"新型社会主义"的叫法也就不足为奇了。

事实上，一些未来学家已经将这种"新型社会主义"在经济层面的体现命名为共享经济（Sharing Economy），因为在这一层面最基本的通行规则就是共享。

20 世纪 90 年代末期，活动家、布道者、老牌的嬉皮士约翰·佩里·巴洛（John Perry Barlow）曾以略带戏谑的口吻将这一潜在趋势称为"网络共产主义"（Dot-Communism）。他将"网络共产主义"定义为"由具有完全自由意志的个体所组成的劳动力"，也是一个去中心化的、没有货币的物物交易经济体；在那里没有财产所有权的概念，管理体制由技术架构来决定。他关于虚拟货币的观点是正确的，因为推特和脸书上发布的内容都是由无须支付报酬的参与者创建的，也就是像你一样的观众。巴洛关于所有权消亡的观点也是正确的，正如前面章节已经说明过的，我们可以看到 Netflix 和 Spotify 这样的共享式经济服务正在让用户摆脱占有物品的观念。它更像是一种态度、一类技术、一些工具，可以推进协作、共享、聚合、协调、灵活机构及其他各种各样新兴的社会合作形式。它是前沿，也是创新的沃土。

媒体理论家克莱·舍基（Clay Shirky）在其2008年出版的《未来是湿的》（*Here Comes Everybody*）一书中提出了一套划分新兴社会组织形式的架构。随着人们协同程度的加深，群体从只需最低程度协同的分享起步，而后进步到合作，再然后是协作，最终达到集体主义。每一步发展都需要进一步的协同。只要纵览一下我们的网络空间就会发现大量的相关证据。

分享

在线公众有着令人难以置信的共享意愿。在脸书、Flickr、Instagram 及其他类似网站上贴出的个人照片数量每天都有 18 亿张之多，可以毫不夸张地说，用数码相机拍的绝大多数照片都会以某种方式进行分享。在网络上分享的还有状态更新、位置标注、不成熟的想法。还有就是 YouTube 上提供的数十亿个视频，同人小说网站上贴出的数百万篇粉丝创作的故事。分享组织的名单几乎是无法穷尽的：比如专门分享评论的 Yelp，专门共享地理位置的 FourSquare，专门分享图片剪贴的 Pinterest。分享的内容几乎无所不包。

分享是"数字社会主义"中最温和的表现形式，但这样一个动词却是所有高级水平的群体活动的基础。它也是整个网络世界的基本构成成分。

合作

当个体们为实现一个更大目标而共同工作时，群体层面的结果就会涌现出来。Flickr 和 Tumblr 上的爱好者们不仅仅是在共享数十亿张照片，他们还要对照片进行分类、贴标签、加关键词。社区中的其他人则会遴选照片做成合辑和剪贴板。"知识共享"许可的流行也就意味着从某种程度上说你的照片就是我的照片。任何人都可以使用他人上传的照片，就像是公社的成员可以使用公社所有的手推车一样。我不用再拍一张埃菲尔铁塔的照片，因为网络"公社"可以提供一张比我自己拍得更好的。这也意味着，当我要做展示、报告、海报、网站时，我可以做得更好，因为我不是一个人在工作。

数以千计的聚合网站都会采用类似的社交模式以实现三重收益。首先，面向社交的技术可以帮助用户根据自身需要来为他们所找到的东西分门别类、评价和收藏。社区成员可以更方便地管理自己的收藏。例如，Pinterest 里有着丰富的标签和分类（按钉功能），使用户可以很快地创建任一类别的剪贴相册，并且超级方便地查找或添加图片。其次，这些标注、按钉、书签也可以使其他用户获益，帮助他们更方便地找到相似的材料。如果一个图片在 Pinterest 上获得越多的按钉，或是在脸书上获得越多的点赞，或是在推特上获得越多的话题标签，那么它对别人的帮助就越大。最后，集体行为可以创造一种只有当群体作为一个整体时才会有的附加价值。比如，当大量由不同游客在不同时间从不同角度为埃菲尔铁塔拍摄的照片汇聚在一起时，并且每张照片都有详细的标注，那么就可以将这些照片（借助软件，比如微软的 Photosynth）整合出令人惊叹的 3D 全景渲染结构图，而这远比每个个体的拍摄更为复杂，也更有价值。有意思的是，这一方式已经超出了"各尽所能，按需分配"，因为它做到了"增益付出，超需回报"。

社区共享可以释放出惊人的力量。类似 Reddit 和推特这样的网站允许用户投票或者转发最重要的信息（新闻、网址链接、评论），它们对公众话题的引导堪比甚或超出报纸和电视。有志于此的内容贡献者会继续贡献内容，在某种程度上是因为这些工具有着更广泛的文化影响力。社区的集体影响力已经远远超出了贡献者个人力量之和。这就是社会化机构的全部要义所在——整体优于部分之和。现在，数字共享已在国际范围内发挥作用。

协作

有组织的协作所能取得的成果要超出临时的合作。只需看看那几百个开源软件项目中的任何一个——比如构成大多数网络服务器和智能手机底层架构的 Linux 操作系统，你就能有所了解。精细调校的公用工具可以让成千上万个成员协同工作，从而产出高质量的产品。相比之前提到的临时合作，针对庞大复杂的项目所展开的协作通常只会给参与者带来间接收益，因为群体中的每个成员只会与最终产品的一小部分打交道。一位热心参与者可能要花几个月来为项目的子程序写代码，而项目的全面应用则是几年之后。事实上，以自由市场观点看，这种劳动报酬比是十分不正常的，即工作者做了巨量的、有很高市场价值的工作，却不获得任何报酬。这种协作方式是资本主义社会所不能理解的。

除去经济学上尚无法解释这种现象外，我们其实已经习惯了免费地享用这些协作成果。今天全球近半数网站所在的服务器（有 3500 万台之多）都在使用免费的、由社区开发和维护的、开源的 Apache 软件。一个名为 3D Warehouse 的免费素材库可提供数百万个复杂的 3D 模型，任何你能想到的东西——小到靴子，大到桥梁——都能在这里找到。这些模型的创建者和提供者都是非常专业的热心人士。由社区设计、学生和爱好者制造的开源硬件 Arduino 已生产将近一百万台，类似方式生产的迷你计算机 Raspberry Pi 则已接近六百万台。人们被鼓励自由和免费地复制这些产品的设计，并在此基础上开发新的产品。尽管没有金钱回报，但创造这些产品的大众生产者获得了信誉、地位、声望、享受、满足和体验。

当然，这种协作本身并没有什么新鲜之处。但这些新的在线协作工具为公有生产形式提供了支持，使人们可以摆脱对资本主义投资者的依赖，将成果的所有权保留在生产者（同时也是消费者）手中。

集体主义

与其将技术共享视为自由市场个人主义和集权管理这一对零和博弈的某种妥协，不如将技术共享视为一个新的、能同时提升个人和群体价值的操作系统。共享技术其未曾言明但又不言而喻的目标是同时最大化个体自主性和群体协同力量。因此，数字共享可以视为第三条道路，与老旧传统观点存在着很大的差异。

第三条道路的观点得到了尤查·本科勒（Yochai Benkler）的回应，他是《网络财富》（*The Wealth of Networks*）一书的作者。关于网络，他可能比任何人都要思考得多。他说："我认为社会化生产和大众生产可以作为封闭式所有权系统的替代。"他还补充道："这些活动可以促进创造力、生产力以及自由。"在这个新的设计体系里，去中心化的公众协同可以做到单纯地做事，更好地去解决问题，创造事物。

将市场机制与非市场机制融合的混合体系也不是什么新鲜事。数十年来，学者们对意大利北部和西班牙巴斯克工业区的去中心的社会化生产方式做了大量研究。在这些地区，企业员工就是企业的所有者，他们自己选择管理层和利润分配方式。但只有当低成本的、即时的、无处不在的在线协作出现后，这些理念的核心要点才有可能被移植到广泛的新领域，比如编写企业软件或参考书。

我们的梦想就是将这第三条道路的应用范围扩大，不再停留于局部地区的实验。去中心化的协作究竟能有多大规模？跟踪研究开源产业的黑鸭开源中心(Black Duck Open Hub)表示，有大约65万人在为至少50万个项目工作。这个人数几乎是通用汽车公司职工总数的三倍。尽管他们并非全职为这些项目工作，但这毕竟表明了有大量的人们在无偿工作。设想一下，如果通用公司的全体雇员得不到报酬，他们还能继续生产汽车吗？

到目前为止，最大的成就是开源项目。而最大的开源项目，譬如Apache，会涉及数百个贡献者的管理，其人员规模相当于一个村落。某项研究估计，Fedora Linux 9 的工作量相当于 6 万人年。这些案例表明，自组织和共享机制可以管理村落级别的项目。

而参与在线合作的人数则要巨大得多。像 Reddit 这样的协作筛选网站每月有 1.7 亿次独立访问，每天都有 1 万个活跃的在线社群。YouTube 声称每月有 10 亿活跃用户，以这些用户为主力制作的视频正在与电视台竞争。维基百科则有将近 2500 万注册用户为其贡献内容，其中 13 万用户特别活跃。有至少 3 亿活跃用户在 Instagram 上贴出照片；每月都有超过 7 亿个群组活跃在脸书上。

"集体软件农场"的成员数量及参与共同决策项目的人员数量尚无法与

一个国家的人口数量相比。但是社交媒体所覆盖的人员数量是巨大的，并且还在持续增长。脸书上有至少 14 亿用户在免费共享他们在"信息公社"里的生活。有 10 亿人每天花费大量时间为它免费创造内容。他们报道发生在他们身边的故事，总结经历，添加评论，创作图片，开玩笑，贴酷图，制作视频。他们的"回报"体现在由十几亿个相互关联的、真实的个体所产生的沟通和交往中。他们的回报就是被准许继续留在这个"公社"里。

有人也许会认为这些构建了替代有偿劳动机制的家伙们包藏着很多意图。但设计共享工具的程序员和黑客们并不认为自己是改革者。根据一份针对 2784 位开源开发者的调查，他们无偿工作的最主要动机就是"学习并发展新的技能"。一位学者是这样解释的（大致意思）："无偿工作的主要原因就是为了改进我自己那糟糕的软件。"互联网与其说是受经济学支配的产物，莫不如说是由共享意愿驱动的作品。

然而，在新兴的共享、合作、协作及集体主义浪潮下，未来的管理模式将会混合从维基百科和瑞典民主社会主义模式中获取的经验。会有人竭力阻挡这一趋势，但持续增长的共享是必然的。尽管如何命名未来的模式尚无定论，但共享技术仍来日方长。在共享这把尺子上，如果满刻度是 10 的话，我们目前的刻度只是 2。专家们曾经认为很多话题是当代人绝不会共享的：我们的财务状况，我们的身体问题，我们的性生活，我们内心最强烈的恐惧；但事实证明，只要借助恰当的技术、在恰当的条件下、辅以恰当的收益，我们就会共享一切。

这样一种趋势会把我们与一个非资本主义的、开源的、大众生产的社会拉得有多近？不管什么时候提出这个问题，答案总是：比我们想象的要近得多。回想下 Craigslist，你会认为那就是个分类广告网站，对吗？事实上，Craigslist 远不止于此。它将身边社区里信息公告板的影响范围扩大到地区，并用图片改进了广告效果。它让消费者自己动手输入他们的广告，并以实时更新的方式保证信息的时效性；最为重要的是，它是免费的！一个全国范围内的免费广告服务！那些负债累累的报刊企业如何能与之竞争？无须政府拨款和管控，将市民和市民直接联结起来，无时无刻，无处不在。这一几乎免费的市场所实现的社会效益建立在效率基础之上（网站在顶峰时期也只有 30 个员工），足以使任何组织或传统企业汗颜。固然，这种点对点的分类广告损害了报刊的商业模式，但同时它也提供了无可争辩的事例，即无论是追求利益的企业还是靠税务支撑的民政机构，共享模式都是一种可行的替代方案。

公共医疗保健领域的专家们曾经信誓旦旦地声称，共享照片尚可被接受，但没有人会愿意共享他们的病历记录。但是在 PatientsLikeMe 这家网站上，患者们将治疗结果汇聚起来，以便改进他们自己的治疗。这证明集体行为可以战胜医生意志和隐私恐慌。在推特上共享你的所思所想，在 StumbleUpon 上共享你的阅读，在 Wesabe 上共享你的财务状况，在脸书上共享你的点点滴滴……这种日渐被接纳的共享习惯正在成为我们文化的一个基础部分。当我们以协作的方式构建百科全书、新闻机构、影视档案、软件应用时，当我们在跨越大洲的小组中与素未谋面的人一起工作时，当我们并不在意合作者的社会地位时。

在过去的一个世纪里，相似的事情也发生在自由市场领域。每天都会有人问：市场能在哪些方面做得更好？我们可以列出一长串问题，这些问题在以往似乎都需要通过合理规划或家长式管理而非既有的市场逻辑来解决。例如，政府传统上会对通信领域特别是属于稀缺资源的广播频段进行管制。但以市场方式将通信频段竞拍售出后，极大地促进了带宽的优化使用，并且加速了创新和新兴行业的发展。又如，与其让政府垄断邮件行业，不如让DHL、FedEx 和 UPS 等市场参与者加入进来。很多时候，改进的市场方案会取得非常显著的效果。近几十年来的繁荣发展很大程度上就是得益于利用市场力量解决社会问题。

现在我们正以同样的方法来对待社会化协作技术：将"数字社会主义"应用于不断增长的愿望清单——偶尔也用于自由市场无法解决的问题——并观察其是否有效。截至目前，结果是令人惊奇的。我们已经成功地利用协作技术将医疗服务带到了最贫困的地区，开发了免费的高校教材，并且资助罕见疾病的药物研究。几乎每一次尝试，共享、合作、协作、开放、免费、透明所发挥出的力量都要比资本主义者所预期的更为实用有效。在每次尝试时，我们都会发现共享的力量比我们想象的要强大得多。

共享的力量并非仅仅限于非营利领域。过去十年里创造了较多商业财富的三家公司——谷歌、脸书、推特，正是通过意想不到的方法从这种不被看好的共享模式中提取了自身价值。

最初的谷歌之所以成功击败了当时搜索引擎行业的领头者，就是利用了由业余网页制作者所创建的各种链接。每当有人在网站上添加超链接时，谷歌就会把这一链接计作被链接网页的"信任票",并根据这一票为由此伸向网络的所有链接赋予权重。若链向某个特定页面(A)的网页也链向其他有可靠网页链入的页面,那么该特定页面(A)在谷歌的搜索结果中就会获得较高的可靠性排位。这一奇特的循环证据链并非由谷歌建立,而是由数百万个网页上共享的公共链接所构成的。谷歌是第一家从消费者点击的共享搜索结果中获利的公司。一位普通用户的每次点击都在为那个网页的有效性进行投票。所以仅需使用谷歌,粉丝们就会将谷歌变得越来越好,并且具有更大的经济价值。

脸书则做了很少有人认为有价值的事情——构建朋友圈网络,并鼓励我们进行共享,同时让我们与新朋友之间共享消息和花边传闻变得简单易行。这对个人来说没什么大不了的,但在聚合层面上则是极其庞杂的。没有人能够预料到这种未受重视的共享能产生多大的影响。脸书最有价值的资产恰恰是那些表里如一的网络身份,这些网络身份是脸书的共享机制得以运转的必需之物。虽然充满未来感的游戏产品——比如《第二人生》(*Second Life*)——使共享一个想象版本的你变得轻而易举,但脸书通过便利地共享一个真实版本的你来赚取多得多的金钱。

推特采取了类似的策略,即挖掘未受重视的力量——仅用 140 字符共享"最新状态"。它通过让人们共享各种奇言妙语及联络生疏了的老相识,构建起了令人惊叹的巨大商业体。在此之前,人们普遍认为这种水平的共享不值得花时间去做,更何谈其价值。然而推特证明了,将这些个体的萤火之光聚合起来并加以处理和组织之后,再散播给个体或是将分析结果卖给企业,就能做到点石成金。

等级架构向网络结构转变，中心化的管理机制向去中心化的网络机制转变，这是过去 30 年的主要文化进程，而这一过程还并没有停止。这股自下而上的力量将会把我们带得更远。然而仅有底层力量是不够的。

为了得到最好的结果，我们还需要些自上而下的智慧。既然社会化技术和共享应用在当下已然十分流行，那就有必要再重复一遍：单纯的底层力量并不足以实现我们想要的结果。我们仍需要一点点自上而下的干预。每一个有影响力的自下而上的组织得以存在超过数年的原因正在于它把自己变成了一个自下而上和一定程度自上而下结合的混合体。

我是通过个人经历得出这个结论的。我是《连线》杂志的联合创始编辑之一。编辑执行自上而下的功能——挑选、修改、征稿、调整，以及引导作者。我们在 1992 年创办了《连线》，那时万维网还未被发明，所以在万维网刚刚出现时我们有独特的优势来重塑新闻业。事实上，《连线》是最早架设商业化内容网站的机构之一。当我们探索以新的可能的方式在网络上创作并发布新闻时，一个有待回答的关键问题是：编辑手中掌握的权力可以有多大？很明显，新的在线工具使得受众不仅可以更方便地创作，也能更方便地编辑内容。一个简明的念头挥之不去：如果我们将传统模式完全颠覆，让受众或消费者当家作主会怎样？这样他们就成为托夫勒所称的"产消者"——既是生产者，也是消费者。正如创新大师拉里·吉利（Larry Keeley）所洞察的，"没有人会比任何人都聪明"。或者像克莱·舍基说的："大家一起来！"我们是否让受众中的"每一个人"来创作在线杂志的内容就好了？编辑是否应该退居幕后，只需对大众智慧创造的作品批准放行即可？

霍华德·莱茵戈德(Howard Rheingold)是一位作家兼编辑,他在《连线》杂志出现之前就已经以连线的方式生活了十年之久,他还是主张"现在可以舍弃编辑"的意见领袖之一。莱茵戈德站在变革的最前沿,认为新闻内容可以完全由业余爱好者和受众来集体创作和组织。他后来还写了一本书,名为《聪明的民众》(*Smart Mobs*)。我们招募他来管理《连线》的内容网站——"热线"(Hotwired)。"热线"的激进初衷是组织大众读者为其他读者撰写内容。但实际情况更加激进。一直处于长尾缺少发言权的人发出了大声的呐喊,声称作者终于不再需要编辑了。人们再无须他人的许可来发表文章。任何一个可以联网的人都可以将其作品发布到网上,并获得"观众";出版社把控内容大门的时代结束了。这是一场变革！《连线》杂志发表了一篇《网络空间独立宣言》(*A Declaration of the Independence of Cyberspace*)以宣告传统媒体的终结。无疑,新的媒体正在快速繁殖。它们之中有类似Slashdot、Digg 和后来的 Reddit 这种链接聚合型网站,在这些网站上用户可以对内容"顶"或"踩",他们的行为起到了类似协作式舆论过滤器的作用,并通过"其他与你相似的用户"来实现相互推荐。

莱茵戈德坚信,如果能把那些有着强烈表达意愿和激情的人们解放出来,并且没有编辑在旁边"碍手碍脚"的话,《连线》杂志将会走得更快更远。今天,我们把这些贡献者称为"博主"或"推主"。在这点上莱茵戈德是正确的。那些推动了脸书、推特及所有其他社交媒体发展的内容全部是由用户创作且没有编辑参与其中的。数以十亿计的网络公民每一秒钟都在释放出图书馆级别的文字量。事实上，一个在线用户一年里写下的文字量平均而言要比过去的许多专业作家还多。这股巨浪是没有编辑、没人管理，完全自下而上的。而产消者制造的巨大语料库也已经受到了关注——2015 年广告商为这些内容支付了 240 亿美元。

我对这场变革却持有对立的观点。彼时，我认为业余作者们创作的那些未被编辑的作品可能并不有趣，或者良莠不齐。当 100 万人在一周内进行了 100 万次写作（或写博客或贴图）时，对这些文字洪流进行有目的的引导将会是非常有价值的事情。自上而下的选择将会随着用户生成内容的增加而逐渐凸显出其价值。随着时间的推移，那些提供用户生产内容的企业将不得不开始向素材的海洋里面添加编辑、筛选和管理等功能，以维持人们对这些内容的关注。在底层的纯粹无政府状态之外，必须要有一些其他东西。

对于其他类型的编辑也是同样的道理。编辑是中间人，用现在的话说就是管理员，他们在出版社、唱片公司、美术馆或电影制片厂里工作，是介于创作者和受众之间的专业人士。虽然他们的角色将不得不进行彻底的转变，但他们存在的必要性不会消失。为了对蕴含着大众创造力的浑金璞玉加以雕琢，某些类型的中间人是必需的。

大约是在 1993 年吧，本着进行一场伟人实验的精神，我们上线了"热线"，也就是我们的在线杂志。这是一个以用户生产内容为主的网站。但它未能运转起来。我们迅速地投入了编辑力量，添加了由编辑提交的文章。用户可以提供素材，但在发表之前还是需要进行编辑。自那以后，每十年都会有商业新闻机构再次尝试这个实验。英国《卫报》曾试图利用读者的报告来运作一个新闻博客，但两年之后失败了。韩国的"我的新闻"（OhMyNews）网站比大多数尝试都要做得好，但这一由读者撰写新闻的机构运行了几年之后，在2010年又回归到了传统的编辑模式。老牌商业杂志《快公司》（Fast Company）曾经签约了2000名博主来提供未经编辑的文章，但在一年后也停止了实验，目前仍然依靠编辑从读者提供的想法中提取素材。这种用户生产和编辑加工的混合模式相当普遍。脸书已经开始通过智能算法来过滤自下而上涌出的新闻洪流，并不会让它们都涌入到你那里。脸书还会继续增加这种中间滤层；其他自下而上的服务也将如此。

如果我们仔细而深入地观察，就会发现即使是被认为用户生产内容的典范——维基百科，也远非纯粹的自下而上。事实上，维基百科在向所有人开放的同时，也设置了后台的精英机制。如果一个人编辑的文章越多，那么他的编辑痕迹就越可能被保留。也就是说，随着时间的流逝，"骨灰级"的编辑会发现自己所做的改动更容易被保存，即系统偏爱那些常年投入大量时间的编辑人员。事实上，这些一直坚持的老手就起到了某种管理作用，为维基百科这种开放的灵活机制提供了薄薄的一层编辑评判体系，并保证了其连续性。正是由于这一小群自封的编辑的存在，维基百科才得以持续运转和发展。

当一群人合写一部百科全书时，正如维基百科所做的那样，即使大家无法就一篇文章达成共识，也没有人需要负任何责任。有的仅是缺憾而已。这种失败并不会危及某个企业的生存。但一个集体的目标则是要构建一个体系——那些自我导向的成员能够对关键流程负起责任，而类似优先级排序这样的困难决定则由全体成员共同做出。历史上有数百个小规模的集体主义团体已经尝试过这种去中心化的运作模式，即执行功能不由上层掌握。然而结果并不让人乐观，只有极少数的社群可以维持若干年以上。

当我们对维基百科、Linux 或者 OpenOffice 的管理核心进行仔细考察后会发现，它们所做的努力与集体主义者的理想状况相去甚远。当有数百万个作者为维基百科做出贡献的时候，有那么一小部分编辑（大约 1500 人）要负责对大多数文档进行编辑。程序开发也是如此。海量的内容贡献被交给一小群协调者进行管理。正如 Mozilla 开源代码工厂的创始人米切尔·卡普尔（Mitch Kapor）所观察到的，"在每个成功的无政府体系中总会存在一个长老会组织"。

这并不一定就是坏事。再微弱的层级体系也会让某些人受益，而让另一些人受损。像互联网、脸书或民主这样的平台旨在为生产商品和提供服务搭建场所。这些基础性平台会从尽可能减少层级、降低准入门槛、公平分配权利和义务中获益。当有强势的活动者在这些体系中占据支配地位时，整个体系都会遭殃。那些旨在制造产品而非提供平台的机构则往往需要强势的领导及构建在时间尺度上的层级结构：较低层级的工作专注于以小时为单位的任务；高一级的工作则侧重当天需要完成的计划；再高层级的工作则需要处理每周或每月的事务；而更高层级（通常是 CEO 级别）的工作需要对未来五年的发展进行筹划。很多企业都梦想着从制造产品转型为提供平台。但当它们实现目标后（比如脸书），却常常没有为所需的角色转型做好准备。在保证机会平等和"平均"方面，在最小化等级架构方面，它们必须更像政府而非公司那样来行事。

在过去，构建一个既能充分利用层级制度又能最大化集体主义的组织几乎是不可能的。管理大量事务的成本是巨大的。今天，数字网络为我们提供了廉价的点对点通信。网络使得专注于产品的组织能够以集体化的方式运作，同时保留一定的层级制度。例如，在 MySQL 这一开源数据库产品背后的组织并不是不存在某些层级制度，但是相比甲骨文这样的数据库巨头，它体现了更多的集体主义精神。同样，维基百科也并非一个完全平等的堡垒，但相比《大英百科全书》，它还是极大地体现了集体主义。这些新兴的集体都是混合型组织，但相比大多数传统企业，它们还是远远倾向于非层级结构。

在花了一些时间后，我们意识到自上而下的机制是需要的，但又不能太多。蜂巢思维寓智于愚，就如食物原材料，只需巧手烹饪即可成美味佳肴。而编辑工作和专家意见就像是维生素，即使一个庞大的躯体也只需要那么一点点；过量的话反而会变成毒药，或是不被吸收而浪费掉了。合适的剂量刚好足以激活庞大的躯体。

今天，我们可以有无数种方式将大量的失控元素与少量的自上而下的控制相混合，这是最激动人心的前沿。在此之前，技术主要是用于自上而下的控制；现在它可以兼容控制与混乱了。以前，我们无法构造一个包含很多混乱和不可控因素在内的系统。现在，我们则闯入了一个属于去中心化和共享的不断扩张的可能性空间；此前由于技术的局限，我们从未能进入这个领地。

在互联网出现之前，我们无法实时地协调上百万人，也无法召集成百上千的人员为一个项目一起协作一周。现在我们可以了，并且可以快速地探索将协调与召集大众相结合的所有排列组合。

然而，一个大规模的自下而上的尝试往往达不到我们想要的目标。生活中我们很多时候需要专业性。但如果完全没有专家，我们就很难达成我们想要的专业性。

也因此，我们就不会对维基百科还在持续不断地改进其流程感到吃惊了。文章每年都会加入更多的层级。有争议的文章可以由高级编辑"冷冻"起来，不再能被个人随意修改，只能由指定的编辑修订。将会有越来越多的规则说明哪些是可以写的，还会有越来越多的格式要求，并且需要越来越多的审批。但同时，这些文章整体的质量也提高了。我猜想，50 年之内维基百科上的大多数文章都将需要受控于编辑、专家评审、校验锁定、认证证书等。这些改变对我们读者来说都是很好的。每一步改变都是借由少量自上而下的智慧来校正大规模自下而上的系统所表现出来的愚笨。

既然"蜂巢思维"如此愚笨，为什么还要跟它大费周折呢？

因为它既愚笨，但又足够聪明，可以胜任很多工作。

首先，自下而上的"蜂巢思维"总是可以比我们想象的走得更远，甚至超越我们所能相信的程度。维基百科尽管还不完美，但它已经远远超出任何人当时的预期了，而且还在持续不断地带给我们惊喜。Netflix 在几百万人观看记录的基础上所给出的个性化推荐远比人们以为的要好得多。eBay 的虚拟陌生人跳蚤市场本不被看好，但尽管还不算完美，它也远远超出了人们当初的预期。优步的点对点按需出租车服务也比权威和许多风投基金们最初认为的发展要好得多。只要给予足够的时间，那些去中心化的、相互连接起来的愚笨事物终将会变得比我们预想得更为聪明。

其次，即使这种完全去中心化的力量不能解决我们所有的问题，但它几乎总是开始解决问题的最佳方式。它快速、廉价且不为人所控制。启动一个新的众包服务的门槛很低，而且还在变得更低。"蜂巢思维"可以很快、很平稳地规模化。这就是为什么在2015年有9000家创业公司都在尝试利用去中心化的、点对点网络的共享能量。这些公司是否会在将来改变其形态并不重要。也许100年后，像维基百科这样的共享过程会被插入过多的管理层级，以至于它们变得更像老式的、中心化的商业。即便如此，自下而上仍是解决问题的最佳开始方式。借助"蜂巢思维"的愚笨之力，我们总能走得比我们所梦想的要更远。这也是迄今为止开始解决问题的最佳出发点。

我们现在生活在一个黄金时代。未来10年的创作量将会超过过去50年的总量。将会有更多的艺术家、作家和音乐家投入创作中，而且他们每年都将会创作出更多的图书、歌曲、电影、纪录片、照片、艺术品、歌剧及唱片等。图书从未像今天这般便宜且伸手可得。音乐、电影、游戏及各种可以被数字化复制的创意作品都是如此。人们能够接触到的作品的数量和种类都如火箭发射般增长。越来越多的人类文明的历史作品——各种语言的——不再以珍藏本的形式封存在档案馆里，而是无论你在哪里，它们与你都只有一个鼠标点击的距离。推荐技术和搜索技术使人们可以轻易找到哪怕是最不为人知的作品。如果你想找寻 6000 年前古巴比伦人用七弦琴伴奏的吟唱，喏，它们就在那里。

与此同时，数字创作工具已经变得十分普及，这使得人们无须很多资源或特殊技能就可以制作一本书、一首歌曲、一个游戏，甚至是一个录像。为了证明这一点，一家广告公司最近用智能手机制作了一段特别精美的电视广告。传奇画家大卫•霍克尼（David Hockney）用 iPad 创作了一套流行画作。著名音乐家利用现成的价值 100 美元的键盘来录制热门歌曲。有十几位不出名的作家通过自出版已经卖出了几百万册的电子书，而使用的工具只不过是一台非常便宜的笔记本电脑。迅捷的全球互联网络创造了最大的听众市场。在互联网上，热门的作品变得更加热门。例如，韩国流行歌手的舞蹈视频《江南 Style》已经被观看了 24 亿次，而且观看次数还在继续增长。在这个星球上从未出现过这种数量级别的观众群体。

在这些自制的畅销作品登上各大头条的同时，真正的新闻却是在另一个方向上。数字时代是那些非畅销品——被低估、被遗忘的作品——的时代。借助共享技术，冷僻的兴趣将不再孤独，它离人们只有一键之遥。互联网快速地渗入了每个家庭，近年又通过手机渗入所有人的口袋里，这种趋势终结了大众市场独霸天下的局面，带动了乱众市场的增长。这是一个全球范围的"利基市场"。左撇子的文身艺术家可以相互结识，共享彼此的故事和绝招。那些喜欢寻找性感耳语（事实证明此类爱好者大有人在）的人可以找到并观看那些由志趣相投的耳语爱好者制作并共享的视频。

每一个类似的利基市场都是小众的，但是存在着数千万个不同的利基市场。在这海量的利基市场中，即便每个小众爱好只能吸引几百个粉丝，一个潜在的新粉丝只要谷歌一下就能找到组织。换句话说，想要查找一个特定的小众爱好就像查找一个畅销作品一样简单。今天，我们不会为一小群人共享一个匪夷所思的爱好而感到惊讶，我们反而会为没有出现这种情况而感到惊讶。当我们启程前往亚马逊、Netflix、Spotify 或谷歌之外的荒野世界时，十有八九会碰到一些人，他们带着完成的作品或现成的论坛，在那里与我们"遥远"的兴趣不期而遇。每一个利基市场与一个畅销的小众市场都只有一步之遥。

如今是观众为王的时代。但创作者呢？在共享经济下谁支付他们报酬？当中间机构消失后谁来出资支持他们的创作活动？答案令人惊奇：另一种新的共享技术。再没有比众筹更能让创作者受益的方法了。在众筹中资助作品的正是观众。粉丝们集体资助他们所喜爱的作品。共享技术使得愿意向艺术家或作者预付费用的单个粉丝的力量与其他类似的数百个粉丝的力量汇聚起来（无须费多大劲），最终形成一笔数量可观的金钱。

最有名的众筹机构是 Kickstarter。自上线以来的 7 年时间里，它已经号召 900 万粉丝资助了 88000 个项目。Kickstarter 是遍布世界各地的约 450 个众筹平台之一，其他平台，如 IndieGoGo，也同样收获颇丰。众筹平台每年为那些无法从其他渠道获得资助的项目所筹集的资金超过了340 亿美元。

在 2013 年大约有 2 万个项目发起人利用 Kickstarter 平台向他们的粉丝募集资金；我也是其中之一。我和几个朋友创作了一本全彩图画小说，为了创作和出版这本名为《银带》[1]（*The Silver Cord*）的故事的第二集，我们需要 4 万美元来支付给作者和艺术家。我们制作了一小段视频来说明要用这笔钱做什么，然后把它放到了 Kickstarter 上，随后通过社交媒体网络向我们的朋友和粉丝们宣传这一活动。募集周期为 30 天。我们设计了不同的捐赠额度，从 1 美元到 1000 美元，并配以相应的回报。其实这与公共电台里的募资活动没有什么不同。粉丝们常因能够支持他们喜欢的人而感到快乐，同时也能更早或更便宜地获得新作品。在我们的众筹中，较低档的回报是这本书的 PDF 版本，较高档的回报则是带有艺术家签名的纸质版，而最高档的回报可以将支持者的名字或面孔植入到漫画书中。

Kickstarter 有一套精准的第三方担保服务，所有筹款（对我们来说就是那 4 万美元）只有在达成募资目标之后才会被转交给创作者。在 30 天募集期结束时哪怕只差 1 美元，所有筹款都会立即返还给资助人，发起人得不到一分钱。这样做是为了保护粉丝，因为一个筹不到足够资金的项目注定会失败。这样的设计也应用了经典的网络经济学原理，也就是让你的粉丝成为你的营销主力，因为他们一旦参与进来，就会有动力去号召他们的朋友也参与进来，以确保你实现你的目标。

照顾好粉丝几乎就是一项全职工作。我们一整月里都在做线上的交际工作：通报进度，回答问题，做推广，并努力寻找新的粉丝以确保实现我们的目标。我们有惊无险地做到了。离截止日期只剩几天时，我们还差 5000 美元。眼瞅只剩下令人揪心的几个小时了，我们仍没有达到我们所需

---

1 该书的中文版由译言网主持众筹，在 30 天内筹到了 1000 位支持者的 31 万元人民币，已经由电子工业出版社出版。——编者注

的 4 万美元目标。但是当结束的钟声敲响时，我们募集到的钱多出了 2000
美元。Kickstarter 鼓励项目发起人设立较为稳妥的目标，并在募集资金
超过目标后为粉丝提供"延伸目标"——包括项目改进和回报升级。有时，
Kickstarter 上的项目可能会受到未曾预料到的欢迎，募集的资金可能超出
目标 100 万美元之多。Kickstarter 上募集金额最高的项目是一块数字手表
产品，它从未来的粉丝中募集了 2000 万美元。在所有项目中，有将近 40%
的项目达成了他们的筹资目标。

在这约 450 个众筹平台中，每一个都会调整其规则以迎合不同的创意
群体或突出不同的结果。众筹网站可以根据资助群体的不同做出相应的优化，
比如资助音乐家的 Pledgemusic 和 Sellaband、资助非营利机构的 Fundly
和 Fundrazr、资助紧急医疗的 GoFundMe 和 Rally，甚至还有资助科学的
Petridish 和 Experiment。一些网站，如 Patreon 和 Subbable，致力于为
持续性的项目提供持续的资助，如杂志或视频。还有一些平台，如 Flattr
和 Unglue，借助粉丝来资助已经发表的作品。

但迄今为止大众共享最具潜力的未来还是在以粉丝为基础的股权众筹
领域。与投资一个产品不同，支持者们是在投资一家公司。其理念是允许一
家公司的粉丝购买这家公司的股份，就如同你在股票市场上购买某个上市公
司的股票一样。你拥有众包所有权的一部分。你所拥有的每一股都是整个企
业的一小部分；由公众股份筹来的资金将会用于开展公司业务。理想状态下
公司应从自己的消费者那里融资，然而现实中财大气粗的养老金基金和对冲
基金才是公司股份的大买家。对上市公司进行严格的管理和密切的政府监督

可以为普通的股票购买者提供一些保障，使得每一个拥有银行账户的人都可以购买股票。但是对于有风险的创业公司、单打独斗的创作者、疯狂的艺术家，或者是在车库里创业的两个小伙子而言，他们负担不起这繁重的文案工作和层层的金融官僚审批程序。每年只有寥寥几家资金充足的公司才有机会IPO（首次公开募股），而且还要花大价钱请律师和会计人员对业务进行内部审计。如果存在一个开放的机制，使得任何一家公司都可以（在一定监管下）将其所有权股份向公众发行，那将给商业带来革命性的改变。正如众筹能够使数以万计的新产品得以问世一样，新的股权共享模式也会催生出数以万计的创新企业。到那时，共享经济将会包含所有权共享。

其好处是显而易见的。如果你有一个想法，你可以从其他任何人那里寻求投资，只要他同你一样看到了这个想法的潜力。你不需要得到银行家或富人的认可。如果你努力工作并且最终成功了，你的支持者将和你同享荣华富贵。艺术家可以用粉丝的投资来开办一家长期售卖其作品的公司。在车库里鼓弄出新奇小玩意儿的两个小伙子可以发展出一整套企业流程，制造出更多的新奇小玩意儿，而不必将每个产品都拿到Kickstarter上去众筹。

其缺点也是显而易见的。缺少了必要的审核、监管和监督执行，P2P投资可能会招来各种骗子。精明的骗子可能会许诺各种丰厚回报，但在拿走你的钱后则以失败为由逃脱责任。老人们可能会因此失去他们一生的积蓄。但正如eBay会利用新的技术来解决陌生人交易中存在的欺诈这一老问题一样，股权众筹的风险也可以通过技术创新来做到最小化，如保险池、第三方担保及其他通过技术引入的信任凭证。在美国有两家股权众筹的早期尝试者

Seedinvest 和 FundersClub，它们仍然依赖"合格的富人投资者"。

为什么止步于此呢？谁会相信贫困的农民可以从地球另一端的陌生人那里借到 100 美元并且最终偿还了呢？而这正是 Kiva 公司所开展的 P2P 借贷业务。几十年前国际银行就发现，将少量的钱借给穷人要比将大量的钱借给富裕的国家政府有着更高的还款率。也就是说，把钱借给玻利维亚的农民要比借给玻利维亚政府更安全可靠。类似这种几百美元的小额信贷业务一旦做成几万笔，也能助力发展中的经济体走出困境。借给一个贫困的妇女 95 美元，使其有能力采买物料并在街头开办一个餐饮车。她拥有稳定收入所带来的好处将会通过她的孩子、当地经济发生连锁反应，很快就可以为更复杂的经济启动打下基础。这才是最为有效的发展策略。Kiva 公司在共享上更进一步，将小额信贷发展成了 P2P 借贷，使得处在任何地方的任何人都可以开展小额信贷。当你坐在星巴克里的时候，就可以将 120 美元借贷给玻利维亚某个打算采买羊毛开展编织生意的妇女。你可以一直追踪她的进展，直到她把钱还给你，而那时你又可以将这笔钱借给其他人。自从 Kiva 公司在 2005 年成立以来，已经有两百万人通过它的共享平台以小额贷款的方式借出了总计 7.25 亿美元的款项，还款率高达 99%。这极大地鼓舞了再借贷。

如果 Kiva 公司能够在发展中国家发挥作用，那么为什么不能在发达国家开展 P2P 借贷呢？有两家网络公司（Prosper 和 Lending Club）正在这样做。它们将普通的中产阶级借款人与那些愿意以合适利率进行放贷的普通市民进行匹配。截至 2015 年年底，这两家最大的 P2P 借贷公司已经促成了至少 20

万笔贷款，累计金额超过 100 亿美元。

创新自身也是可以"众包"的。作为财富 500 强公司之一的通用电气担心自己的工程师无法与身边的快速创新保持同步，因而上线了 Quirky 平台。网络上的任何人都可以向通用电气公司提交一个全新产品的创意。每个星期，通用电气的员工都会投票选出当周最佳创意，然后开展工作使其变成现实。如果一个创意变成了一个产品，那么创意的提出者也会挣到钱。迄今为止，通用电气借助这一众包方式已经开发出了至少 400 件新产品。其中之一就是鸡蛋提醒器（Egg Minder），它是安装在你冰箱里的一个鸡蛋容器，可以在需要订购鸡蛋时给你发送短信提醒。

众包的另一种形式也颇为流行，但就初期而言，合作的成分较少，竞争的成分较多。这就是通过竞赛的方式为商业需求提供最佳解决方案。公司会从众多的提案中挑选最佳解决方案并支付奖金。例如，Netflix 曾向程序员们悬赏 100 万美元，征集比它现有的推荐算法效果提升 10% 的新算法。有 4 万个团队提交了能够提升效果的、还算不错的解决方案，但最终只有一个团队达成目标并赢得了奖金，其他人都是无偿工作。类似 99Designs、Topcoder、Threadless 这样的网站都可以为你的项目发起竞赛。例如，你需要一个 Logo，那么你就为最佳设计设立一个报酬。你设立的奖金越高，就会有越多的设计者参与到竞争中。在几百个提交的作品中，你选出你最喜欢的，然后把报酬支付给设计师。但因为平台是开放的，意味着每个人的作品都公开可见，因而每个竞争者都会借鉴他人的创意并试图超越其他人的作品。从客户的角度看，在同样的价格下，大众所产出的设计可能要远远好于单一设计师的作品。

大众可以制造一辆汽车么？是的。位于亚利桑那州凤凰城的 Local Motors 公司就采用开源方式来设计和制造小批量的、性能可定制（比如速度快）的汽车。由 15 万汽车狂热爱好者组成的社区会为一辆拉力赛车所需的上千个零件提供方案。有些是其他车辆所用现成部件的"破解"版，有些是由散布在美国各地的"微型工厂"生产的定制部件，还有些设计需要 3D 打印完成。Local Motors 公司的最新款车型是一辆完全 3D 打印的电动车，它的设计和制造也都是由社区完成的。

当然，许多东西过于复杂、小众、长期或冒险，因而无法由潜在的顾客来资助或创作。例如，火星载人火箭，横跨阿拉斯加和俄罗斯的大桥，或者一部在推特上写作的小说。在可见的将来，这些事物可能还是超出了众筹的范畴。

但再次回顾下我们从社交媒体上学到的东西——借助大众共享，我们往往能够比我们想象的走得更远，而且那几乎总是最好的起始点。

我们只是刚刚开始探索大众可以做出哪些令人惊奇的事情。一定有上百万种不同的方式来借助大众支持一个创意，或者借助大众组织它，或者借助大众实现它。也一定会有上百万种新的方式让我们以不曾料到的方式来共享不曾料到的事物。

未来 30 年中的最大财富和最有意思的文化创新都会出现在这一领域。到 2050 年，最大、发展最迅速、盈利最多的企业将是掌握了当下还不可见、尚未被重视的共享要素的企业。任何可以被共享的事物——思想、情绪、金钱、健康、时间，都将在适当的条件和适当的回报下被共享。任何可以被共享的都能以上百万种我们今天尚未实现的方式被更好、更快、更便利、更长久地共享。此刻，将从未被共享过的东西进行共享，或者以一种新的方式来共享，是事物增值的最可靠的方式。

在不久的将来，我的生活将会是这样一个场景：作为一名工程师，我同其他来自世界各地的工程师一起在一个合作社里工作。我们的合作社由1200 名工程师——而非投资人或股东——集体所有和管理。我用我的工程师技能来赚钱。最近，我设计了一种新方法，可以改进用于电动车再生制动器的飞轮的效率。如果我的设计最终得以应用，我将会得到报酬。实际上，无论我的设计在哪里被应用，即使是被复制后用于一辆完全不同的车或是其他目的，报酬仍会自动地流回到我这里。车子卖得越好，我的小额报酬就会积攒得越多。如果我的设计能够被病毒式传播，我将会非常高兴。它被共享得越多就越好。摄影作品的模式也是如此。当我将一个照片贴在网上，我的个人信息就会被加密到图片里，这样网络就可以追踪这张照片。任何转发这张照片的人都会从其账户里给我支付一笔极小额的报酬。无论照片被复制多少次，我该得的那份总会回到我这里。相比 20 世纪，现在制作一个教学影片已经变得相当简单了，因为你可以利用其他优秀的创作者已有的素材（图像、场景甚至是布局）来"装配"自己的作品。而这些素材的小额报酬都会自动流回到创作者那里。我们以众包的方式生产电动车；但与几十年前不同，每一个为这辆车做出贡献的工程师，无论贡献大小，都会按照比例获得报酬。

　　我可以从数万个不同的合作社中选择我愿意参与的（我们这一代并没有多少人愿意为一家公司打工）。这些合作社提供不同的回报比率与不同的回报方式，但最为重要的是，有不同类型的合作者。我将大量的时间贡献给我最喜欢的合作社，并不是因为它支付的报酬更多，而是因为我特别享受与最棒的人一起工作的感觉——虽然我们从未在真实世界里见过。有时想让你的工作成果被一个高质量的合作社接纳还是很困难的。你先前的成果——当然都可以在网络上追踪出来——必须真的很棒。它们偏爱那些长年为若干项目做出贡献的活跃人士，加上若干条自动付款流，这些都表明你在共享经济里有着较好的工作表现。

　　当不工作时，我会玩一个超大型的虚拟世界游戏。这里的世界完全由用户自己建造，并且也由用户控制。我花了 6 年的时间建设一个山顶上的村落——每一面石墙，每一个布满苔藓的房顶。被白雪覆盖的角落为我赢得了大量积分，但对我更为重要的是，将这个地方与我们制作的更为宏大的虚拟世界完美融合。有多达 3 万个不同类型的（暴力的和非暴力的，策略类的和射击类的）游戏在这个世界平台上运行，并且互不干扰。这个世界的面积已经与月球一般大了。大约有 2.5 亿人参与了这个游戏，每个人都在照看这个庞大世界的某一小片区域，每个人都通过他们自己的联网芯片来处理这个世界的信息。我的村落运行在我的智能房屋监控器上。过去我曾因服务器公司破产而损失了我的工作成果，因而现在的我（就像数百万其他人一样）只在自己掌控的领地和芯片上工作。我们都将自己少量的芯片工作周期和存储单元贡献给这个共享的"伟大世界"；它实际上是一个通过屋顶的中继器连接而成的网状网络。我的屋顶上有一个太阳能的迷你中继器，它可以与附近屋顶上的其他中继器进行通信，这样我们这些"伟大世界"的建造者就不会因一家公司的网络问题而受到影响。我们集体运营这个网络，这是一个没有人拥有，或者是每个人都拥有的网络。我们的贡献不会被售卖；当我们在一个扩展的互联空间里玩游戏时，也无须"被营销"。"伟大世界"是有史以来最大的合作社，而且这是我们首次尝试星球尺度的管理。游戏世界里的政策和预算由电子投票决定，内容会进行逐字逐句地解读，并附以大量的解释、辅导甚至还有人工智能来促进这一过程。

人们在"伟大世界"里组建团队、合作社的目的居然是在现实世界里制造东西。我们发现用于协作的工具在虚拟空间里改进得更快。我正在参加一个黑客马拉松，其目标是通过协作设计和众筹的方式制造一艘往返火星的探测器，并实现首次从火星带回几块岩石到地球的任务。从地质学家到图形艺术家，几乎每个人都参与其中。几乎每一个高科技合作社都会贡献自己的资源乃至人工，因为很早以前人们就认识到，最棒、最新的工具就是通过这种大规模协作的模式发明的。

几十年来我们都在共享我们的产出——由我们的照片、视频短片和精挑细选的推文构成的信息流。大体而言，我们在共享的还都是我们的成就。直到最近10年我们才意识到，当我们将我们的失败也以同样的方式进行共享时，我们会学得更快，工作会做得更好。所以在我工作过的合作社里，我们做任何事情都会保留并共享所有的邮件、所有的聊天记录、所有的报道、所有的中间版本及所有的草图。整个历史都是开放的。我们共享的不仅是最终的成品，还包括整个过程。对于我和其他想要做好工作的人来说，所有不成熟的想法、尝试过的死胡同及跌倒和爬起都是有价值的。当把整个过程都开放后，你想自欺欺人都很难，你能更容易看到，什么是确实对的。甚至科学界也采纳了这种想法，要求科学家在实验失败时也要共享他们的负面结果。我体会到，在协同工作中越早开始共享，成功和收获就会越早到来。我的生活一直处于联网状态。我共享的和别人共享给我的信息总量在不断增加——持续的小幅更新、少量改动的版本升级、微小的系统调试等，这种稳步前行的过程使我成长。共享几乎从不间断；即便是沉默也将被共享。

The Inevitable

第 7 章

过滤 Filtering

过 滤 Filtering

对一名读者、一位观众、一个听众，抑或人类思想表达运动中的一个参与者而言，再没有比现在更好的时候了。每年，都有如雪崩般的大量新鲜事物被创造出来。每年我们生产出800万首新歌，200万本新书，1.6万部新电影，300亿个博客帖子，1820亿条推特信息，40万件新产品。今天，任何一个普通人都无须花费太多力气，最多就是抬下手腕的过程，就能召唤出包容万物的图书馆。只要你愿意，你就可以阅读大量的用古希腊语书写的希腊文章，数量多得要比古希腊罗马时期最有名望的希腊贵族所能看到的还要多。同样帝王般的享受也适用于中国古代的卷轴书籍；相比中国古代的帝王，你的家中就可以有更多这些藏书。无论是文艺复兴时期的蚀刻版画，还是莫扎特协奏曲的现场演出，在当时都难以见证的珍贵资源，现在都可以便捷获得。在以上每一个方面，当今媒体的丰富繁荣都已经达到了空前的顶点。

根据我所能找到的最新纪录，这个星球上记录在各个地方的歌曲总数量是 1.8 亿首。使用标准的 MP3 压缩比率，人类所有现存的音乐可以收纳到一个 20TB 大小的硬盘里。而今天一个 20TB 的硬盘售价为 2000 美元。5 年之后，这种容量的硬盘售价将为 60 美元，并且其体积小到可以装进你的口袋里。用不了多久，你就可以将人类的所有音乐装到你的裤兜里随身携带。但另一方面，既然这个音乐图书馆如此之小巧，你又何必费事地将其带在身上呢？因为那时你完全可以根据自己的需要，直接从云端访问世界上所有的歌曲。

发生在音乐上的这一变化，也会发生在任何一个或者每一个可以用比特表达的事物上。在我们有生之年，由所有图书、游戏、电影以及每个打印出的文字构成的综合图书馆会 24×7 小时地对我们开放，所需的接口也只是那同一块屏幕，或者是同一个云端路径。而且每一天，这个图书馆都在膨胀。我们互为消费者相遇的可能性系数已经因人口的快速扩张而随之扩大了，而简化创造过程的技术进步将这种可能性进一步扩大。现在全球人口数量是我出生那年（1952 年）的 3 倍，而未来 10 年内应该还会再增加 10 亿人。在我出生以后，新增加的 50 亿至 60 亿人中有越来越多的人借助现代化发展的富足和安逸得以从枷锁中解放，他们可以自由地产生新观点，创造新艺术，制作新事物。今天制作一个简单的视频要比 10 年前容易 10 倍；设计并制作一个小的机械零件要比 100 年前容易 100 倍；写作并出版一本图书要比 1000 年前容易 1000 倍。

以上这些变化的结果就是，我们来到了一个无限大的大厅里，在每一个方向，都堆砌着无数种可能的选择。尽管类似汽车无线电制造这种老旧行业被淘汰消失，但可供选择的职业种类却变得更加丰富了。度假的地方、吃饭的地方，甚至是食物的种类，这些可供选择的选项数量每年都在累加。可供投资的机会也在迅速增加。可供参加的课程，可供学习的东西，可供娱乐的方式，这些选项的数量已经膨胀到天文数字级别。在人们有限的一生中，没有人有足够的时间把每个选择的潜在影响都逐个审视一遍。即使只是对过去24 小时里被发明或创造出的新事物进行概览，也会花费我们一年以上的时间。

这个包容万物的图书馆规模极其巨大，它迅速吞没了我们本就十分有限的消费时间周期。我们将需要额外的帮助才能穿越这广袤之地。生命如此短暂，却有太多的书需要去读。我们需要某些人或者东西来做出选择，或者在我们耳边悄悄地告诉我们该如何选择。我们需要一种对信息进行分类的方法，而唯一的选择就是寻求帮助来指导我们如何选择。我们借助各种各样的方法对铺在面前的令人眼花缭乱的选项进行筛选。很多这种过滤方法都比较传统，而且依旧发挥着作用。

● 我们通过"守门人"来过滤信息：权威、父母、牧师和老师都会将坏的东西挡在门外，选择性地把"好东西"放进来。

● 我们通过媒介来过滤信息：在图书出版商、音乐制作室和电影工作室的办公室桌上总是堆起很多被否掉的项目。他们说"不"的时候要远多于说"是"，这就对那些广泛传播的信息起到了过滤的作用。报纸的头版新闻也是过滤器，因为它对这些头条说"是"的同时就忽略了其他消息。

● 我们通过管理者过滤信息：零售店不会采购每样东西，博物馆不会展出每件藏品，公共图书馆不会收藏每一本书。所有类似的管理者都会选择他们所认可的商品，从而起到过滤器的作用。

● 我们通过品牌过滤：面对着堆满相似产品的货架时，第一次采购的买家会保守地选择一个熟悉的品牌，因为这是降低采购风险的一种便捷方法。通过品牌，可以将混杂的东西过滤掉。

● 我们通过政府过滤：禁忌的东西会被禁止，有时甚至会被清除，比如充满仇恨的言论、对宗教的批判。而国家主义的相关议题则会被提倡。

● 我们通过我们的文化环境过滤：儿童会接收到不同的信息、内容和选择，依据的标准则是他们身边的学校、家庭以及社会对他们的期望。

● 我们通过我们的朋友过滤：同伴对我们的选择有很大的影响。我们很有可能会选择朋友选择的东西。

● 我们通过自身来过滤：我们依据自己的喜好和判断来做出选择。传统上讲，这才是最珍贵的过滤器。

在面对如今信息过度丰富的状况时，上面这些方法并未消失。但在处理未来 10 年急剧增长的各种选择时，我们就要发明出更多类型的过滤方法了。

设想你生活在这样的一个世界里——那些被制作出的每部伟大的电影、每本伟大的书籍、每首伟大的歌曲都像"免费"似的唾手可得，而你那精致的过滤系统则已经将废话、垃圾和其他可能会让你感到丝毫不爽的东西统统清除掉。将那些广受好评却对你个人没有任何意义的作品统统抛之脑后，而只去关注那些能真正令你兴奋的事情。你唯一面临的选择就是品尝这百分百的精华中的精华，而你最好的朋友给你推荐的东西中，也会包含一些"随机"的选项以让你偶尔感到惊喜。换句话说，你只会遇到那些在此时此刻与你完全匹配的事物。经过你的过滤器筛选后，唯一在前方等着你的就是那成堆的令你疯狂的事物。

例如，在你设置筛选书目标准时，可以设定只选读那些最伟大的作品，例如仅仅关注由遍览群书的专家选定的书籍，并让他们引导你阅读被视为西方文化精粹的 60 卷精选文集，即著名的《西方世界的伟大著作》（*Great Books of the Western World*）系列。但即使如此，你或任一个普通读者都要花 2000 小时才能完全读完这 2900 万字的系列书籍，遑论这还只是西方世界的文化典籍。因此，我们大多数人还需要更进一步的过滤。

但问题在于，我们一开始有太多的备选项，这使得我们即使只挑选出一百万分之一，仍然会面临很多选择。有很多对你而言可以给五颗星的电影，但你一生中却没有足够的时间把它们都看完。有很多特别适合你的工具，但你没有足够的时间把它们都掌握。有很多很酷的网站会让你流连忘返，但你没有足够的精力把它们都逛遍。事实上，也有很多超棒的乐队、图书、小玩意正合你胃口，而你也没有足够的时间去体验，即使你的全职工作就是干这个，也是不可能的。

尽管如此，我们仍然试图将这些大量丰富的信息缩减到令人满意的程度。让我们先从理想途径开始探索。以我自己为例，我会选择将我的注意力投向哪里呢？

首先，我想先查找我认为我会喜欢的东西。这种个人过滤器早就已经有了，即我们所说的推荐引擎。亚马逊、Netflix、推特、领英、Spotify、Beats、Pandora，以及其他聚合类网站，都在广泛使用推荐引擎。推特会使用推荐系统来向我建议我应关注的人，所依据的信息就是我已经关注了谁。Pandora 使用类似的系统向我推荐我可能会喜欢的新音乐，依据的是我曾标出的喜欢的歌曲。在领英建立的关系网络中，有一半以上都是源于它的相关推荐系统。亚马逊的推荐引擎则塑造了著名的广告标语，即"喜欢这件商品的人也喜欢下面这一件"。Netflix 也是利用类似的系统向我推荐电影。巧妙的算法会对每个人的大量行为记录进行汇总分析，以期能够及时地预测我的行为。它的猜测有一部分是基于我过去的行为，所以亚马逊的标语应当说"根据你的个人历史记录和与你相似的其他人的历史记录，你应该会喜欢这个"。它的建议会根据我曾经购买过，甚至是我之前想买的东西来做精细调整（它会追踪我在一个网页上停留思考的时间，即使我最终没有选择它）。通过对 10 亿条过往购买记录的相关性计算，它的预测会相当有先见之明。

这些推荐型过滤器是我主要的探索机制之一。平均而言，我发现相比专家或朋友的建议，这些推荐引擎更为可靠。事实上，很多人都意识到了这些过滤性推荐系统的有效性，以至于"更多类似"（more like this）的销售方式已经占到了亚马逊销售额中的第三位——2014 年时通过这种方式达成的销售额超过了 300 亿美元。这种系统对于 Netflix 而言也有着巨大价值，所以他们雇用 300 多个人从事推荐系统的相关工作，并且还投入 1.5 亿美元的预算。在 2006 年，Netflix 拿出 100 万美元作为奖励，征集能够提升他们现有推荐系统工作效率的算法，任何一个研发团队只要能帮他们提升 10%的效率，就可以获得奖励。有一点是必然的，即一旦这种推荐引擎开始运行后，没有任何人会干涉这些过滤器。因为算法的识别是基于我（和其他人）生活中极其细微的行为习惯，而那是只有不需要休息、不停运作的机器才可能注意到的细节。

然而，只接触那些你已经喜欢的东西是有风险的，即你可能会卷入一个以自我为中心的漩涡，从而对任何与你的标准存在细微差异的事情都视而不见，即使你原本会喜欢它。这种现象被称为"过滤器泡沫"（filter bubble），技术术语是"过适"（overfitting）。你卡在了一个小高点的位置，而你却自认为自己是在顶点上！有大量证据表明这种现象在政治领域经常发生，这种过滤器引发的自我强化过程也会发生在科学领域、艺术领域，以及整个文化层面。"更多类似"这种过滤器越有效，我们将其与其他过滤器合并使用就越有必要。例如，雅虎的一些研究者设计了一种方式，可以自动绘制出个人在选择领域中所处位置的可视化图谱，如此一来，过滤器泡沫就变得清晰可见，而一个人从过滤器泡沫中爬出来也变得简单多了，他只需在某些方向做些微调整即可。

理想过滤器的第二点是，我想知道我的朋友喜欢什么，而那又是我现在还不了解的。在某些方面，推特和脸书就以这种过滤器的形式服务。通过关注你的朋友，你可以毫不费力地获取你朋友的状态更新，而那通常就是他们认为酷炫到足以分享的事情。借助手机里的文本或照片，可以十分简单地发出自己的推荐，因此如果有人发现了什么新鲜事物却不分享，我们会感到很吃惊。但如果朋友与你太像，他们也会诱发过滤器泡沫。亲密的朋友会营造出一个回音室，将相同选择的影响放大。有研究表明，再跳入下一个圈子，即朋友的朋友中，往往就足以将选择的范围扩大到我们预料之外的地方。

理想过滤器的第三点是，它将是一种会向我建议某些我现在不喜欢但想尝试着喜欢的东西的信息流。这有点类似于我有时会尝试最不喜欢吃的奶酪或蔬菜，仅仅为了看下自己的口味是否已经改变。我十分确信自己不喜欢歌剧，但去年我又尝试了一次，那是在一个电影院里看一个歌剧的远程实况转播——在纽约大都会艺术博物馆（the Met）上演的《卡门》，对白以文字的形式显眼地投放在大屏幕上，最后，我很庆幸自己去了。专门用于探测一个人不喜欢什么的过滤器必须设计得十分巧妙，但依然还是可以借助大型协同数据库的力量，而这些数据库就是本着"不喜欢这些东西的人，会尝试着喜欢这个"的原则设立的。以类似的方式，我有时也想要点儿我不喜欢却又是应该学习的东西。于我而言，可能就是与营养补充品、政治立法细节或者嘻哈音乐有关的一些东西。伟大的老师总会有些小窍门，使得他们可以将令人讨厌的知识以一种不把人吓退的方式打包传达给不情愿的学生；伟大的过滤器也能做到这一点。但任何人都会注册申请这样的一个过滤器么？

现在，没有人会注册申请任何类似的过滤器，因为这些过滤器已经内置到各个平台里了。脸书上每个用户平均有 200 个关注的朋友，而这些朋友会发布状态，更新大量信息流，以至于脸书认为这些信息需要进行剪辑、编辑、收藏，并且将你收到的信息进行过滤，达到一个更加容易管理的状态。你并不会看到你的朋友发布出的所有信息。哪一个已经被筛掉了呢？根据什么标准呢？只有脸书自己知道，而且他们将这个算法视为商业机密。至于他们优化的目的是什么，则没有人知道，甚至也没有与用户进行过交流。他们说是要提升用户的满意度，但还有一个更为合理的意图猜测，即他们之所以过滤你的信息流，是为了优化你花在脸书上的时间——相比你的幸福感，这是一个更容易测量的事情。但这可能又不是你希望脸书所优化的。

亚马逊会使用过滤器来优化销售方式以便实现销售额最大化，而且过滤的内容包括你在网页上看到的所有内容。不仅是对推荐什么商品进行过滤，对于网页上出现的其他素材也会进行过滤，比如特价商品、提供商、商品信息、用户反馈。同脸书一样，亚马逊在一天的时间里也会进行数千个实验，将它的过滤器进行调整以比较两件商品的销售数据，尝试根据数百万消费者的实际使用反馈将网页内容进行个性化定制。它轻微改动、细微调整，而在如此大的一个范围内开展实验（同一时间有着 10 万人的数据样本），使得它的结果变得极其实用。在亚马逊这一过滤系统下，我成了它的回头客。因为亚马逊在尝试着优化的东西与我的目标类似——以优惠的价格获得我喜欢的东西。两者的战线并不会总是一致，但当一致的时候，我们就会购物。

谷歌是世界上主要的过滤器之一，它会对你看到的搜索结果进行各种复杂的判断。除了对网页进行过滤，它一天内还要对 350 亿封电子邮件进行处理，有效地将垃圾邮件过滤掉，并为邮件分配标签和优先级。谷歌是世界上最大的协同过滤器，它有着数千个独立的动态"筛子"（sieve）。如果选择加入它的服务体系，它会为你提供个性化的搜索结果，并根据你提问时的地点为你定制搜索结果。它利用的是已经被证明行之有效的协同过滤规则，即人们在发现一个有价值的答案的同时，也会发现下一个答案同样不错（虽然他们不会这样标记它）。谷歌每分钟都会对网络上 60 万亿个网页的内容过滤 200 万次，但我们通常不会询问它是如何做推荐的。当我发起一次查询时，它是应该给我展示最流行的选项，还是最可靠的选项或最独特的选项，又或是最可能让我满意的选项？我不知道。我对自己说，我可能会希望将选项按照四种不同的方式都排列来看一看，但谷歌知道我可能做的只是看头几个答案，然后点选。所以它说，这就是我们认为最好的头几个，依据的是我们通过每天 30 亿次的在线回答总结出的深度经验。所以，我点击了。它在尝试将概率最优化，那个概率就是我再次回来向它提问的可能性。

随着它们的成熟，过滤系统将会延伸到媒体以外的其他去中心化的系统中，比如优步和 Airbnb。当你在预订住处的时候，你对于风格、价位和服务的个人偏好可以很简单地传达到另一个系统，使得你可以在威尼斯匹配到最合适的房间以提升你对服务的满意度。更深层的智能化意味着异乎寻常聪明的过滤器可以应用到任意一个需要进行大量选择的领域——这将涉及众多领域。而在任何一个我们想要个性化定制的领域，过滤器服务都将会出现。

20 年前，一些权威专家就期盼着大规模个性化定制能立即出现。在 1992 年约瑟夫·佩恩（Joseph Pine）写作的《大规模定制》（*Mass Customization*）一书中，这类计划就已经开始展露端倪。曾经专供权贵的定制产品借助合理的技术进而推广到中产阶级，这一点看似合情合理。例如，一个由数字扫描和柔性生产[1]构成的精妙系统可以为中产阶级提供个人定做的衬衫，而不仅仅是只为上流人士提供此类定制产品。20 世纪 90 年代末期，一些创业公司尝试针对牛仔裤、衬衫、洋娃娃开展"大规模定制"，但这些尝试并没有能够推广开来。制约其发展的主要障碍在于，除去那些不重要的方面（比如颜色的选择或者长度的选择），想要在不将产品价格提升到奢侈水平的同时，还要获得或生产具有明显独特性的产品是非常困难的。当时的美好愿景远远超出了当时的科技水平。但现在科技水平已经迎头赶上。最新一代的机器人可以担负灵活制造的任务，而先进的 3D 打印机也可以快速打印出多套产品。无所不在的信息追踪、信息交互和信息过滤意味着我们可以以优惠的价格将我们自身多个方面的信息整合成用户档案，这一档案可以引导开展任何我们想要的定制服务。在数字前沿，谷歌已经提供大规模定制。

---

1 指主要依靠有高度柔性的以计算机数控机床为主的制造设备来实现多品种、小批量的生产方式。——译者注

未来的 30 年中，我们在教育、运输、医疗和零售领域都能看到大规模定制的出现。

下面这幅图景便展示出这一力量将带领我们走向何处。在不久的将来，我的一天将会以这种常规方式进行：在我的厨房里有个药丸制造机，比烤面包机小一点儿。它里面存放着几十个小瓶子，每个瓶子里面都以粉末形式储存一种处方药或营养成分。每天这个机器会把所有的粉末以合适的剂量进行混合，然后填充到一个（或两个）定制药丸里，供我服用。在这一天里，我身体里的重要器官都会受到可穿戴设备的传感器追踪，以便每个小时都对药物的效果进行测量，并将结果发送到云端进行分析。第二天的药物剂量会根据前一天 24 小时的结果进行调整，并生产出一颗新的定制药丸。这一过程在随后的每天都会重复。已经有几百万台这样的装置被制作出来，并生产出大量的个人化药物。

我的个人化身储存在网络上，每个零售商都可以获取它的信息。它储存着我身体每个部分、每个曲线的准确测量数据。即使我要去一家实体零售店，在去之前也仍然会在家中一个虚拟试衣间里尝试每个商品，这是因为商店里只有商品最基本款的颜色和设计。借助虚拟镜子，我可以在查看衣服穿在我身上的效果时看到逼真程度令人惊奇的虚拟化身；实际上，由于我可以转动穿着衣服的虚拟化身，其效果要比试衣间里的镜子更有说服力。（它可以更好地预测新衣服穿在身上的舒适度。）我的衣服会根据我的化身提供的具体参数（随时间变化而修正）进行定制。我的服装服务会产生一些新风格的变式，而这些改变依据的是我过去的穿着，我花最多时间凝视过的衣服，或者是我最亲密的朋友已经穿过的衣服。这些都是过滤后的风格。几年以来，我已经培养出一个完全贴合我行为的档案，使得我可以在任何我想做的事情上应用它。

我的档案跟我的化身一样，都由"Universal You"[1]管理。这个档案知道我在度假旅行时喜欢预定便宜的旅社，但又要有私人浴室和最大的网络带宽，而且永远都要在城镇中最老旧的地区，否则就要紧靠公交车站。它还会与一个人工智能系统配合，为我安排行程，预计最佳的货币兑换汇率。它远非仅仅是一个储存信息的档案，更是一个不停运作的过滤器，会不断地根据我已经去过的地方、我过去旅行中发布的快照和推特种类来做出调整适应，它还会对我阅读、看电影时的兴趣点进行权衡比较，因为书籍和电影通常是旅行欲望的一个来源。它还会投入大量的精力分析我最好的朋友们与他们朋友的旅行经历，并借助这一巨大的数据库时常向我推荐某些值得拜访的餐厅和旅社。对于它的推荐，我通常比较满意。

因为我的朋友会让"Universal You"追踪记录他们的购物、外出就餐、聚会出席、电影观看、新闻浏览、日常锻炼、周末郊游等活动，这样无须朋友们花费多少精力，它就会给我做出十分详细的推荐。当我早上醒来时，Universal 会对我接收的更新信息流进行过滤，只向我发送那些我早晨喜欢接收的最重要信息。它过滤的依据是我常常转发给他人的信息类型，抑或是书签或者答复。我在橱柜里发现了一种营养丰富的新型谷物食品——因为我的朋友这周在尝试这个，所以 Universal You 昨天为我预订了一份，尝起

---

1 根据上下文的意思，Universal 指的应该是当事者所处的整个生活环境。而 Universal You 指的是能在这个环境中进行综合判断的类似当事者化身的角色。——编者注

来还不错。我的汽车服务系统向我通报今天早上哪里出现了交通拥堵，所以它把我的汽车预约时间调晚了一点，而且还尝试另一条非常规线路送我到今天上班的地方，而这个线路是根据较早出门的几个同事提供的路线制定的。我一直不能确切知道我的办公室会在哪里，因为我们创业公司的会面地点取决于当天可用的合伙办公地点在哪里。我的个人设备会将办公地的屏幕转换成我使用的屏幕。这一天我的工作是对几个人工智能系统进行校正，这些系统的工作是将医生、治疗方式与客户进行匹配。我的工作则是帮这些系统理解一些特殊情况（比如有些人倾向信仰疗法），以便提升人工智能诊断和推荐的有效性。

当我到家后，我特别期望看到阿尔伯特为我准备的一系列有趣的 3D 视频和趣味游戏。阿尔伯特，这是我为 Universal 中我的化身取的名字，它负责为我过滤媒体信息。阿尔伯特总能为我提供最酷的东西，因为我已经把它培训得很好了。自从高中起，我每天至少花 10 分钟来校正他的选择，并添加一些难以言明的影响来精细地调整这一过滤系统，所以在所有的新型人工智能算法和朋友的朋友的评分中，我找到了最喜欢的频道。有很多人在追随着阿尔伯特的选择进行日常活动。我处在虚拟世界过滤器排行榜的前几名。我的过滤方式非常流行，以至于我能还从 Universal 中得到一些金钱回报——起码够我支付我在其中的所有订阅服务费用。

就如何过滤和该过滤什么而言，我们还处在初级阶段。未来的发展空间要比单纯地"我们过滤和我们被过滤"要广阔得多。这些强大的计算技术可以并且也将运用到万物联网的各个领域。即使是最不重要的产品或服务，只要我们想（但有时我们并不想），都可以进行个性化定制。在未来的 30 年，整个云端都会被过滤，以便提升个性化的程度。

　　每个过滤器都会过滤掉一些好的东西。审查也是一种过滤。政府可以通过植入国家层面的过滤器来移除不希望出现的政治观点，并严禁相关言论。就像脸书或者谷歌，他们基本上不会揭露他们过滤掉了什么。然与社交媒体不同，公民们并没有可供选择进入的替代路径。即使最初出于善意设计的过滤系统，我们也只能看到那可供浏览的宏大世界中的一小部分。这就是"后稀缺"（post-scarcity）世界的诅咒：我们只能与宏大世界中的一小部分建立连接。每天那些友好的制造技术——3D 打印、手机 App 和云服务，都在充满可能性的世界拓展出新的方向。所以，每天我们都需要借助更为扩大的过滤器将丰富的信息以适合人类的尺度进行过滤后再获取。过滤器发挥的作用是不可或缺的。一个过滤器的不足不能通过将过滤器移除来弥补，而只能通过施加其上的互补性过滤器来修正。

　　从人类视角看，一个过滤器关注的是内容。但如果反过来，从内容的视角看，一个过滤器关注的是人类的注意力。内容扩张得越多，就需要更多的注意力聚焦。早在 1971 年，赫伯特·西蒙（Herbert Simon）这位获得过诺贝尔奖的社会科学家就总结出这样的观点："在一个信息丰富的世界，大量的信息内容意味着某种东西的缺乏：无论它是什么，肯定是因信息消耗引起的缺乏。而大量的信息消耗的是什么，这是显而易见的：它消耗的是信息接收者的注意力。因此信息的丰富促成了注意力的缺乏。"西蒙的这一见解通常被简化为："在信息丰富的世界里，唯一稀缺的资源就是人类的注意力。"

　　我们的注意力是唯一有价值的资源，是我们每个人无须训练就能产出的资源。它的供应是短缺的，每个人都想多要一些。你可以完全停止睡眠，但你每天仍然只是有 24 小时的潜在注意力，而且绝对不存在任何东西——无论是金钱还是技术——能增加它的总量。潜在注意力的最大值是已经固定了的。它的产出是既定有限的，然而除此以外的其他东西都在变得越来越丰富。既然它是最后的稀缺资源，那么注意力流向哪里，金钱就跟到哪里。

尽管它是那么珍贵，我们的注意力却又相当廉价。因为从程度上讲，我们每天不得不把它花掉。我们无法节省它，也无法将其贮存起来。我们不得不一秒一秒地把它交出，一刻不得停歇。

在美国，电视仍然占据了人们大部分的注意力，其次是广播，再其次是网络。这三者占据了我们注意力的绝大部分，而其他东西——书籍、报纸、杂志、音乐、家庭录像、游戏等，只占据了我们全部注意力中的一小部分碎片。

然而，并不是所有的注意力都是等价的。在广告行业，注意力的质量通常以一个名为 CPM（Cost Per Thousand，M 为 Thousand 的拉丁语标示，即每千人成本）的指标来反映，这代表一千个人的浏览，或者是一千个读者、一千个听众。各种媒体平台的平均 CPM 估计值有着广泛的差异。廉价的户外宣传栏 CPM 的平均成本为 3.5 美元，电视为 7 美元，杂志为 14 美元，报纸为 32.5 美元。

还有另一种方式可以计算出我们注意力的价值是多少。当我将每个主流媒体行业内的年度收入进行逐个结算求和后，便计算出每个行业每小时的注意力能产生多少收益（单位为"美元每小时"），结果令我震惊。

首先，这些结果的数值相当小。就企业挣得的美元与消费者花费的每小时注意力的比值而言，注意力对于媒体行业而言并没有多少价值。每年有将近 5000 亿个小时投入到电视节目中（这还只是美国的数据），然而对于看电视节目的所有人而言，平均来看每小时只产生了 20 美分的收益！如果你被以这个价格雇佣来看电视节目，你的收入只能算是第三世界国家的小时工资水平，基本上与被雇佣做苦力的人差不多。看电视节目是个苦力活。报纸占据了我们注意力中更小的一部分，但就所花的时间而言却产出了更多的每小时收益，大约是 93 美分每小时。相对而言，互联网有着更高的收益回报，每年都在提升注意力的质量，平均来看每小时注意力产生 3.6 美元的收益。

无论是我们为电视节目公司"挣得"的那可怜的价值 20 美分的每小时注意力，还是稍微高级一点的报刊上价值 1 美元的一小时注意力，都反映出了我称之为"商品注意力"的价值。就那些易于复制、易于传播、几乎无处不在，并且无时不在的日用商品而言，我们花在上面的注意力基本没什么价值可言。当我们考察我们为商品内容——所有的内容都是易于复制的，如书籍、电影、音乐、新闻等——所不得不支出的费用时，这个比率是相对较高的，但这仍然不能反映出我们先前总结的观点，即我们的注意力是最后的稀缺资源。以一本书为例，精装图书需要花 4.3 小时读完，23 美元购买。因此，消费者在阅读时平均的花费为 5.34 美元每小时。一张音乐 CD 通常会被听很多次，所以需将它的零售价格除以总共的聆听时间才能获得它的每小时费用。电影院中一部两小时的电影只能看一次，所以它的每小时费用就是票价的一半。这些比率可以视作一面镜子，借此反映出我们作为观众时，对我们的注意力赋予多少的价值。

1995 年，我计算了各种媒体平台的每小时平均费用，包括音乐、书籍、报纸、电影以及正在热销的新产品——虚拟现实座驾（一种虚拟现实的体验）。不同媒体之间有着差异，但价格基本处于同一个数量级上。引人注目的一点是，各个媒体的价格基本围绕着相对平均的 2 美元每小时波动。也就是说平均来看，在 1995 年我们倾向于每小时支出 2 美元花在媒体使用上。

在 15 年之后的 2010 年以及 2015 年，我都再次用相同的方法对与之前类似的一组媒体行业的价值进行了计算。当我根据通货膨胀进行调整并换算成 2015 年美元的价值后，平均值分别是 3.08 美元、2.69 美元、3.37 美元。这意味着 20 年来，我们注意力的价值是相当稳定的。这样看来，我们似乎对某种媒体"值得"花费多少金钱有种直观的感觉，而且我们付出的成本不会有太多偏差。这还意味着，依靠我们的注意力赚钱的企业（比如那些引人注目的科技公司）也只是平均每小时获取 3 美元的收益——如果它们包含高质量内容的话。

数万亿小时的对于商品的低级注意力推动了我们经济的绝大部分，以及互联网经济的一多半。单纯的一小时并没有多少价值，但汇聚成整体后的力量则能够以排山倒海之势创造奇迹。对于商品的注意力就像一阵风，或是一波海浪，它是必须借助大型设备才能俘获利用的一种不均匀的力量。

谷歌、脸书的光芒夺目，以及其他网络平台的空前繁荣，都源于它们有着大量的基础设施负责过滤这些对于商品的注意力。平台利用强大的计算能力将不断扩张的广告商们与不断增长的消费者群体进行匹配。它们的人工智能系统会寻求在最理想的位置、最理想的时间插放最理想的广告，并且以最理想的方式、最理想的频率做出反馈。虽然有时这也被称为个性化定制广告，但事实上其过程远比仅仅将广告推送给个人更为复杂。这象征着一种过滤性的生态系统，除了做广告，还会收集结果反馈。

任何人只需填写一份网上表格，就可以注册为谷歌的广告供应商。（大多数广告只是文本形式，类似一种分类广告。）这意味着潜在的广告商数量可能有数十亿。你可以成为一个小商人，向素食主义的背包客推销一本烹饪书，或者推销你发明的一款新式棒球手套。在这个供应链的另一端，任何人无论出于什么目的运行着一个网页，都可以在其上面刊登广告，而且还可能从广告中获取收益。这样的网页既可以是一个私人博客，也可以是一个公司的网站主页。近 8 年来，我都在自己的私人博客上投放谷歌 AdSense[1] 广告。每个月我都能通过投放这些广告获得 100 美元报酬，这点报酬对于数十亿美元的企业而言微不足道，而且这种小规模的信息处理无须谷歌操心，因为这基本是全自动化的。AdSense 欢迎所有人加入，无论其规模有多小，所以一个广告潜在的投放位置有数十亿个。为了测试配对这数十亿种可能性——有数百万人想要发广告，也有数百万人愿意接收广告，需要进行求解运算的次数会达到天文数量级。另外，最佳的安排还会随着每天中不同的时间或不同的地理位置而进行变化，所以谷歌（也包括其他搜索引擎公司，如微软和雅虎）有着大量的云计算机负责对这些信息进行分类。

为了实现广告商与阅读者的匹配，一天中的 24 小时里谷歌的计算机都不停地在网络上漫游，并收集网络上数十亿网页中每个网页上所有的内容，最终将这些信息储存到它巨大的数据库中。这就是谷歌可以在无论你何时向它发问，它都立即给你答案的原理。它已经把网络中每个单词、每个词语，以及每个事实的位置都建立了索引。所以当有一个网页拥有者想要在他的博

---

1 Adsense 是由谷歌公司推出的针对网站主的互联网广告服务，它可以通过程序分析网站的内容，然后投放相关广告。——编者注

客网页上插播一小条相关广告时，谷歌会从数据库中调出记录以查明这个网页上都出现过哪些内容，然后利用它的超级大脑去寻找一批人——几乎同时，他们想要投放与网页内容相关的广告。当匹配成功后，网页上的广告就会出现在网页的可编辑内容区里。假设这样的网站归属于一个小镇棒球队，那么一个创新型棒球手套的广告将会尤其符合网站的整体内容。相比投放一条浮潜工具广告，这个棒球手套广告更有可能获得读者的点击。所以，谷歌根据网站内容的前后关系，将会在棒球队网站上插播棒球手套广告。

但这只是复杂配对的开始，因为谷歌会尝试进行三方符合的匹配。理想情况下，广告不仅匹配网页中的前后内容，还要符合网页访问者的兴趣。如果你访问一个综合性新闻网站，比如CNN（美国有线电视新闻网），而它知道你在为一个棒球队效力，那么你就可能看到更多的运动装备广告，而非家具广告。它是如何对你有所了解的？大多数人都不知道的一点是，当你访问一个网站时，你是随身携带着一些无形的符号一起到来的，这些符号会表明你刚刚从哪里出来。这些符号（技术名称为cookie）不仅可以被你刚刚开始访问的网站所读取，还能被一些大的平台读取，比如谷歌，这些平台的触角已经遍及整个网络。因为几乎每个商业性网站都使用谷歌的产品，那么谷歌就可以在你访问一个又一个网页时追踪你的路径，这一过程贯穿整个网络。当然，如果你在谷歌上查询过什么信息，它也可以同样地由此信息来追踪你。虽然谷歌还不知道你的姓名、地址，或者电子邮件（就目前而言），但它确实记住了你的网络行为。所以在你抵达一个新闻网站之前，如果访问过一个棒球队网页，或者搜索了"棒球手套"，它就会做出一些假设。它利用这些假设，并将假设添加到计算公式里，以便算出在你刚刚抵达的网页上应该插播哪种类型的广告。这看起来很像魔法，但你今天在网站上看到的广告在你抵达那里之前都是还没有添加上的。因而谷歌和新闻网站将会快速挑选你看到的广告，以保证你看到一个与我看到的完全不同的广告。如果整个过滤器生态系统正常运作，那么你看到的广告将会反映出你最近的网络浏览历史，而且会更符合你的兴趣。

但是等一下，还有更多的呢！谷歌自身在这样一个多边市场里成了第四方。除了满足广告商、网页发布者、读者的需求，谷歌也要尝试将他们的自身利益最大化。对广告商而言，有些观众的注意力要比其他人更有价值。健康类相关网站的读者就是更有价值的，因为他们可能会在很长一段时间里花费大量的钱财用于药物和治疗，而一个徒步俱乐部论坛的读者只会偶尔买些鞋子。所以每个广告的位置摆放后面都隐含着一个极为复杂的拍卖过程，即将关键词的价值（"哮喘"的价格要比"散步"的价格多很多）与广告商愿意支付的费用，以及读者真正点击广告的表现水平进行联合匹配。如果有人点击了广告，那么广告商会向网页所有人（还包括谷歌）支付几美分的报酬，所以算法会尝试将广告位置、被点击的比率、支出费用进行最优化调节。获得 12 次点击的一条 5 美分的棒球手套广告要比只获得 1 次点击的一条 65 美分的哮喘呼吸器广告更有价值。但是如果第二天，棒球队博客上贴出了一个关于今年春天有大量花粉飘散的警告，那么在棒球队博客上插播呼吸器的广告价格就会突然涨到 85 美分。为了在一小时里设定最佳的广告安排，谷歌可能要同时处理数十亿个因素，并且要实时处理。当每件事都以这种流动的四方匹配形式运作时，谷歌的收入也达到最大化。在 2014 年，谷歌总收入中的 21%，或者说 140 亿美元，是来源于这种相关广告系统的。

不同类型的注意力相互作用，形成了一个十分复杂的生态系统，而这一生态系统在 2000 年之前是难以想象出来的。用于追踪、分类并过滤每个维度信息的智能化程度和计算能力已经超出了应用范围。但随着追踪、知化、过滤构成的系统不断发展，有越来越多可行的方式可以用来分配注意力——包括支出和接收。这样一个时期类似于寒武纪的生物进化时期，当时出现了大量多细胞形式的生命。在一个很短的时期（就地质角度而言），生命出现了一些从未有过、从未尝试的可能形式。那个时期突然出现了大量新的——有时是略显奇怪的——生命组织形式，以至于我们将那一时期的生物创新称为"寒武纪生命大爆发"（Cambrian Explosion）。随着各种新奇古怪类型的注意力、过滤器在进行各种尝试，现在我们的注意力科技也处在类似"寒武纪大爆发"的一个变革窗口期。

例如，如果广告业像其他商业领域一样推进去中心化这一趋势会怎样呢？如果由消费者创造广告、投放广告、支付广告费用，会怎样呢？

下面让我们以一种方法来思考一下这种新奇的安排方式。每个依靠广告维持的企业——现在大多数互联网企业都属于此行列，都需要说服广告商将其广告专门投放在他们的渠道上。发行商、会议举办方、博客博主或者平台运营者提出的论点通常是，没有人能像他们那样将信息传达给某个特定的客户群体，或者像他们那样与客户群体有着良好关系。广告商握有资金，所以他们会挑剔地选择谁来运营他们的广告。而一个发行商要努力地劝说讨好那最令人喜欢的广告商，发行商没有权利选择运营哪个广告。但广告商，或者他们的代理人是有权选择的。一个充斥着广告的杂志，或是填满商业广告的电视节目还常常认为他们自己是幸运的，因为他们被选中作为运营广告的载体。

但如果任何一个有自己粉丝群体的人可以自主选择他们想要展示的某个广告，无须再申请许可，会是怎样的情景呢？比如你看到了一个关于跑鞋的非常酷的商业广告，而你想将它收录到你的信息渠道，而且像电视台一样为此得到一定报酬。如果任何一个平台都可以仅仅收集那些它们感兴趣的最佳广告，然后通过投放这样的广告而获取利润，而利润多少的参考依据是它们给这个广告带来的观众数量和观众质量，这又是怎样的情景呢？视频、静态图像、音频文件，无论广告的载体形式如何，都可以在其中嵌入代码以追踪广告在哪里播放过、被浏览了多少次，这样无论广告被复制传播了多少次，广告的投放者都能获得报酬。一个广告所能遇到的最好事情就是像病毒一样扩散，在尽可能多的平台上插播并且循环播放。而由于你的网页上的一个广告可以给你带来收入，你将会努力寻找令人印象深刻的广告来投放。设想在Pinterest上有个专门收集广告的板块。收藏夹里的任何一个广告，只要被读者播放或浏览过，都可以为收藏者带来收益。如果操作得当，观众们来到这里可能都不再是为了什么酷炫内容，而只是为了那酷炫的广告——正如同有几百万人坐在电视前看"超级碗"[1]，其中有很大一部分人是去看广告的。

结果就是出现一个平台，它将广告视同内容。编辑会花大量时间搜寻不为人知的、很少有人看过的、吸引眼球的广告，正如同他们会花大量时间寻找新文章一样。然而，广泛流行的广告可能无法像小众广告那样有较高的回报。那些讨厌的广告可能要比搞笑的广告带来更多收益。所以存在一种权衡，

---

1 超级碗（Superbowl），指美国橄榄球联盟的年度冠军赛。——译者注

是选择看起来很酷但不怎么赚钱的广告，还是平淡无奇但有利润的广告。另外，那些既有趣又有收益的广告很有可能已经有过大量的曝光了，这样既降低了它们的奇酷感，也可能降低了它们的价格。可能会出现一些杂志、出版物、在线网站，它们没有什么内容，有的只是精心编排的广告——那些会带来收益的广告。现在就已经有这样一些网站，它们专门呈现电影预告片或精彩的商业广告，但它们还未因呈现这些材料而从制作人那里获取报酬。但用不了多久，它们终将实现盈利。

这样的安排完全颠覆了业已建立的广告产业利益链条。就像优步和其他去中心化系统一样，这样的改变使得曾经由少量专业人士执行的高度精细化的工作可以对外开放，并且可以在由业余爱好者构成的点对点网络中开展执行。在 2016 年，广告行业的专业人士中没有人相信这一转变可以发挥作用，甚至但凡有点理性的人都会认为这很疯狂，但对于未来 30 年的变化，我们有一点是明确的，那就是看似不可能的事情可以由巧妙连接起来的爱好者同盟来完成。

2016 年，一些特立独行的新兴公司将尝试打破现行的注意力系统，但在推出一些变革的新模式之前，可能还需要大量尝试。在这一幻想与现实之间阻碍发展的因素就是技术的欠缺，我们需要一种技术来追踪一个复制后的广告得到的浏览次数，并对其得到的关注进行量化，然后将这些数据安全地进行交换，以便确保正确地支付费用。对于谷歌或者脸书这样的大型多边平台而言，这是一个复杂的计算过程。这一过程需要大量的监管，因为由此产生的金钱会吸引骗子和富有创新的垃圾邮件制造者进来作弊。但是一旦这样的系统得以建立并顺利运行，广告商就可以将广告以病毒迅速传播的形式扩散到网络上。你可以找到一个广告，将它嵌入到你的站点里，这样，如果有读者点击它，就会触发一次付款。

这种新体制将广告商置于一个奇特的位置。广告创造者不再有能力控制一个广告投放的地点。这种不确定性需要以某种方式进行代偿，即广告的组成类型。有些广告的设计旨在快速复制传播，并引发观看者的直接行动（购买）。其他广告则可以设计成纪念碑似的停留在原地，不会移动，并且慢慢塑造品牌影响。理论上看，一个广告可以当作一个社会评价，那么它就可以像社会评论素材一样处理。并不是所有的广告都会放任自流。有些广告——可能不是很多，可能还是要继续用于传统渠道的直接投放（使得它们不那么流行）。这种系统的成功仅是在传统广告模式上锦上添花，但也要凌驾于传统模式之上。

去中心化的潮流席卷了每个角落。如果业余爱好者可以制作广告，那么为什么消费者和粉丝们不也来创造他们自己的广告？科技可能已经足以支持一个点对点的广告创造网络了。

有些公司已经开始尝试使用一些用户创造的广告版本。多力多滋[1]曾经在消费者中公开征集广告短片，用于在 2006 年的"超级碗"比赛中播放。他们收到了 2000 个广告短片，并且有至少 200 万人参与投票选出用于投放的最佳短片。从那时起，他们每年平均会收到 5000 个用户制作的广告提案。他们会给最佳广告的创作人奖励 100 万美元，而这要比找人设计专业的广告所支出的费用少得多。在 2006 年，通用汽车为它的雪佛兰 Tahoe 这款

---

1 多力多滋（Doritos），美国著名的玉米片零食。——译者注

SUV 车征集用户制作的广告，并收集到了 21000 个提案（另外 4000 个是抱怨 SUV 的负面广告）。但这些例子是有局限的，因为最终投放市场的那条广告必须经过公司领导的审批和再加工，并不是真正的对等网络工作模式。

一个完全去中心化的、对等网络的、用户制作的众筹广告网络将会允许用户创作广告，然后让作为发行方的用户来决定他们想让哪一个广告放置在他们的网站上。那些确实带来点击量的用户制作的广告将会被保留、分享。那些无效的则会被舍弃。用户成了广告代理人，同时他们也是承包一切事务的人。就像有爱好者将他们的生活写真照片库或是工作片段涂鸦放到 eBay 上拍卖，那么也必然会有些人依靠大量炮制各种变式广告来谋生，偿还房屋贷款。

我的意思是，你到底想让谁来制作你的广告？你是想雇用昂贵的工作室，让其利用其最佳猜测来构想一个活动方案，还是找 1000 个富有创造力的孩子，让他们不断调整、测试他们为你产品制作的广告？但如往常一样，大众总是要面临一个两难困境：他们是应该为一个可靠的畅销商品制作广告，并怀着同样的想法去改善另外 1000 个商品，还是到长尾理论的那一端，去接受一个你自己可能都不完全了解、也不确定是否有效的产品？产品的粉丝会乐于为它创作广告。自然而然地，他们也认为没有人像他们一样了解产品，并且现在的广告（如果有的话）是很差劲的，所以他们很有信心、也很愿意更好地完成这份工作。

期望大公司将他们的广告"撒手不管"，有多大的可能性？没多少可能。大公司是不会率先尝试这种模式的。这需要一些性急的新公司花几年的时间才能搞清楚明确发展方向，因为他们几乎没有多少广告预算，也不怕失去什么，才会敢于尝试。就像相关广告一样，大公司并不是此类业务的主要参与者。所以不如说这种广告领域的新模式是将小人物放大，让他们跻身中间层接触到价值数十亿的商业领域，这是他们从未设想过的，更是从未有机会接触的，进而推动起一场炫酷的广告运动。借助对等网络系统，这些广告将会由热情的（也是贪婪的）用户来创造，然后病毒式地传播到博客荒野里，在那里通过不断测试、再设计直到有效发挥作用，一个广告逐渐进化成最佳广告。

通过追踪注意力的替代模式，我们可以看到注意力还有一些未曾开发的组织形式。艾瑟·戴森（Esther Dyson）是一位早期的网络先驱和投资人，她长期抱怨电子邮件沟通引发的注意力不对称。因为她在互联网管理形式上积极参与，并且积极投资一些创新的新兴公司，她的收件箱里充斥着各种她不知道的人发来的邮件。她说："电子邮件这样的系统，使得他人可以向我的待办事项中随意添加事件。"现在也是这样，基本无须花什么费用就可以向其他人的事件列表中添加一封邮件。20 年前，她提出构建一个系统，使她可以在阅读他人邮件时向发件人索取报酬。邮件发件人需要支付一小笔费用，而价格是由信息的接收者来制定，比如艾瑟。收件人可以向某些人收取较少的费用（25 美分），比如学生，或者针对公关公司发来的新闻稿收取较多的费用（2 美元）。朋友和家人可能就免收费用，但来自一个企业家的复杂难懂的投件可能需要 5 美元的费用。如果一个邮件被阅读了，费用也可以以追溯形式免除。当然，艾瑟作为一个颇受欢迎的投资人，她的默认过滤值可能会设置得高一些，比如每封需她阅读的邮件要征收 3 美元。一个普通人可能无法索取同样的费用，但任何价格的费用征收都可以充当一个过滤器。

更为重要的是，适当地征收阅读费用也可以作为对接收者的一个提醒，即发件人认为这个邮件是"重要的"。

收件人即使不像艾瑟那样有名，也值得为其阅读邮件索取报酬。他们可以是一个小群体的影响者。云端的一个极其强大的应用就在于捋清追随者和被追随者之间繁乱的网络关系。大量的计算识别可以追查清楚每一个影响者与被影响者之间的排列关系。如果一个人可以影响一小部分人，而这一小部分人还可以影响其他人，而另一个人能够影响很多人，但这些人却并不能影响其他人，这样的两个人的等级排列是不一样的。这里的地位是十分局部化的、具体的。如果一个少女有着众多忠实的朋友追随她的潮流引导，那么她的影响力等级要比一个科技公司的 CEO 高得多。这种关系网络的分析可以深入到第三层和第四层（朋友的朋友的朋友），但同时也伴随着计算复杂性的急剧增长。这种不同复杂程度导出的分数可以根据影响力程度和注意力等级进行分配。一个高分者可以在阅读一封邮件时索取更高的费用，但他也可能选择根据发件人的分数来调整征收的费用——这就使得计算总费用时计算的复杂性和成本支出增加了。

这种直接向他人的注意力支付报酬的原则也可以拓展到广告领域。通常我们免费地将我们的注意力花在广告上。为什么我们不向公司征收观看他们广告的费用呢？就像艾瑟设定的框架一样，不同的人可以根据广告的来源索取不同的费用。而且对于销售商而言，不同的人有着不同的"吸引力价值"。有那么一部分观众有着更大的价值。零售商会考虑一个消费者的开销总寿命期，根据他们的预测，如果一个消费者在其一生中可能在他们的商店里花费10000 美元，那么这个人就更值得尽早获得一张 200 美元的打折券。一个消费者也同样有着影响力总寿命期。他们的影响力会如涟漪般借由其自身的追随者向外传播，传递给追随者的追随者的追随者，诸如此类。那么这个总的影响程度就会累加计算，并根据他们的寿命期做出一个估计值。对于那些有着较高寿命期等级的吸引眼球的人，公司认为对他们直接进行报酬支付要比把钱给广告商更为划算。公司可以用现金或者贵重物品，又或者高价服务来支付报酬。实际上，这就是奥斯卡颁奖典礼上赠送幸运大礼包的根本目的。

在 2015 年，被提名者的大礼包里塞满了价值 16.8 万美元的商品，里面混杂着润唇膏、棒棒糖、旅行枕头这些消费品，以及豪华酒店和旅行的套票。销售商对奥斯卡提者进行了合理的估算，认为他们是高影响力人群。这些接收礼包的人根本不需要这些东西，但他们很可能会向他们的粉丝唠叨。奥斯卡的事例很显然是个个例。但就小一点的尺度而言，当地小有名气的人也可以显著地获得大量追随者，并获得一个大小可观的影响力总寿命期分值。但直到前不久，想要在亿万人群中查找出各种小众名人仍然是不大可能的。而今天，过滤技术和共享媒体的发展进步，使得这些内行人士得以被发现，并成批量地发掘出来。与奥斯卡不同，零售商可以把目标集中到一个由小众影响者构成的巨大网络。以前做广告推行产品的公司可以把广告也省去了。他们可以将他们几百万美元的广告预算款项直接打到数万个小众影响者的账户上，用以换取他们的关注。

我们还没有探索过所有交换、管理注意力和影响力的可能方式。一个充满未知的大陆正在开启。一些最有意思的可能模式仍然还未出现。注意力的未来形式将脱胎于对有影响力的数据流的舞蹈式编排，而这种编排是可以追踪、过滤、共享和混合的。为了编排这一注意力的"舞蹈"，所需处理的信息规模也达到了更高级的复杂性。

相比 5 年前，我们的生活已经变得更为复杂。为了开展我们的工作、有效学习、当好父母，甚至是娱乐，我们都需要花精力处理更多渠道的信息。我们不得不考虑的因素数量、影响因子数、参数个数和可能性数量几乎每年都以指数级增长。因此，我们似乎要永久地处在分离状态，并且在一个个事物间不停辗转，但这并不是一个灾难的信号，而是对当前环境一种必然的适应。谷歌并不会将我们变傻，相反我们需要网上冲浪，需要敏捷反应，需要对下一个新事物保持警惕。我们的大脑还没进化到可以处理这无穷的信息量。这一领域超出了我们的自身能力，所以我们不得不依靠我们的机器来与这么大量的数据进行互动。我们需要一个实时的过滤系统嵌套，以便我们可以处理我们已经创造出的各种新增选项。

现在产品大量过剩，以至于对大量冗余产品进行过滤的需求在持续增加，而导致产品过剩的一个主要因素就是各种廉价物料交互影响。总体来看，随着时间的过去，科学技术基本上向免费方向发展，这就会促使产品大量过剩。乍听之下，很难理解技术为什么会向免费方向发展。但对于我们制作的大多数东西而言，这就是不争的事实。随着时间的推移，如果一个技术持续研发应用得足够久，它的费用就会开始向零靠近（但绝不会达到）。在适宜的时间，任何一种技术性应用都好似免费产品发挥作用。这一趋向免费的趋势对于食品、材料这种基本物品（通常被称为消费品）似乎是适用的，而且对于家用电器这种复杂的产品也是适用的，另外，同样也适用于服务和无形的东西。所有这些物品的费用（就每个固定单位而言）随着时间的流逝在一直下降，自工业革命以来尤其如此。在 2002 年国际货币基金组织发布的一份报告中指出："在过去的 140 年里，实体商品的价格呈现出下降趋势，大约是每年下降百分之一。"也就是说在一个半世纪以来，物价都在向零靠近。

这一趋势并不是只存在于计算机芯片和高科技产品领域。几乎是我们在每个行业制造的每件东西，都在沿着同一个经济发展方向前进，那就是每天都变得更加便宜。让我们举个例子，比如铜材料的费用下降。按照时间，将其向零靠近的价格趋势绘制成图。在它的价格继续向零靠近时，这个曲线会遵循一个数学模型。假设这个数学模型保持不变，那么它的价格永远不会达到完全免费的界限。可是，它的价格会稳定地向这个界限靠近后再靠近，进入到无穷无尽的狭窄缝隙里。这种向一个界限不断靠拢但又不会交叉的模式被称为接近渐近线。这里的价格不会是零，但实质上与零无异。通俗地讲，通常理解为"便宜到没法比较"——跟零靠得太近，甚至没法记录变化。

这也产生了一个巨大的问题：在一个充斥廉价品的时代，又有什么是真正有价值的？有些矛盾的是，我们对于商品的注意力并不怎么值钱。我们的"猿猴大脑"很容易被廉价产品劫持。在资源丰富的社会里仍然稀缺的是那种并非由商品派生或专注于商品的注意力。当所有商品的费用都在向零靠近时，唯一一件还在增加费用支出的事情就是人类的体验——这是无法被复制的。除体验以外的每样东西都在逐渐变得商品化，逐渐变得可以过滤掉。

高档的娱乐方式正在以每年 6.5% 的速度增长。音乐会门票的平均价格在 1981 年到 2012 年增长了近 400%，远远超出了同期物价增长的 150%。医疗保健的价格也出现了类似的增长，从 1982 年到 2014 年增长了 400%。在美国，临时保姆的平均价格为 15 美元每小时，这是最低工资的两倍。在美

国的一些大城市，父母们为了找人照顾孩子一晚上花 100 美元已是再正常不
过的事了。针对身体体验进行独家细心照料的私人教练是近来快速发展的职
业之一。在救济院，药物和治疗的费用在下降，然而家庭拜访（体验方面）
的费用却在增加。婚礼的花费更是没有限制。这些都不是商品，它们都是体验。
我们对它们投入了全身心的纯粹的注意力。这些体验是不能复制或者储存的。
对于这些体验的创造者而言，我们的注意力是十分有价值的。人们在创造体
验和消费体验上都十分擅长，这并不是巧合。就这一点而言，机器人毫无用
武之地。如果你想了解当机器人接手了我们现在的工作之后，我们人类会做
什么，那就看看这里。我们会将珍贵的、稀缺的注意力投入到体验上。这是
我们将会把钱花出去的地方（因为体验不是免费的），也是我们将要挣钱的
地方。我们将会利用技术来生产商品，为的是避免我们自己成为一件商品。

　　还有一件有趣的事情与这一系列用于提升体验并促进个性化的科学技
术有关，那就是它们给我们施加了巨大的压力，以促使我们去弄清楚我们是
谁。我们很快就要直接地居住在包含万物的图书馆中，周遭围绕着不断变化
的事物，那是人类世界所有现存的各种各样的作品，它们都恰恰处在我们伸
手可及之处，而且还是免费的。最大的过滤器将准备待命，默默地引导着我
们，随时准备为我们的需求服务。过滤器会问，我们想要什么？你可以选择
任何东西，你会选择什么？这些过滤器已经监视我们几年之久，它们能预期
到我们将会问什么。它们几乎可以迅速地自动完成我们的要求。然而问题在
于，我们并不知道我们想要什么。我们对自己并不是很了解。从某种程度上
说，我们依赖过滤器来告诉我们自己想要什么。它们并不像是奴隶主，反而
更像一面镜子。我们会听取由我们自身行为产生的建议和推荐，这是为了听

一听、看一看我们自己是谁。在互联云里的几百万台服务器上运行着数亿行代码，它们在不停地过滤、过滤、过滤，帮助我们提取自身的独特点，优化我们的个性。人们担心技术会使我们变得越来越一致化、越来越商品化，但这种担心是不正确的。实际上，我们进行的个性化定制越多，对于过滤器而言处理起来越简单，因为我们会变得更为独特，有着一个它们可以处理加工的实质区别。经济依靠区别对待来运行。我们可以利用大量的过滤器，在明确我们是谁的同时，为我们自己进行个性化的定制。

进行更多的过滤是必然的，因为我们在不停地制造新东西。而在我们将要制造的新东西中，首要的一点就是创造新的方式来过滤信息和个性化定制，以突显我们之间的差异。

The Inevitable

——————

第 8 章

重混 Remixing

重混 Remixing

　　纽约大学经济学家保罗·罗默（Paul Romer）专门研究经济增长理论，他认为真正可持续的经济增长并非源于新资源的发现和利用，而是源于将已有的资源重新安排后使其产生更大的价值。增长来源于重混。圣塔菲研究所的经济学家布莱恩·亚瑟（Brain Arthur）专门研究技术增长的动态过程，他认为"所有的新技术都源自已有技术的组合"。现代技术是早期原始技术经过重新安排和混合而成的合成品。既然我们可以将数百种简单技术与数十万种更为复杂的技术进行组合，那么就会有无数种可能的新技术，而它们都是重混的产物。适用于经济增长和技术增长的事实也适用于媒介增长。我们正处在一个盛产重混产品的时期。创新者将早期简单的媒介形式与后期复杂的媒介形式重新组合，产生出无数种新的媒介形式。新的媒介形式越多，我们就越能将它们重混成更多可能的更新型媒介形式。各种可能的组合以指数级增长，拓宽着文化领域和经济领域。

我们生活在新媒介的黄金时代。在过去的几十年里，诞生出的数百种新的媒介形式，都是由旧的形式重混而来的。先前的媒介依然存在，比如，一篇报纸文章或者一段 30 分钟的电视情景喜剧，又或者一首 4 分钟长的流行歌曲，而且还广受大众喜爱。但数字技术将这些已有的形式分解成基本元素，使得它们能以新的方式重组。例如，一个网络列表类文章（清单体），或者一个 140 字的微博。有些重组的形式如今十分畅行，以至于可以被视为一种新的媒介形式。这些新的媒介形式自身将会被重混、分解，并在未来的几十年里重组成数百种其他的新形式。有的已经成为主流：它们吸纳了至少一百万创造者，并有着亿万受众。

例如，在每一本畅销书背后都有着庞大的粉丝团体，他们会沿用自己最喜欢的作者创造的角色，并对虚构世界稍加改动，续写他们自己的篇章。这种充满想象力的延伸式小说被称为同人小说。这种同人小说是非官方的——没有原作者的配合或许可，并且可能混合了不同作品或作者的元素。他们的主要受众是其他狂热的粉丝。一份同人小说档案迄今记录了 150 万个粉丝作品。

用手机快速记录下来的十分简短（6 秒或更短）的视频剪片可以简便地用一款名为 Vine 的 App 进行分享和再分享。6 秒的时间已经足够讲个笑话或者展现一场灾难，并且让它们呈病毒式传播。这些简明记录的剪片也可以被深度编辑，以获得极致效果。由一系列 6 秒剪片构成的集锦是一种十分流行的观看模式。2013 年，每天都有 1200 万个 Vine 剪片发布在推特上，而在 2015 年，每天的观看次数达到 15 亿次。在 Vine 上也有明星，他们有着数百万的粉丝。还有一种更为简短的视频类型。一张动态的 GIF 图片看起来就像是一张静态图片，环绕着一些小动作，一遍遍地循环播放。循环一次的时间只有一两秒，所以它也可以被视为一种一两秒钟的视频。任何姿态动作都可以循环播放。一张 GIF 图片可能是脸上的一个古怪表情在循环播放，或者是某个电影里的著名场景在无限循环，又或者是某种模式的重复。这种无休止的重复鼓励人们仔细研究里面的内容，直到解读出更高层次的意义。当然，很多网站都在致力于 GIF 图片的推广。

这些例子只是暗示我们，各种新形式的媒介在未来几十年内会疯狂地爆发式增长。任取一种媒介形式进行大量生产，并将产物进行配对结合或杂糅掺和，我们就可以看到可能出现的新媒介的早期轮廓。我们用手指就可以将电影中的素材拖拽出来，并重混到我们自己的照片中。在手机上轻敲一下，内置的摄像头就可以捕捉一个场景，并显示出它的相关信息，用作对这张图片的注释。文字、声音、动作，这些东西会继续互相融合。借助即将出现的新工具，我们将可以根据需要创建自己的想象画面。例如，枝叶上闪烁着露珠的宝石绿色玫瑰静静地躺在一个修长的金色花瓶里，制作一张这种景象的逼真可信的图像将只需几秒钟，甚至可能比我们写下这些文字的过程还要快。而这还只是故事的开始。

数字比特流最为重要的特性是可互换性，这使得不同形式的媒介可以轻易变换形式，产生变革，以及互相融合。快速流动的比特使得一个程序可以模仿其他程序。模仿另一种形式的能力是数字媒介自带的功能。这并不是对多样性的背弃。可供选择的媒介数量将只会增长。各种媒介形式及其子形式的数量会继续爆发式增长。当然，有些会变得更加流行，而其他的则会衰退，但没有哪种形式会完全消失。一个世纪以后，仍然会有歌剧爱好者，同时会有多达十几亿的电子游戏粉丝及亿万个虚拟现实世界。

在未来的 30 年里，比特的持续流动将继续占据媒介领域，推动更为广泛的重混。

与此同时，廉价、普遍的创作工具（亿万像素的手机摄像头，YouTube Capture，iMovie 软件）正迅速地减少着创作动态画面所需的努力，并且颠覆着各种媒介固有的不对称性。例如，读一本书要比写一本书简单得多；听一首歌要比创作一首歌简单得多；观看一场演出要比制作一场演出简单得多。尤其是篇幅较长的传统电影的创作者，更是长期承受着与用户之间投入的不对称。创作者需要小心翼翼地用化学药水处理电影胶片，并拼接成一部完整的电影，整个过程中需要大量人员密切协作，说明看电影比制作电影简单得多。一部好莱坞大片需要耗费多达一百万的工时，但消费它只要花两小时。专家们自信地宣称，观众绝不会从被动接受投向主动创作，但令他们彻底困惑的是，近几年来有数千万人花费了无数小时制作他们自己设计的电影。他们拥有数十亿潜在的观众群，并且可以选择创作多种不同类型的影片。借助新型的消费者工具、社区培训、同伴鼓励，以及极其智能的软件，现在制作视频的便利程度与写作差不多。

当然，这并不是好莱坞制作电影的方式。一部大片相当于一件用户定制的巨型产品。就像是东北虎一样，它需要我们的关注，但同样十分稀有。每年，北美洲会展映 600 部电影，或者说 1200 小时的动态影像。相比现今每年生产出的亿万小时动态影像，1200 小时所占的比例极其微小，几乎就是一个无关紧要的舍入误差。

我们通常以老虎来指代动物王国，但事实上，蚱蜢才是真正具有代表意义的动物。细致手工打磨的好莱坞电影就像是稀有的老虎，它并不会离开人们的视野，但如果我们想了解电影未来的发展，就需要研究在我们视野下方成群聚集的小生物——YouTube、独立电影、电视剧、纪录片，以及如昆虫般体积小巧的超短剪片和混搭短片，而不能仅仅关注处在顶点的老虎。YouTube 上的视频一个月内的观看数量达 120 亿次以上。其中最流行的视频《江南 style》，累计被观看了 24 亿次，远超任何一部大片。每天，上亿部拥有少量观众的视频短片被分享到网络上。如果仅就发行数量和这些视频获得的关注总量做评判的话，现在这些视频短片就是我们文化的中心。它们的制作工艺水平有着广泛的差异。有些短片的制作水平丝毫不逊于好莱坞电影，但大多数还是些小孩在他们的卧室里用手机拍摄的。如果说好莱坞是金字塔的顶点，那么底层才是滋生各种行动的地方，是开启动态影像未来的地方。

非好莱坞产品中的绝大多数是依靠重混制作的，因为重混的方式相较创造更简单。爱好者从网上寻找电影原声，或者自己在卧室里录制，然后将电影中的场景进行剪切或重组，键入文字，之后便展现出一个新的故事或者新的观点。其中，对广告的重混剪辑十分泛滥。针对特定的媒体形式，爱好者通常会遵守一套固定的模式。

例如，重混电影预告片。电影预告片本身就是一种新近的艺术形式。因其本身的简洁和紧凑的叙事结构，电影预告片可以被方便地重新剪辑成另一个版本的故事——例如制作某虚构影片的预告片。一个不知名的爱好者可能会将一个喜剧剪辑成一个恐怖短片，或者相反。将预告片的音轨进行重混是混搭这些电影短片的常见方式。有些粉丝会创作音乐短片，他们将一首流行歌曲的音轨与剪辑好的热门电影片段进行匹配并混缩。或者他们先剪辑出喜爱的电影或电影明星的场景片段，然后将其混搭进一首不太相关的歌曲。这些成了幻想世界的音乐短片。流行乐队的骨灰级粉丝会将他们喜欢的歌曲加在视频中，并赫然添加上大号字体的歌词。最后，这些歌词版视频变得十分流行，以至于一些乐队开始发布带有歌词的官方版 MV。这些歌词在视频上浮动，并与声音同步，可以算是文字和图像的真正重混和结合——你可以"读"视频、"看"音乐。

视频的重混甚至可以发展成一种集体活动。全世界数十万（当然是在网上见面）的狂热动漫迷会将日本动画片进行重混。他们将动画片剪辑成细小的片段，有些片段只有几帧画面，然后利用视频编辑软件把这些片段进行重新编排，添加上新的声轨和音乐，通常再配上英语对白。这样的处理过程可能要比绘制原版动画所需的工作量更大，但比 30 年前创作一个简单短片所需的工作量少得多。新的动画视频会讲述一个完全不同的新故事。在这种亚文化中，真正的成就在于赢得"铁人编辑"（Iron Editor）挑战。与电视节目"铁人料理"（Iron Chef）这一烹饪比赛类似，"铁人编辑"竞赛者必须在观众面前互相竞争，当场进行视频的实时重混以彰显他们超强的视觉素养。最好的编辑重混视频的速度像打字一样快。

事实上，混搭的习惯正是借鉴自文字的交流表达。你在一篇文章上进行词汇的剪切和粘贴。你会逐字逐句地引用一个专家说过的话。你将一种巧妙的表达方式进行转述。你在一些地方增加了些细节描述。你从一部作品中借鉴文章架构用于自己的创作。你将画面当作词句一样移动。你获得了一种新的视觉化语言。

过去是一股数据流，它被剪辑和重新编排成新的混搭事物。屏幕则永远面向新的事物，面向未来。

数字科技也为资深的电影从业人员提供了一种新的语言。一个图像会储存在一个记忆磁盘上而非赛璐璐制作的电影胶片上，由此带来的流动性使得这个图像可以像词汇一样被灵活运用，而非像照片一样被定格。像乔治·卢卡斯这样的好莱坞怪杰早早地就拥抱了数字技术（卢卡斯创立了皮克斯公司），并率先使用一种更为流畅的方式进行电影拍摄。在他的《星球大战》系列电影中，卢卡斯开创了一种新的电影拍摄方法，它与图书、绘画的创作有着更多的相似之处，而与传统电影拍摄手法则相去较远。

在传统的电影拍摄手法中，影片的拍摄计划依据场景制定，所有场景都会被拍摄（通常不止一次），通过重复大量使用这些场景，最终组合成一部电影。有时，如果可供使用的胶片不能很好地阐述故事，那么导演必须返回影棚，补拍一些镜头。然而，借助数字技术带来的新屏幕流动性，一个电影场景具有更大的可塑性：就像作者笔下的一个段落可以被反复修改。无须再去捕捉场景（就像是照相取景），而是逐步地叠加场景，就像绘画一样。只需向一个大致的动作框架上添加一层层的视觉、听觉细节素材，混合出的效果就可以不断变化，并且可以一直再进行修改。乔治·卢卡斯拍摄的《星球大战》系列电影中的最近一部就是以这种与作者创作类似的方式进行层层效果添加的。他在绿幕房间里拍摄了演员的动作，即"两名绝地武士挥舞长剑碰撞——没有背景"，然后在这个框架上铺垫上一个热闹集市的复杂场景，同时还有一些细小的视觉素材。光剑的效果和其他效果则是后期以数字形式一层一层绘制上去的。以这种方式，逼真的雨水、火焰和烟雾可以一层层地添加到一个粗略的框架上。这一过程的便利简洁就像是卢卡斯在写剧本时可能会写上一句"这是一个风雨交加的黑夜"。最终，电影中的每个画面几乎都以这种方式进行过修改。本质上，一部数字电影就是这样一个像素一个像素地"写"出来的。

2008 年上映的电影《极速赛车手》（*Speed Racer*）是改编自原版动画的真人电影。这部电影虽然不是什么票房佳作，却将这种电影制作手法推进了一大步。电影中层叠出现的郊区场景就是借用一个数据库中的现有视觉素材创建的，利用这些素材分别组成场景的后景、中景，以及前景。粉色的花来源于一张照片；一辆自行车则取自另一个素材库；一个普通的屋顶又是取材于另外的一个素材库。计算机会负责其中最困难的工作，即无论这些素材是多么细小或不完整，甚至发生位移，计算机都要保持它们正确的透视关系和位置关系。这种手法应用的结果就是一部电影完全可以由一百万个已有的图像组合而成。在大多数电影中，这些素材片段是针对相应的项目进行专门手绘的，但就像《极速赛车手》中的情形一样，人们会在各种地方发现越来越多的这种素材，并将它们重混，制作电影的最终剪辑。

受到图像创作领域伟大的蜂巢思维影响，类似的变化也发生在静态摄影领域。每分钟都有数千个摄影师将他们的最新照片上传到网站和 App，比如 Instagram, Snapchat, WhatsApp, Flickr 和脸书。目前至少有 1.5 万亿张照片被发布出来，几乎涵盖了你能想到的任何一种事物；至少我目前提出的每个找图的请求都能在这些站点里得到满意答复。比如，Flickr 单单金门大桥的图片就有不下 50 万张。金门大桥的每一种可能的拍摄角度、光线条件都已经有照片拍摄并发布到网上。如果你想在你的视频或电影中使用这座大桥的一个图像，实在没有理由亲自去拍摄一张这座大桥的照片。这一步已经完成了，你只需要轻松地找到它。

同样的进步也发生在 3D 模型领域。在 SketchUp 这个软件生成的 3D 模型数据库里，你可以找到世界上大多数重要建筑物对应的细节极其详尽的三维虚拟模型。想要纽约的一条街道吗？这里有一个可以用于拍电影的虚拟场景。需要虚拟的金门大桥吗？这里有超级详细的模型，细到可以看见每一个铆钉。借助强大的搜索工具和参数说明工具，世界上任何一座桥梁的高清影像都可以传输到这个通用视觉材料词典，便于反复使用。有了这些现成的"词组"，我们可以利用随手可得的片段或虚拟场景来组合或拼凑一部电影。媒介理论家列夫·曼诺维奇（Len Manovich）将这称为"数据库电影"。这些基础成分图像的数据库为动态影像的创作提供了一种全新的语法体系。

毕竟，这就是作者们的工作方式。我们沉浸在一个由已有词汇构成的有限数据库中，也就是词典里，然后将这些发掘的词汇以前所未见的方式组合成文章、小说和诗歌。创作的乐趣就是重组这些词汇。很少有作者发明新的词汇。即使是最伟大的作者在进行魔法般的创作时，也主要是重混先人已经用过、通常是普遍使用的词汇。我们对词汇所做的这些事情很快将会应用在图像上。

对于使用这种新电影语言的导演而言，即使是最逼真的场景也是可以逐帧地进行调整、重制和改写的。电影拍摄因此得以从摄影术的束缚中解脱出来。我们摆脱了那令人苦恼的拍摄方法——用昂贵的电影胶片捕捉记录现实，然后凭借所得到的素材创造你的幻想。这样的现实或者幻想通过一个个像素累积起来，就好比一位作家用一个个词汇写就一部小说。摄影可以很好地展现世界的原本模样，但这种新兴的屏幕显示方式，就像写作和绘画一样，旨在探索世界可能会变成什么样。

　　然而，仅仅能够方便地制作电影是不够的，就像谷登堡发明的印刷机[1]让出版图书变得简单，却并没有完全释放文字的魅力。想要实现真正的文字通达还需要一系列的创新和技术，使得普通读者和作者也能以实现文字价值的方式运用文字。例如，引号可以简单明了地标示出一个作者的文章中哪些文字是从另一位作者那里借用的。而我们在电影领域还没有类似的标识符号。一旦得到一份有大量文字的文档，你需要一个目录帮你找到相应的内容，当然还需要页码。这些工具是人们在 13 世纪时发明的。那么在视频领域有对应的工具么？长篇的文字需要一个字母索引，而字母索引是由希腊人发明的，后来为了图书馆图书的管理又得到进一步发展。不久以后，借助人工智能，我们将会有办法用索引关联一部电影的全部内容。大约 12 世纪时发明的脚注，使得我们可以将与主题不太相关的说明信息在文章主体的线性逻辑框架之外进行展示。这一工具对于视频领域也同样有效。另外，文献引用（发明于 13 世纪）使得学者和怀疑者可以系统化地查找那些影响或阐明文章内容的来源。设想一下，如果一个视频有了引用工具会怎样。当然，现在我们有超链接功能，可以将一个文字片段与另一个连接起来，还有标签功能，可以将选定的单词或词组进行分类，方便后续归类使用。

　　所有这些发明（以及其他更多的发明）使得任何一个识字的人都可以剪切并粘贴各种观点，用自己的想法去注释这些，将它们与相关的观点联系起

---

1 谷登堡生于 1398 年，是欧洲活字印刷术的发明者，由此引发了一次媒介革命。——译者注

来，在浩如烟海的作品中检索，快速地浏览主题，重排文本，提炼材料，重混观点，引用专家的观点和喜欢的艺术家作品的片段。所以，除了阅读，这些工具也是文字通达的基础。

如果读写流利意味着一个人可以理解文字并灵活运用，那么新媒介的流利就意味着一个人可以同样轻松地理解动态影像并灵活运用。但到目前为止，用于可视化"阅读"的工具还未能推广到大众层面。例如，为了直观形象地比较最近的银行破产与历史上发生的类似事件，我想引用经典电影《生活多美好》（*It's a Wonderful Life*）中的银行挤兑现象以便向你更好地说明，但却无法简便地准确指出那个场景。（我想引用的是哪几个场景以及其中哪个部分呢？）我可以像我刚刚做的那样，提及影片的名字。我可以指出那个场景的具体时间节点（YouTube 提供的新功能）。但是我不能把这句话与在线电影中那个准确的"段落"建立连接。我们还不能针对电影的场景建立类似于超链接的连接方式。有了流利的影像语言，我将可以直接引用一部电影中的具体画面，或者一个画面中的具体形象。我可能会是一个对东方服饰感兴趣的历史学家，而我想引用电影《卡萨布兰卡》（*Casablanca*）中一个角色戴过的土耳其毡帽。我应该能够只引用毡帽本身（不包括它覆盖的头部），即链接到"穿插"在各个场景中的帽子图像，就像我可以很方便地在文本中添加毡帽的图片链接一样。最好，我还能用其他影片中的毡帽片段为电影中的毡帽添加脚注。

有了成熟的可视化技术，我就可以为一部电影中的任何物体、画面或场景添加脚注，而素材就是其他的物体、画面或电影片段。我就可以搜索一部电影的视觉索引，仔细查看可视化的目录，或者浏览全片的可视化摘要。但是该如何实现这些功能呢？我们如何像浏览一本书一样浏览一部电影呢？

在印刷技术发明之后，人们花了几百年的时间才总结出便于消费者使用的文本阅读工具，但是第一批可视化阅读工具现在已经出现在研究实验室中，处在数字文化的边缘。例如，我们该如何浏览一部正片长度的电影？浏览一部电影的方式之一就是极速快进，将两小时的电影在几分钟内放完。另一种方式则是仿照夸张的电影预告片制成一个简化版。这两种方法都可以将几小时的电影压缩成几分钟。但是否有一种方式，可以将电影的内容转化成能够快速掌握的图像，就像我们看一本书的目录一样？

学术研究领域已经制造出一些有趣的原型机可以实现视频的总结浏览，但还不能广泛用于所有的电影。一些有着巨量片源可供选择的流行网站已经发明了一种方式，使用户可以花几秒钟的时间浏览整部电影的内容。当用户点击一个电影的标题时，弹出窗口就会一个接一个地闪现影片中的关键画面，形成一个快速播放的幻灯片，就像是这部电影的手翻书。简化的幻灯片就能以可视化的形式将几小时的电影概括为几秒钟。专业的软件会用于识别一部电影中的关键画面，以便最有效地总结电影内容。

可视化的窍门在于可检索性，也就是说我们有能力像谷歌搜索网页一样检索所有的电影，并找到某个具体镜头。通过输入关键词，或者说出关键词，比如"自行车和狗"，你就能提取出所有电影中涉及一条狗和一辆自行车的场景。一眨眼工夫，你就能找到《绿野仙踪》（*The Wizard of Oz*）中高驰小姐用自行车将托托带走的画面。更进一步，你想要谷歌在其他电影中找出与这个画面类似的所有场景。这种功能很快就会实现。

谷歌的云人工智能正在快速地提升可视化智能水平。不可思议的是，它能够对普通人上传的数十亿张个人快照进行分析，识别并记住所有照片中出现的每个物体。例如，一张照片中，一个男孩在一条泥泞道路上骑摩托车，人工智能将会把照片标记为"男孩在泥泞道路上骑摩托车"。同样，人工智能将一张照片的标题定为"一个炉子上的两张披萨饼"，也准确地表达了照片的内容。而且，谷歌和脸书的人工智能都可以检索一张照片，并告诉你里面每个人的名字。

那么，可以对一张图像进行的处理分析也可以适应于动态的影像，是因为电影仅仅是一连串静态图像的排列。但是识别电影需要更为强大的处理能力，这在一定程度上是因为加入了时间维度（随着镜头的移动，物体是否一直留在那里？）。几年之后，我们将能随意地通过人工智能来搜索视频。彼时，我们开始在动态影像领域探索古登堡式的改革的可能性。斯坦福大学人工智能实验室的负责人李飞飞就坦言："我认为图像和视频里的像素数据就是互联网宇宙中的暗物质。我们现在正开始让它的特性显现出来。"

当动态影像更容易创作，更容易保存，更容易标注，并更容易组合成复杂的故事情节时，它们也变得更容易被观众重新操控。这就使得图像获得了与词汇类似的流动性。流动的影像会快速地传递到新的屏幕界面上，时刻准备投向新的媒介，并将影响力渗透到已有的媒介中。就像字母比特数据一样，为了匹配搜索引擎和数据库，图像可以被压缩成链接的形式或进一步扩展。灵活的图像资源鼓励人们像在文本世界中所做的那样，称心地投入影像世界中进行创作和消费。

除了可检索性，媒介中正在发生的另一项变革可总结为"可回放性"。在口头交流时代，当有人说话时，你需要仔细地听，因为一旦说完，词句就消失了。在录制技术发明之前，没有备份，就不能通过回放来聆听漏掉的内容。

几千年前，人类历史上发生了从口头交流到书面交流的巨大转变，这才使得听众（读者）有可能倒带至一个"演讲"的开头重新阅读。

书籍的变革性特征之一就是它们能够反复地把自己呈现给读者，只要读者提出需求，想要阅读多少次都可以。事实上，能够写出一本被人反复阅读咀嚼的书可以说是一位作者最高的荣誉。而另一方面，作者们会充分利用书籍的这一特征，尽可能写出会被人们反复翻阅的书，为此他们也已经探索出一些方法。他们可能会添加一些只有再次阅读才能领会的情节点，可能会隐藏一些只有再次阅读才能觉察出来的讽刺话语，又或者塞满需要仔细研究和反复阅读才能破解的细节。弗拉基米尔·纳博科夫（Vladimir Nabokov）曾说："一个人不能读一本书，他只能反复读一本书。"纳博科夫的小说中经常有个难以琢磨的叙述者——如《微暗的火》（*Pale Fire*）和《阿达》（*Ada*），这无疑会鼓励读者在读完一遍后从更为全面的角度再次回顾故事情节。最棒的神秘故事和惊险小说通常会以最后时刻难以预料的情节反转结尾，但如果再读一遍，就会发现结局在之前已经有了巧妙的暗示。七卷本"哈利·波特"系列就夹杂了很多隐藏线索，需要读者反复阅读以寻求最大的乐趣。

在过去的一个世纪里，我们屏幕上的媒介与书籍有着很多相同之处。电影就像书籍一样，是由故事驱动，线性发展的。但与书籍不同，电影很少有机会被人反复观看。即使是最流行的大片也只能在剧院里展映一段时间，比如在当地的剧院里播放一个月，然后就很难再次看到了，只有在 10 年后的深夜电视节目档才可能再见。在录像带发明之前，视听材料都没有重放功能。电视节目也是一样的情况。节目会按照排期表播放。你可以在一个固定的时间段观看某个节目，否则将永远错过。人们不太可能反复观看一部新上映的电影，而一部分电视剧只有在夏季重播时才能再看。即便如此，你还需要调整自己的关注点，在剧目预定播放那天的特定时间段守在电视机前。

因为电影和电视节目的这种"类口语化"特征，节目在创作时就蕴含了这样一种假设，即它们可能只会被观看一次。这一合乎情理的假设也变成了节目的一大特点，迫使电影故事在第一次播放时向观众传达尽可能多的信息。但这种特点也弱化了节目本身的表达能力，因为有很多内容可以被设计为在观看两三遍后才能被发觉。

先是 VHS 格式，后来是 DVD 格式，然后是 TiVo 格式，而现在有了流媒体格式，它们使得我们可以十分方便地将屏幕内容向前滚动。如果你想再看一遍某些内容，就可以轻松实现。如果你只想看一个电影或者电视节目中的几个片段，也可以随时做到。这种回放的功能也适用于广告、新闻、纪录片、剪辑片段以及其他任何网上的内容。相比任何其他方面，正是回放功能使得广告成了一种新的艺术形式。重复观看的功能使得广告摆脱了从前的束缚——在转瞬即逝的节目中间一晃而过。一个广告节目的资料库形成后，使得它们可以像图书一样被品读以及反复品味。而且我们还可以将广告分享给其他人，与他人一起讨论、分析、研究这些广告。

现在，我们见证视频新闻不可避免地具有了回放功能。电视新闻作为短暂视频流，人们不曾指望记录或者分析它们，仅仅是囫囵吞枣过一遍。现在它们也可以被回放了。当我们回看新闻时，就能比较它们的真实性，它们的动机以及它们的假设。我们可以分享新闻，研究新闻，并混编新闻。由于大众可以反复观看先前的新闻里说过什么，这种形势也转变了政客、专家以及任何在新闻里发表言论的人的态度。

电影的回放功能成就了那些长达 120 小时的电影，比如《迷失》（*Lost*）、《火线》（*The Wire*）、《太空堡垒卡拉狄加》（*Battlestar Galactica*），并让观众看得过瘾。这些电影里充斥着太多设计精妙的情节细节，以至于在人们初次观看时不会完全凸显出来，观众不得不返回到某个情节来反复品味。

当音乐变得可以被录制、被重放，音乐领域也产生了变革。现场音乐意味着体会当下的感觉，并且每场表演都会存在差异。而将音乐倒带至开头，反复聆听完全一致的演奏内容对音乐产生了永久的影响。歌曲的平均长度变短了，而且变得更有韵律，重复更多。

现在的游戏也有类似回滚功能的相关设定，使得玩家可以重玩一遍、撤销操作，或者拥有额外的生命。玩家可以一遍又一遍地重玩某段游戏经历，每次只做微小的改变，直到掌握了这个水平。在最新的竞速游戏中，玩家可以倒放比赛过程，倒带至先前的任何一个动作节点。所有的主流软件包都有一个"还原"按钮，让你可以还原到先前状态。最好的应用程序更是允许无限次还原，使得你可以根据自己的意愿返回到先前的状态。现存的最为复杂的消费软件（比如 Photoshop 或者 Illustrator）中都具备名为"无损编辑"的功能，这意味着无论你已经执行了多少操作，都可以在任何时候返回到任何一个先前的处理节点，并从那里重新开始编辑。维基百科的伟大之处也正是在于它采用了无损编辑功能，由于一篇文章先前的所有版本都会永久保留，所以任何读者都能及时地撤销已经做出的改动。这种"重做"功能会鼓励创造力。

在未来，沉浸式环境和虚拟现实也必然会具备返回先前状态的功能。

实际上，任何数字产品都将具备撤销和回放功能，就像它们都会具备重混的功能。

继续发展下去，我们很可能会对任何不具备撤销按钮的体验表现出不耐烦，比如吃一顿饭。我们确实不能重温一顿饭菜的味道，如果可以的话，这必定会改变烹饪行业。

就可复制性而言，媒介的完美重复功用已经得到充分开发。但就可回放性而言，媒介的完美重复功用还未得到充分利用。随着我们开始用生活日志记录日常活动，捕捉我们的"生活流"，生活中大部分内容将具备回滚功能。典型的事例就是，一天里我会反复查看发件箱和收件箱，以便回顾我先前生活中的一些事件。如果我们预期生活可以倒带，就将会改变我们最初做事情的方式。方便、准确、深入地回顾过往生活的功能可能会改变我们将来的生活方式。

在不久的将来，只要我们在意，就可以选择尽可能多地记录我们日常的谈话交流。而且这样的过程几乎不花费过多精力，只需我们携带（穿戴）一个设备，并且回放的操作也十分简单。有些人可能会将生活中每件事情都记录下来，以便为他们的记忆提供支撑。关于回放功能的社交规矩也将视情况而定，私人谈话很有可能被列入回放功能禁止使用的范围。但在公共领域发生的事情将越来越多地被记录下来，可以被反复浏览，借助的工具可以是手机摄像头，汽车仪表盘上的网络摄像头，或是路边电线杆上的监控摄像头。按照法律规定，警察在执勤的时候需要通过穿戴设备记录下他们的所有活动。回放警察的执勤日志将会转变公众的观念，也往往能够证明警察执法是否公正。政客名流每天的活动也会被记录下来，让人们可以从多个角度反复审视，这样将会营造出一种新的文化，其中每个人的过去都是可以可查阅的。

可回放性和可检索性仅仅是动态影像领域正在发生的两个类似谷登堡式印刷术的巨大转变。它们和其他的重混要素一起适用于所有的新兴数字媒介，如虚拟现实、音乐、广播、展示会等。

重混——对已有事物的重新排列和再利用，对传统的财产观念和所有权概念产生了巨大的破坏。如果一段旋律是你的财产，就像你的房子一样，那么未经授权或支付相应报酬的话，我对于它的使用权就会受到极大限制。但是正如前面章节说明的，数字比特媒介最显而易见的特点就在于不可触摸及非竞争性。比特的特点更类似于观点，而非不动产。早在 1813 年，托马斯·杰斐逊就认识到观点并不能被完全视作财产，或者说即使它们是财产，也与不动产有所区别。他这样写道："一个人从我这里获得了一个观点，他在接受这个观点指导的同时并没有对我造成损失；就像是借用我的烛火点亮他的蜡烛一样，他收获光亮的同时并没有让我变得暗淡。"如果杰斐逊把他在蒙蒂塞洛的房子给了你，那么你将拥有他的房子，而他就没有了。但是如果他给了你一个想法，你将获得这个想法，而他仍将保留这个想法。这种不同寻常的特性也正是当今知识产权领域不确定性的来源。

就大部分情况而言，我们的法律系统还停留在农耕时代的准则上，即将财产视为实体。这已经落后于数字时代的发展。我们并不缺乏探索尝试，只是想要在所有权日渐不受重视的领域弄清所有权如何发挥作用，是有难度的。

一个人如何"拥有"一段旋律？当你给我一段旋律后，你仍然拥有它。

还有就是以什么样的方式界定？如果一段旋律与另一段 1000 年前的旋律只有一个音符之差，它还是属于你的么？一个人可以拥有一个音符么？如果你将它的一个副本卖给了我，如何界定一个副本？那么备份又怎么说呢，或者在流媒体中播放呢？这些并不是什么深奥的理论问题。音乐已经是美国对外出口的一个主要产品，是价值数万亿美元的产业。那么关于非实体的音乐中哪些部分可以被拥有这一难题，以及如何对其进行重混，已经成为我们当今文化的前沿问题以及核心问题。

关于人们以音乐片段为样本进行重混是否合法的争议始终存在，尤其是在作为样本的歌曲或者借用的歌曲盈利很多的情况下，争议更甚。对于重混或再利用一个新闻媒介的素材来为其他媒介服务是否恰当的争论，也是新型新闻媒介发展的主要限制。关于谷歌能否使用扫描书籍得到的书中片段还存在法律争议，使得谷歌不得不停止了它的"图书扫描"计划。知识产权就是这样一个变化莫测的领域。

基础技术的运行有其自身的特点，而现行知识产权法律却与这一实际特点不完全相符。例如，美国版权法赋予作品创作者对其作品具有临时的垄断权，以此鼓励他们创作更多作品，但这一垄断特权已经延伸到了创作者死后的 70 年之久，而在那 70 年里，他们逝去的身体其实已经无法被任何事情所鼓励了。有些情况下，这种没有任何产出的垄断特权可以长达 100 年，甚至还在增长，这哪有临时性可言！在一个以网络速度发展的世界里，长达一个世纪的法律闭锁是对创新和创造力的严重损害。这个残余的负担源于我们先前生活的基于物质原子建立的时代。

全球经济都在远离物质世界，向非实体的比特世界靠拢。同时，它也在远离所有权，向使用权靠拢；也在远离复制价值，向网络价值靠拢；同时奔向一个必定会到来的世界，那里持续不断发生着日益增多的重混。尽管步伐缓慢，相关的法律还是会逐渐跟上。

那么在一个重混的世界里，新的法律应该支持什么呢？

对已有材料的利用是一种值得尊重而且必需的实践活动。正如经济学家罗默和亚瑟提醒我们的，重组才是创新和财富的唯一动力源泉。我建议随着这一问题展开思考，"借用者是否将素材做了转化？"这种重混、混搭、取样、挪用、借用的过程，是否对原有素材做了一定的转化，还是仅仅复制了原作？安迪·沃霍尔（Andy Warhol）是否转变了金宝罐头汤[1]？如果是，这个衍生品就并不完全是一个"复制品"，它已经得到了转化、突变、提升、进化。对这一问题的回答每一次或许都不同，但是否出现了转变确实是我们应该关心的问题。

因为转化是"形成"的另一种表述。承认"转化"意味着我们如今创作的作品今后将会，也应该会生成别的事物。没有任何东西能不受影响，不发生改变。我指的是，但凡有价值的创作物，最终将不可避免地以某种形式转化成其他东西。人们当然永远可以获得1997年J•K•罗琳发表的那个版本的《哈利·波特》，但不可避免的是，在未来几十年里会出现1000本根据她的原版图书创作出来的同人小说。发明或作品本身越有魅力，也就越可能被其他人所转化，而且这一过程也越重要。

在未来的30年里，最重要的文化作品和最有影响力的媒介将是重混现象发生最频繁的地方。

---

1 金宝罐头汤（Campbell soup），沃霍尔于1962年创作的艺术作品，它由32块帆布构成，每块上都画着金宝罐头汤一种口味的产品。——译者注

The Inevitable

———————

第 9 章

互动 Interacting

5000 天后的镜像世界 [1]

电视节目《流言终结者》(*MythBusters*) 的明星主持亚当·萨维奇 (Adam Savage) 每年 12 月都会盘点 "年度最爱" 视频。2018 年年终盘点中的亮点之一就是 Magic Leap 公司推出的 AR (增强现实) 眼镜。他不仅充分介绍了围绕这一产品的各种赞誉和非议,还描述了他在家中楼上办公室里试戴眼镜时的超凡体验。他说:"我把眼镜打开以后,能听到一头鲸的声音,但是我却看不见。我环顾四周,想要找到这头鲸的踪迹。然后就看到鲸从窗外游过——是在我家楼的外面!所以是这副眼镜先扫描了我的办公室,它发现我的窗户可以当作信息窗口,于是将鲸的画面渲染其上,让人看上去觉得鲸是从街上游过去一样。当时我真的是目瞪口呆。"萨维奇在眼镜另外一端所感受到的,正是对镜像世界的惊鸿一瞥。

---

1 本文于 2019 年 2 月首先刊载于《连线》杂志。

镜像世界尚未完全建成，但也已经近在眼前。在不久的将来，真实世界中的每个角落和每样事物，街道、路灯、建筑、房间，都会在镜像世界中存在一个全尺寸的数字映射。目前，只有一小部分镜像世界可以通过 AR 眼镜看到。这些虚拟影像的碎片将会一片一片连接在一起，形成一个可以共享的、稳定的、与真实世界平行的数字世界。作家豪尔赫·路易斯·博尔赫斯（Jorge Luis Borges）设想过一张地图，它的大小跟它所描绘的土地尺寸一模一样。博尔赫斯写道："随着时间推移，帝国的绘图员绘制了一张和帝国国土面积一样大小的地图，巨细无遗且与细节——对应。"现在我们所做的就是绘制这样一张尺寸不可思议的 1:1 的数字地图，而这个数字世界将会成为下一个伟大的数字平台。

谷歌地球早就让我们一窥镜像世界的模样。我的朋友丹尼尔·苏亚雷斯（Daniel Suarez）是一位科幻小说畅销作家。在他最近出版的《变革者》（Change Agent）一书中，描写了一个逃犯沿着马来西亚海岸逃亡的情景。他笔下的路边餐馆和风景跟我最近开车走过那片海岸时所见到的一模一样，于是我问他什么时候去过那里。"噢，我从来没有去过马来西亚，"他狡黠地笑着说。"我的计算机上连了 3 个屏幕，我就把谷歌地球打开，然后花了几个晚上的时间用谷歌街景在马来西亚 AH18 高速公路上"开车"兜风来着。"和萨维奇一样，苏亚雷斯看到了一个原始版本的镜像世界。

镜像世界正在建设中。在世界各地科技公司的研究实验室里，科学家和工程师们正夜以继日地打造一个和真实世界对应的虚拟世界。关键的一点是，这些建设中的虚拟景观看起来将会和真的一样。它们将呈现出景观构造师所谓的"在场感"（place-ness）。谷歌地图中街景功能里的画面只是将事物各个角度的平面画面拼接在一起而已。但在镜像世界里，一栋虚拟的建筑会有体量；一把虚拟的椅子会有椅子的各种属性；一条虚拟的街道会有各个层次的质感，会有沟沟坎坎让你觉得它是一条真实的"街道"。

镜像世界一词最早是由耶鲁大学计算机科学家大卫·格伦特尔（David Gelernter）传播开来的，它不仅仅是真实事物的外观映射，同样带有和原物一样的质感、意义与功用。我们可以跟它互动，操控它，感受它，就跟我们和真实世界之间的关系一样。

首先，镜像世界会把真实世界用高清图层的形式呈现给我们。我们可能会看到之前见过的人面前挂着一些虚拟的姓名标牌；或者是一个蓝色的箭头提醒我们需要转弯的位置；抑或我们感兴趣的地方的相关介绍。（和黑暗密闭的 VR 眼镜不同，AR 眼镜通过可透视科技为真实世界增添有用的虚拟画面。）

假以时日，我们将可以像搜索文本内容一样搜索真实的物理空间——"帮我找到河边所有面对日出方向的长椅"。我们可以像给互联网页面上添加超链接词一样给物理世界网络中添加物品超链接，这将给人们带来巨大的益处和各样新的产品。

镜像世界本身也有各种趣事和惊喜。它自身奇异地结合真实世界和虚拟世界的双重特性，将会为我们带来现在看来不可思议的游戏和娱乐方式。宝可梦精灵（Pokémon Go）就是一个例子，我们从中可以看到这一平台能够带来的不可限量的探索未知的能力。

这些例子都是初级且微不足道的，和我们早期互联网刚刚诞生时猜想它能带来什么改变时的情况差不多——那时 Compu-Serve 也就是后来的 AOL 还羽翼未丰。这一创造的真正价值将会随着亿万个利用这些原始元素的各种应用的出现而显现出来。

历史上第一个大型的技术平台是万维网，它将信息数字化，用算法的力量驾驭了知识。后来这一平台被谷歌所掌控。第二个大型平台是社交媒体，主要依托移动智能手机来运转。它将人数字化，利用算法掌控了人的行为和社会关系，这一平台主要掌握在脸书和微信的手里。

现在我们正处在第三个大型平台降临的前夜，而这一平台将会把整个世界都数字化。在这个平台上，所有的事物和地点都将可以被机器读取，并能被算法驾驭。谁能掌控这个第三代超大型数字平台，谁就将会是人类历史上最富有、最有权势的人和公司，就像掌控前两代平台的那些人一样。同样，和前两代平台一样，这个新的平台将会为其生态圈内成千上万家企业带来巨大的繁荣，同时也会带来成百上千万个新创意和新问题，这些都是在世界尚未能被机器读取时我们未曾见过的。

我们身边到处都可以窥见镜像世界的一角。关于虚拟与现实世界结合之后不可抵挡的吸引力，或许没有比宝可梦精灵这个游戏更好的实例证明了，这个游戏在真实的户外环境里植入了十分显眼的卡通形象。2016 年这个游戏发布之后，几乎世界各地都能听到游戏玩家在本地公园里抓到宝可梦精灵后发出的"啊！我抓到了！"的欢呼声。

宝可梦精灵这个初级版本的镜像世界，在全世界至少 153 个国家里受到了几亿游戏玩家的热烈欢迎。宝可梦精灵的开发公司 Niantic 是由约翰·汉克（John Hanke）创立的，他曾经是谷歌地球项目的领军人物。如今 Niantic 的总部坐落于旧金山码头旁轮渡大楼（Ferry Building）的二楼。透过办公室巨大的落地窗，可以眺望窗外的海滩和远山。办公室堆满了游戏公仔和拼图，还有一间以轮船为主题的密室逃脱休闲屋。

汉克说，尽管 AR 还带来了其他许多新的可能和机会，Niantic 仍将继续专注于游戏和地图这两个利用这一新技术的最佳领域。游戏是技术孵化的领域："如果你能解决游戏玩家的问题，那你就能解决所有人的问题，"汉克补充说道。

但游戏并非孕育和拼凑镜像世界的唯一沃土。微软是 AR 领域除 Magic Leap 之外的又一强大竞争者，自 2016 年起他们就推出了 HoloLens 系列的 AR 装备。HoloLens 是一款可透视的绑带式 AR 眼镜。打开设备加载完成后，HoloLens 会测绘你所在的房间。然后你可以用手操作悬浮在眼前的虚拟菜单，选择自己想要的应用和体验。其中一个选项是在自己面前呈现一个虚拟屏幕，就像你常用的计算机或电视屏幕一样。

微软对 HoloLens 这款产品的愿景非常简单：这就是未来的办公室。不论身处何方，你都能随心所欲地设定你需要的屏幕数量并用其工作。按照风险投资公司 Emergence 的说法，"全世界 80% 的公司员工没有办公桌"。其中一些员工现在就在工厂和仓库里佩戴着 HoloLens 眼镜，搭建 3D 模型并接受培训。最近，特斯拉提交了两项在工厂生产中使用 AR 技术的专利；物流公司 Trimble 制造了一款搭配了 HoloLens 的安全帽并通过了安全认证。

2018 年，美国军方宣布将采购最多 10 万套升级版本的 HoloLens 用于执行一项非文职的任务目标：在战场上始终领先敌人一步，并"提升杀伤力"。事实上，相比在家，你会更早在工作场合用到 AR 眼镜。（即使是饱受诟病的谷歌眼镜也在向工厂迈进方面取得了长足进展。）

在镜像世界中，万事万物都会有一个孪生映射。NASA 的工程师们在 20 世纪 60 年代就探索了这一理念。他们会给所有送往太空的装备做一个完全一样的备份，这样当数千千米外的太空中的设备出现故障时，他们可以远程排除这些故障。这些备份装备后来演变成了计算机模拟，也就是数字映射备份。

通用电气（GE）作为世界上最大的公司之一，生产了大量复杂的机械设备，一旦出现故障就会危及他人生命，如发电机、核潜艇核反应装置、炼油控制系统、飞机引擎等。在设计、建造和操作这些庞大而又精密的设备时，GE 的工程师们借鉴了 NASA 的做法：一开始他们会给每一台装备制作一个数字备份。以编号 E74 型的飞机引擎为例，它就有一个一模一样的孪生替身。其中每一个零件都可以在立体空间中 3D 呈现，并且在虚拟模型中放入它应在的位置。在不久的将来，这样的数字备份展示将会演变为引擎的动态数字仿真。但这样一个全尺寸 3D 数字模型备份要远比一张电子表格复杂得多。在包含了体量、尺寸和质地等要素之后，它更像是一个物体的数字化身。

2016 年，GE 将自己重新定位为一家"数字工业公司"，其定义为"实体世界与数字世界的结合"。这是其打造镜像世界的另外一种说法。数字映射备份已经提升了使用 GE 装备所进行的生产流程的可靠性，如石油精炼和家电制造等。

微软所做的，是把数字映射备份的概念从单一物体扩展到整个系统。公司使用人工智能技术"为整个工厂车间打造了一个拟真的数字映射备份"。当一台大型 6 轴自动机床出现故障时，还有比通过 AR 可视设备利用和机床同尺寸的数字模型来解决问题更好的办法么？维修工程师可以看到完全模拟真实机器设备的数字模型，并通过研究数字模型来发现可能出现故障的零部件，借助模型找到真实零部件的位置。远在总部的专家可以同时在 AR 设备上看到和维修工程师一样的画面，并给正在实际操作的维修工程师以远程指导。

假以时日，万事万物都将会有一个数字映射。这个过程或许比你想象的要更快一些。家用产品零售商 Wayfair 在其线上的家装产品目录上展示了数百万件商品，但是并非所有的产品图片都是在摄影棚中拍摄的，而是用了三维立体的仿真影像，因为 Wayfair 发现给每件商品制作一个仿真影像的成本要更低一些。如果在 Wayfair 的网站上看一个厨房料理机的图像，你需要特别仔细地观察才能看出来这是一个虚拟图像。如今在浏览 Wayfair 公司网站时，你就可以得见镜像世界的一角。

现在 Wayfair 已经把这些虚拟产品应用到了现实中。Wayfair 的联合创始人史蒂夫·科奈恩 (Steve Conine) 说："我们希望你能坐在家里买家中所需。"他们发布了一款 AR 应用，你可以通过手机摄像头来创造一个数字化的室内空间。之后这款应用可以把 3D 的家居用品放进你的房间，即使你在屋里走来走去，虚拟家具依然会留在固定的位置。你可以一边看着手机屏幕，一边围着这款虚拟家具仔细查看，就跟你在看一件真的家具一样。之后你可以在你的小窝里放一个虚拟沙发，你可以试着把它放在房间的不同位置，并且随心所欲地更换沙发的颜色和材质。最后你得到的商品跟你在屏幕中看到的几乎一样。

根据 Houzz 推出的一款类似的 AR 应用的领军人物莎莉·黄的说法，当顾客在家中尝试这种服务时，他们的"购买意愿会是之前的 11 倍"。AR 领域的风险投资人奥里·因巴尔 (Ori Inbar) 称其是"把互联网从屏幕上转移到了真实世界里"。

想要完全建成一个镜像世界，我们需要做的不仅仅是给万事万物制造一个数字影射。我们还需要为物理世界打造一个 3D 模型来放置这些数字映射。这部分工作在很大程度上会由消费者自己来完成：当有消费者通过某种设备尤其是可穿戴眼镜来注视屏幕时，设备上的小型摄像头会探测绘制消费者所看到的空间。摄像头只是捕捉到一堆又一堆的像素，这本身并没有太大意义。但设备自带或存储在云端的人工智能会赋予这些像素实际的用处。它能精准定位消费者在某个空间中的位置，与此同时它会探测这个空间中还有别的什么东西。这一技术的专业术语是SLAM——即时定位与地图构建（Simultaneous Localization And Mapping），这一技术正在逐步成为现实。

例如，初创公司6D.ai就打造了一个AR应用开发平台，这些应用可以实时识别大型物体。如果我用其中一个应用给一条街道拍照，它会把每一辆车识别为机动车类的物体，把每一个路灯识别为高的物体，同时可以跟旁边的树木区别开来，商铺的门面会被识别为位于汽车后面的平面物体——这一应用会按照有意义的秩序对世界进行分类整理。

这种秩序是连续且互相联系的。在镜像世界里，物体的存在都是彼此关联的。数字化的窗户会存在于数字化的墙上。相比由芯片和宽带所制造的关联，镜像世界中物体之间更多是由人工智能所产生的具有实际逻辑关联的联系。因此，镜像世界同时也会让人们长久以来翘首以盼的万物互联成为现实。

我手机上的另外一款应用，谷歌Lens，同样也可以拆解区分物体。现在它已经可以识别狗的品种、一款T恤的设计或一棵植物的种属。很快这些功能将会被统一整合。当你戴着神奇的眼镜环视自己的客厅时，系统会把整个客厅一块一块拼接起来，告诉你这是墙上的一幅蚀刻画，那里是四种颜色的墙纸，这是一盆白玫瑰，那是一张古董波斯地毯，以及这里有一块合适的空位，可以摆放你的沙发。然后它会告诉你，根据你房间现有的颜色和家具风格，系统推荐你这个款式、这种颜色的沙发，你肯定会喜欢的，同时我们能不能向你推荐这款灯？

增强现实技术是镜像世界的基石。这个看起来还有点笨拙的新生儿将来会长成一个巨人。Leap Motion 是一家为 AR 场景开发手势技术的科技公司，他们的前创意总监松田桂一（Keiichi Matsuda）这样写道："镜像世界可以让你置身其中，而不是置身其外作壁上观。你仍然在场，但是已经处在另外一个现实之中。想象一下当弗罗多（Frodo）戴上至尊魔戒时的情景。镜像世界没有让你脱离真实世界，而是在你跟真实世界之间构建了一种新的联系。"

镜像世界全面开花结果需要等待价格低廉的可永久穿戴的眼镜技术和产品成熟之后。大家猜测现有最大的几家科技巨头中的一个可能会推出这一产品。苹果一直在大量招聘 AR 相关的技术人才，最近又收购了一家名为 Akonia Holographics 的创业公司，这家公司主要从事开发轻薄透明的"智能眼镜"镜头。在 2017 年初的一次财报电话会议上，苹果公司 CEO 蒂姆•库克曾说过："增强现实技术将会改变一切。我认为这具有重大的意义，而苹果公司处在一个可以引领这一领域的特殊位置上。"

但你不需要使用 AR 眼镜，你几乎可以利用任何一种设备。如今你差不多可以使用谷歌的 Pixel 手机实现这一技术应用，只是感官体验上没有使用 3D 眼镜那样真实。即使是现在，像手表或智能服饰这些可穿戴设备也能探测发现尚未完全成形的镜像世界并与之互动。

现在所有接入互联网的事物将来都会接入镜像世界。所有接入镜像世界的事物，也都能看到这个相互连接的环境中的其他事物，同时也被别人看到。手表可以发现椅子；椅子可以发现数字表格；即使手表被衣袖盖住，眼镜也能发现手表；平板电脑可以看到涡轮机的内部；涡轮机可以看到它旁边的工人。

一个庞大的镜像世界的崛起在一定程度上需要依赖现在已经在发生的一种根本性的变化，这种变化就是生活的中心将从手机向摄像头这种已经存在两个世纪的技术的转变。想制作一张和世界一样大的地图同时还是 3D 的，你需要从所有角度拍摄所有的地点和事物，并且不能中断，这意味着你需要在地球的各个角落设置全时开机的摄像头。

我们需要精简摄像头的数量并使其足以定位电子眼的位置，这些电子眼可以被设置在任何地方且无所不在，通过这种做法我们可以打造一个分散式的全覆盖的摄像头网络。就像之前的计算机芯片一样，摄像头每年也都在变得越来越好、越来越廉价、越来越小。你的手机里可能就有两个了，车里还有另外几个。我的门铃里就有一个。这些虚拟眼镜中的大多数就在我们眼前，如放在眼镜上甚至角膜镜片上，这样不论我们人眼看向哪里，看到的画面也都会被镜头捕捉到。

摄像头中重量较大的配件将会持续被毫无重量的软件一点点取代，最后变成一个微型装备可以全天候扫描周边环境。镜像世界将会被光线所掌控，这些光线四处扫描，进入镜头，留下影像，映入人眼，这些无穷无尽的光子不断组成虚拟影像和物体让我们得以从中穿过并感知、触摸。光学定律将实现所有可能。

新的科技将孕育新的超级力量。我们通过喷气式飞机获得了超快的速度，通过抗生素获得了超强的治愈能力，通过无线电波获得了超远的收听能力。镜像世界将使我们获得超级视力。我们将获得像 X 光一样的透视能力，可以通过虚拟数字映射看到物体内部，将物体分解成一个个零件，通过可视的过程梳理其线路脉络。就像之前的人们通过学校学习获得文本知识，从字母到短语一步步学习掌握文字一样，下一代人将会掌握视觉文本。一个受过良好教育的人能够像今天的人打字一样快速在一个 3D 的场景内建造一个 3D 模型。他们知道怎样搜索之前人类创造过的所有视频影像，并利用这些素材呈现自己头脑中的创意而不需要将其付诸文字。色彩的复杂性和视角规则将会被普遍理解掌握，就像如今的语法规则一样。我们将进入一个光子时代。

但还有最重要的一点：机器人也将看到这个世界。实际上，如今的自动驾驶汽车和机器人已经通过这样的方式看见世界了，它们的视角就是在真实世界里加入了一些虚拟的影子。当一台机器人最终可以走上一条繁忙的大街时，在它由芯片构成的眼睛和头脑里出现的就是这条街的数字映射。这个机器人的导航能力将取决于此前所绘制的街道地图，而这个地图就是由设置在路灯和路边消防栓上的 3D 镜头扫描拍摄的画面、市政部门设置交通信号灯的精准位置、店铺店主设置的摄像头所拍摄渲染的人行道和橱窗画面所共同构成的。

当然，和镜像世界中的所有互动一样，这一虚拟王国也是建立在真实世界上的一个虚拟图层，因此机器人也能够看到街上行人的实时动作和走向。对自动驾驶汽车来说也是如此。它们将依靠平台所提供的完全数字化的道路地图和车辆影像。大多数物体实施移动的影像都是通过其他车辆在道路上行驶时进行拍摄提供的，所以机器人所看到的影像将会即时上传到镜像世界中供其他机器使用。当一个机器人在观察外界时，它既是在为自己看，同时也是在为其他机器人提供视觉画面。

在镜像世界里，同样也会嵌入虚拟形象。不论机器、动物、人类，还是外星人都会有一个虚拟的 3D 全息外形影像。在镜像世界里，像 Siri 和 Alexa 这样的虚拟服务也会有一个 3D 的可视形象。它们的眼睛将内嵌在全世界数字矩阵中数十亿个电子眼中。它们不仅能听到我们的声音，还可以通过观察我们的虚拟形象看到我们的动作甚至捕捉我们的微表情和情绪。它们还可以通过自己的具体形象——不论面容还是肢体——增加与我们的互动。

镜像世界会成为我们与人工智能接触、互动的平台，这正是我们所迫切需要的，否则人工智能只能是虚无缥缈的一种存在。

我们还有另外一种方式来看待镜像世界中的物体。它们可以有双重用途，在不同的世界中扮演不同的角色。"我们可以拿起一支铅笔把它当作魔法棒。我们可以把桌子变成触摸屏，"松田桂一这样写道。

我们不但能够随心所欲地改变物体的位置和角色，同样还能操控时间。打个比方，假如我正沿着哈德逊河（Hudson River）散步时，看到了一个鸬鹚的鸟巢，这正是我的鸟类观察爱好者朋友一直感兴趣的，于是我就在路边给她留了一个虚拟的便条。这个便条会一直在那儿，直到我的朋友有天从那里经过。我们在宝可梦精灵游戏里就能看到这样的场景：一个虚拟的卡通精灵会一直停在一个真实世界的位置上等待着被人发现。在镜像世界里，时间也是一个可以被操控的维度。这一点跟真实世界不同，而是更像软件世界中的情况，你可以随意拖动进度条回顾从前。

历史将成为一个动词。你只要随手一挥就可以让时间倒流，在任何一个地方都能回看之前发生过什么。你可以在当今现实世界的基础上，重新构建当地19世纪的图景。在某地回顾之前的历史时，你只需要从日志中载入从前的备份即可。整个镜像世界就像一份Word或Photoshop文档一样，你可以不停"撤回"。或者你也可以向前拖动进度条。艺术家们可以在现场为所在的地方创建未来的场景。这种高度仿真的构建世界的方式将是革命性的。这些向前拉动进度条的情形也有相当厚重的真实感，因为这些都是在眼前完整的真实世界的基础上创造的。从这个角度来看，镜像世界的最佳定义其实是一个4D世界。

就像之前的网页和社交媒体，镜像世界也会逐步展开和壮大，并产生意想不到的问题和意料之外的好处。我们先从商业模式的角度来看。我们会通过广告链接来快速启动这个平台么？我想很可能会的。我的年纪刚好经历了互联网在允许商业活动之前的样子，我还记得，那时的互联网过于破落，几乎看不到增长的前景。因此一个没有商业广告的镜像世界既不现实也不是我们想要的。但是，如果它唯一的商业模式就是一门争夺我们注意力的生意的话，那这将变成一场噩梦，因为在这个世界里，我们的注意力将被更多地追踪和引导，也就更容易被影响和利用。

从宏观的角度来看，镜像世界将会展现递增效益的关键特点。越多人使用，它就能变得越好。它变得越好，就有越多人使用，如此循环往复。这种自我强化循环就是平台的核心逻辑，这也是为什么像网页和社交媒体这样的平台能够发展得如此迅速和如此庞大。但这种效应还有一种广为人知的效果就是赢家通吃。这也是平台上为什么只有一两家企业占据绝对主导的地位。我们现在还在努力，试图找到应对这种自然垄断的办法，诸如脸书、谷歌和微信这样奇特的新型巨兽同时具备了政府和企业的特征。让局面更加混乱不堪的是，所有这些平台都还同时集合了中心化和去中心化的特点。

长远来看，镜像世界只能将自己定位成一种基础工具，就像水、电或宽带一样的基础资源一样，我们需要定期支付这笔经常性费用，类似一种签约服务。如果我们相信自己可以从这个虚拟空间中获得真实的价值，那我们会很愿意支付这笔费用。

镜像世界的出现会在个人层面对我们每一个人产生深远的影响。我们知道流连于双重世界之间会对我们的身体和心理造成影响，从过去在网络和虚拟现实生活的体验中我们已经得到了教训。但我们并不清楚这些影响具体会是什么，更别提去提前做好准备应对或避免它了。

最大的困境在于想要了解 AR 运行原理的唯一方式，就是去打造一个 AR 世界并置身其中去亲身体验。这是个诡异的循环：这项技术本身就是观测这一技术效果所需要的显微镜。

有些人对新技术会带来新风险的观点感到十分不安，当我们可以采取预防性原则时，会主动放弃这些风险，这条原则就是如果不能证明新技术是安全的，那就应该禁止。但这条原则是不切实际的，因为我们目前所使用的不断迭代的技术更不安全。每年有超过 100 万人在道路上死于交通事故，但当自动驾驶造成 1 个人死亡时我们就对其大加鞭挞。在美国，社交媒体对政治生态的不良影响让我们抓狂，但电视台的党派立场对选举的影响要远远超过脸书。镜像世界必然也将处于这种严苛的双重标准评判之下。

镜像世界的许多风险很容易预测，因为它们跟现有平台存在的问题并不会有太多不同。例如，我们需要在镜像世界中建立防治假新闻，阻止非法篡改，监测流氓插件，删除垃圾邮件，防范安全风险的机制。在理想状态下，我们可以通过向全员开放参与的方式实现这一目标，而不需要一个垄断公司之类的"老大哥"来监视和掌控一切。

人们已经在探索区块链技术的应用场景，这项技术可能就是为了建设一个开放、公平的镜像世界而生的。许多人正满怀热情地为了这一可能性而努力着。然而，我们不难想象一个高度中心化的镜像世界会是什么样子，而这个中心很有可能就是政府。对此我们依然还有选择。

我所采访过的这一领域的专家学者，无一例外都提到了对这些可能存在的歧途的高度警惕，以及建设一个去中心化镜像世界的目标——这其中有许多原因，但最主要的是一个去中心化的开放平台将会更加丰富，也更加强健。谷歌负责 AR 和 VR 业务的副总裁克莱·贝沃尔（Clay Bavor）说："我们想要开发一种开放式的服务，每次用户使用后，这项服务都会变得更好，就像之前的网页服务一样。"

镜像世界将引发对个人隐私的强烈担忧。毕竟，镜像世界需要设置数十亿颗电子眼，日夜不停扫描绘制世界各个角落的图像。镜像世界中的电子眼和各种感应器会产生海量的数据，这些大数据的规模是我们现在所无法想象的。想让这个庞大的数字空间正常运转，就必须将数字映射和真实世界中的万事万物即时同步，同时即时渲染供亿万用户随时观看的画面，要实现这一点，我们就不得不像一个监控型国家一样追踪每个人和所有事物。

我们会本能地对这样的大数据心生抗拒。我们能想象出它可能带来的所有危害。但大数据也有一些造福我们的方式，其中最主要的一个就是镜像世界。该如何驯服大数据，让它能给我们带来更多好处而承受更少的损失，目前来看还是一条不确定的、复杂和不那么清晰的道路。

但我们已经有一些经验可以指导我们该如何看待和应对镜像世界。好的方法包括强制任何经手大数据的团体和个人必须保持公开透明并可以被追责；信息流全程同步备份，这样查看信息的人同时也被别人监察；坚决主张数据的制造者也就是你和我必须从系统中获得明确收益，包括经济收益。对于找到一个合适的办法来处理这些无处不在的数据我感到非常乐观，因为镜像世界不是唯一一个积累大数据的地方。大数据会无处不在。我希望镜像世界作为一个全新的开始，我们能够从一开始就把这个问题弄清楚。

从互联网最初萌芽开始，数字世界就被视为一个没有实体的赛博网络空间，这个无形王国是跟真实世界分隔开来的，因此和物理世界不同，这个电子空间可以拥有自己专属的规则。在很多方面，虚拟世界和真实世界确实有两套平行运行、永不相交的准则。在虚拟世界中有一种无限的自由感，可以摆脱物理形式的束缚：这里没有摩擦力、重力、势能和一切束缚我们的牛顿物理规则。谁不想躲进网络空间成为一个最好（或最坏）的自己呢？

镜像世界改变了这种认知和局面。在这里虚拟和现实不再是割裂开来的两个空间，这一新的平台将两者融合在一起，数字信息和原子构成的物质水乳交融。你要通过跟物理世界互动来实现跟虚拟世界互动，你需要调动肌肉、运动你的身体来完成这个过程。罗马广场上举世闻名的喷泉的相关信息可以在真实的罗马喷泉上看到。要解决一个 180 英尺（约 54.86 米）高的风力发电机的故障，我们可以利用它的数字映射来完成。在浴室里拿起一条浴巾，你可以把它变成魔术斗篷。我们会习惯一个现实，就是万事万物都有与之对应的存在，每个原子都有其数字映射，而每个数字映射都有其对应的物理存在。

我认为，镜像世界要想发展到能让成百上千万用户使用的程度至少还需要 5000 天，之后还需要几十年的时间逐渐发展成熟。但我们现在距离见证这个伟大平台的诞生只有一步之遥，我们已经可以大略想象它的特征和细节了。

这个互相融合的世界将一步步发展到跟我们所住的星球一样大小。这将是人类最伟大的成就，它将会创造新的财富量级，也会制造新的社会问题，同样会给数十亿人带来不可估量的新机遇。如今还没有谁是创造这个新世界的专家。你现在加入还为时未晚。

互动 Interacting

　　虚拟现实（Virtual Reality, VR）是一个虚构的世界，但人在其中的感受是完全真实的。当你在一个巨大的 IMAX 屏幕前伴着环绕立体声观看一部 3D 电影时，就能对虚拟现实有些许体会。那时，你将完全沉浸在一个不同的世界中，这也正是虚拟现实想要实现的目标。但这并非完全的虚拟现实，因为当你在剧院中，想象力延伸到别的地方时，身体却停留在原地。你仍然感觉自己坐在一把椅子上。实际上，在剧院里，你必须待在座位上，被动地向前看，才能让沉浸其中带来的魔力发挥作用。

　　更为先进的虚拟现实体验可能类似于尼奥在电影《黑客帝国》中的经历。虽然尼奥是在计算机世界里跑跳，并与一百多个克隆人打斗，但是他的感受是完全真实的，甚至可能达到超真实——比真实体验还真实。他的视觉、听觉和触觉完全被合成的计算机世界劫持了，以至于无法觉察出这个世界的不自然。比这个更先进的虚拟现实模型则是《星舰迷航》中的全息甲板。在那个虚构的世界里，物体和人的全息影像投影十分真实，甚至还是可以触碰的实体。按照自己的意愿进入一个模拟环境是科幻作品中经常出现的梦想，它似乎早该实现了。

虚拟现实技术水平正处于初级的 3D 模式 IMAX 电影和终极全息甲板模拟之间。现在，虚拟现实技术就可以让你到马里布（Malibu）市一个亿万富翁的豪宅里穿行，每个房间里都塞着满满的物品，感觉就像你真的在那里一样，而实际上你不过戴着一顶头盔，待在 1000 英里（约 609.34 千米）以外的一个房产经纪人的办公室中。一旦戴上这种特殊的头盔眼镜，你还可能进入一个幻想的世界，那里有独角兽在奔腾，而你则会真实地感觉到自己在飞翔。又或者你坐在一个办公室隔间，里面漂浮着各种触控屏幕，还有远在别处的一名同事的化身在一旁和你说话。在每种情境下，你都会十分强烈地感到自己确实身处在那个虚拟世界里，很大一部分是因为你可以做各种事情——环顾四周，沿着任何方向自由移动，移动物体——这会让你相信自己真的在那里。

最近，我有机会将自己沉浸在众多虚拟世界的原型中，其中最好的原型已经可以让人感受到一种难以动摇的现场感。当你讲故事时，提升故事真实感的通常目的就是让人们停止怀疑；虚拟现实的目标则不是阻止人们持有某种信念，而是要增强这种信念——如你正处在别的地方，甚至你是另一个人。即使聪明的大脑能够清楚地意识到你实际上正坐在一把转椅上，但是嵌入到虚拟现实中的"我"将会让你相信自己正在沼泽地里艰难跋涉。

　　过去十年，发明虚拟现实的研究人员为呈现强烈的现场感设定了一种标准的演示方式。体验人员站在一个真实的等候室中央，等候虚拟现实演示，房间里平淡无奇，只有一副大黑眼罩放在凳子上。体验人员戴上眼罩后，立即就会进入到所处房间的虚拟版场景中，里面有同样普通的嵌板和椅子。从他们的角度看，并没有发生什么改变，他们环顾四周会发现，通过眼罩看到的场景只是稍微粗糙一点。但是，房间的地板开始慢慢地下降，只留下体验人员站立的那块木板，最后体验人员站立的那块木板漂浮在下降的地板上空30米高的地方。体验人员被要求走下那块木板，而木板已经悬浮在一个极其真实的深坑中了。几年来，这一场景的真实感得到了增强，使体验人员如今的反应几乎完全在预料之中。他们要么无法移动脚步，要么在微微前移时浑身发颤，手心冒汗。

　　当我陷入这个场景中时，脑袋也晕了。我的意识思维始终在悄悄提醒我，自己正在斯坦福大学研究实验室的一个昏暗的房间里，但是我的原始思维已经劫持了我的身体。它坚持认为我正待在一块十分狭窄的木板上，悬在很高的空中，必须立即返回到木板上，马上！我对高空的恐惧开始体现出来。我的膝盖开始哆嗦，恶心得快要吐了。然后我做了件愚蠢的事情。我决定跳出木板，落到虚拟世界中木板下方附近的窗台上。但很显然，根本没有什么"下方"，所以我真正的身体扑在了地面上。然而，我其实是站在地面上的，下落时被真实房间里的两个观察员接住了，而他们站在那里就是准备接我。我的反应是完全正常的，几乎每个人都会这样跳下来。

　　完全逼真可信的虚拟现实即将实现。但是与以前我对虚拟现实的认识还是有些偏差的。1989 年，我一个朋友的朋友邀请我来到他在加利福尼亚州雷德伍德市的实验室，见识一下他发明的一些工具。所谓的实验室其实就是一幢办公大楼里的几个房间，只是少了很多桌子。四周的墙面覆盖着一层布满电线的氯丁橡胶，挂着镶满电子元件的大手套以及成排用布基胶带捆扎的泳镜。我去见的人叫杰伦·拉尼尔（Jaron Lanier），他有着值得夸耀的齐肩金色小辫子。我不确定会发生什么，但拉尼尔向我保证会有一种全新的体验，他称之为虚拟现实。

几分钟后，拉尼尔递给我一只黑色手套，有十几条电线从手套的指头上迂回延伸到房间另一边的一台普通个人计算机上。我戴上手套后，拉尼尔将一组由各种电线缠绕悬挂着的黑色眼罩戴在了我的头上。还有一根粗粗的黑色电缆从头上的设备里延伸出来，顺着我的后背，最终连到他的计算机上。一旦我的眼神专注到这个眼罩里，我就进入了另一个世界。我所处的地方沐浴在淡蓝色的散漫光束里，我可以看到我戴手套的位置有一个卡通版的手套形象，而这个虚拟的手套会与我的手同步运动。它现在是"我的"手套了，而且我（亲身而不是在脑海中）强烈地感觉到自己并不是在办公室里。随后，拉尼尔也用他自己的头盔和手套，以一个女孩化身的形象进入到自己发明的世界里。凭借这个美妙的系统，你可以将你的化身形象设计成任何你想要的样子。于是，在 1989 年，我们俩首次进入了双方共同的梦幻空间中。

拉尼尔推广了"虚拟现实"这个词汇的使用，但在 20 世纪 80 年代末期并不是只有他一个人在进行沉浸式模拟的研究。一些大学、新兴公司以及美国军方都研制出了类似的原型机，只是在实现上述现象时的方法稍有不同。当我进入到拉尼尔的微观世界里时，我感到自己已经看到了未来的发展，我想让尽可能多的朋友、同行专家都来体验一下。借助我主编的杂志(《全球概览》),我们组织了虚拟现实设备的第一次公开演示,参展的有 1990 年秋天时已经开发出的各种虚拟现实设备。在星期六中午到星期天中午的 24 个小时里,任何一个买票的人都可以排队体验多达二十几种虚拟现实原型机。这令人着迷的设备给人留下强烈的印象,让人们感到近乎完全真实。这些模拟过程是真实存在的。虽然画面粗糙了些,还会经常出现卡顿,但预期的效果是无可争辩的——你感觉自己到了另外一个地方。威廉·吉布森[1](William Gibson)这位大有前途的科幻小说作家甚至通宵体验了这种网络空间。第二天早上,当被问到如何看待这些通往虚构世界的新入口时,他第一次给出了如今广为人知的那句评论:"未来已经到来,只是尚未流行。"

然而,虚拟现实的发展旅程极不平坦,它衰退了。人们期待的下一步发展从未发生。包括我在内的所有人都认为虚拟现实技术将会在 5 年内变得无处不在,最晚也会在 2000 年之前。但是直到 2015 年,杰伦·拉尼尔的先驱工作开展了 25 年之后,虚拟现实技术仍没有任何实质进展。虚拟现实技术发展的主要问题在于近乎逼真,但并不足够逼真。当在虚拟现实情景里停留 10 分钟以上时,画面的粗糙和动作的卡顿会引发体验人员的恶心不适。想要让虚拟现实设备足够强劲、流畅地运行,并且让人感到舒适从而避免恶心感,需要投入数千万美元的费用。因此,虚拟现实技术仍然远离消费者的视野,而且即使对那些依赖开发虚拟现实内容来刺激虚拟现实设备购买的新兴公司开发人员而言,虚拟现实技术似乎也是可望而不可即。

---

1 威廉·吉布森(1948–),美国作家,科幻文学的重要代表人物。其处女座《神经浪游者》(*Neuromancer*)于 1984 年推出即引起轰动,并一举拿下雨果奖、星云奖等重量级科幻奖项。——编者注

然而，25 年之后一个最不可能的救世主出现了，那就是智能手机！全球市场上智能手机的巨大成功推动其高分辨率屏幕质量的提升，同时降低了成本。就尺寸大小和分辨率而言，一套虚拟现实眼罩的屏幕的要求基本上与一个智能手机屏幕相差无几，所以现在的虚拟现实头戴设备的制造技术基本出自便宜实惠的手机屏幕的制造技术。手机内置的动作传感器的表现同样在不断提高，成本在不断降低，直到它们可以被虚拟现实技术借用来追踪头部、手部，以及身体的极其细微的动作变化。实际上，由三星公司和谷歌公司研制的供消费者使用的第一代虚拟现实原型机就是将普通手机装入一个空的头戴式显示器里。当你戴上三星公司的 Gear[1] 虚拟现实机并看着手机时，你的动作会被手机追踪，手机会把信息发送到虚拟世界里。

不难想象，虚拟现实技术将很快会在未来的电影领域大展拳脚，尤其是那些"激动人心"的电影题材，如恐怖片或惊悚片——此类电影的故事本身就会让人全身心地投入。我们也可以很自然地预料到虚拟现实技术在电子游戏领域将会占据重要地位。毫无疑问的是，将会有亿万名干劲十足的游戏玩家急忙地穿戴好服装、手套和头盔，然后被传送到一个遥远的地方，在那里他们可以隐藏、射击，以及独自或与朋友们一起探险。当然，现今推动消费者版虚拟现实技术发展的主要投资方就来自游戏产业。但虚拟现实技术的应用领域绝不仅是在游戏方面。

现场感和互动效果是推动当前虚拟现实技术快速发展的两大亮点。"现场感"是虚拟现实技术的主要卖点。电影拍摄技术发展史上的所有变革最终

---

1 日本任天堂公司于 2006 年推出的第五代家用游戏机，其第一次将体感引入游戏，具有革命性意义。——编者注

都转化为提升现实感,先是从声音效果方面,再到视觉颜色、3D模式,以及更快的帧速率。在虚拟现实技术领域,这些趋势得以进一步加速发展。每一周都会有进步,屏幕的分辨率在增加,帧速率在提升,对比度在加深,色彩的空间在拓宽,高保真的声音在变锐,所有这些提升的速度都要比大荧幕上提升得更快。也就是说,虚拟现实技术要比电影更快接近"现实"。用不了十年,当你体验尖端水平的虚拟现实显示器时,你的眼睛会被蒙蔽,你会以为自己正在通过一个真实的窗户观看一个真实的世界。那个场景会是明亮的,没有闪光,没有肉眼可见的像素点。你将会十分确定地感觉到那就是绝对真实的世界,只不过它并不是真的。

第二代的虚拟现实设备用一种新研发的"光场"(light field)投射技术取代了屏幕。(第一版商用光场设备是由微软制造的Hololens和由谷歌资助研发的Magic Leap。)基于这种技术设计的虚拟现实设备能直接将影像投射到眼睛里,所以你无须佩戴黑色的眼罩设备。投射出的"现实场景"可以与你不戴眼罩时看到的现实场景进行叠加,你可以站在你的厨房里,看到机器人R2D2[1]以绝对清晰的形象站在旁边。你可以在它四周走动,或者走近一点,甚至可以移动它并仔细检查,而它会始终保持它的真实可见。这种场景的叠加被称为增强现实(Augmented Reality,AR)。因为人工场景是添加到你看到的现实世界场景中的,所以相比先前将这些场景放到你眼睛旁边的屏幕上,你的眼睛会更深层地聚焦,以至于这种技术引发的错觉有很强的现场感。你几乎会发誓说那些东西真的在那里。

---

1 电影《星球大战》中的经典机器人角色。——译者注

微软设想利用有光场技术的增强现实设备建造未来的办公室。员工们无须坐在隔间里面对一墙的监控屏幕，他们只需戴上Hololens坐在一个开放的办公室里，就可以看到四周墙面上的各种虚拟屏幕。或者，他们轻轻一点，就会被传送到一个3D会议室，与生活在不同城市中的十几名同事讨论问题。又或者，他们点击进入一个训练室，在那里有导师会带领他们完成急救课程，引导他们的化身学习正确的操作步骤。"看到怎么做了吗？现在你来做一遍。"大多数情况下，这种增强现实课程的效果要优于现实世界中的课程。

增强电影的现实感在虚拟现实领域比在电影领域发展得更快，是由于头戴式显示器的巧妙应用。想要在巨大的IMAX电影屏幕上填充适当的分辨率和亮度以便让你觉得那是通往现实的窗口，需要非常大量的计算和很高的照明要求。在一块60英寸（约1.52米）宽的屏幕上营造屏幕清晰可见的现实场景是一项难度相对较小的挑战，但仍然让人生畏。如果只是在你面前的小面罩上呈现具有同样画质的小画面，就要简单得多。头戴式显示器会追随你的目光进行调整——它总是在你的眼前，所以你会始终看到完整的模拟现实场景。因此，如果在这个小屏幕窗口上营造出完整、清晰的3D影像，并保证无论你看向哪里，影像都在你视野里，就可以创造出基于虚拟现实设备的虚拟IMAX影像。因为设备固定在你的头上，所以无论你将目光移向屏幕上的任何地方，这个模拟的现实场景都会追随你的目光而改变。事实上，整个360度的虚拟世界都是以同样极端清晰的形象呈现的，就如同你眼前的东西一样。另外，由于人眼前的呈现区域很小，在小范围上实现画质的提升要简单得多，成本也更为低廉。一小块屏幕就能够营造出颠覆性的现实感。

但虚拟现实技术的亮点不仅仅是"存在感"，另一个让它经久不衰的魅力源于它的互动效果。当我们佩戴虚拟现实设备时是否舒适或是否会出现不适，这一点还未明确。谷歌眼镜（我也尝试过）比墨镜大不了多少，是非常温和的增强现实设备，然而大多数人在使用首个版本时仍感到很麻烦。现场感会将用户带入虚拟世界，但是虚拟现实设备的互动效果才是决定用户体验的要素，各个层面上的互动效果还会扩散影响到这个技术构造的虚拟世界的其他方面。

十几年前，《第二人生》（*Second Life*）是网上冲浪时一个颇为流行的去处。《第二人生》的成员会创造一个完整的化身，在这个与他们"第一人生"相对的镜像模拟世界里活动。他们花大量时间用精美的服饰把自己的化身形象打扮成时髦人士，并与其他成员的惊艳化身开展社交活动。成员们用其化身建造超级华美的房屋，装扮光鲜地泡酒吧、跳迪斯科。这个世界里的环境和化身都是以全 3D 形式创造的，但受限于当时的技术，成员们仅能通过他们台式计算机屏幕以 2D 形式浏览这个世界。（2016 年《第二人生》以 3D 形式开启新的篇章，项目代号为"Project Sansa"。）化身们在互相交流时，脑袋上方会漂浮着带有文字的气球，文字内容则由拥有者键入，就像是在一本漫画书里穿行。这种笨拙的互动界面抑制了人们产生深层次的现场感体验。《第二人生》的主要魅力就在于它是一个完全开放的空间，可以自由构建准 3D 的环境。你的化身在空荡的平原上行走，就像是处于举办"火人节"的荒芜之地，你可以着手建造最酷或最离奇的建筑、房间，甚至荒野。物理规律可以被打破，材料是免费的，任何事情都是可能的。但是想掌握这晦涩的 3D 工具，需要花费几个小时学习。在 2009 年，瑞典的一家游戏公司以准

3D 的形式设计了一个类似的建造世界的游戏，即《我的世界》（*Minecraft*），但它采用了傻瓜式的建筑积木，可以像大号的乐高积木一样进行堆放。由于学习游戏的过程并非必须，大量喜爱搭建的玩家投入到《我的世界》里。

《第二人生》的成功是由于它为具有创造力的志趣相投者提供了社交环境。但是当这种社交魔力迁移到移动互联网世界中时，没有哪个手机有足够的计算能力来运行《第二人生》那种复杂的 3D 情景，所以大多数用户离开了它。有大量用户转投《我的世界》，因为它粗糙的像素式界面允许其在手机上运行。直到 2016 年，仍有数百万的用户钟情于《第二人生》，而且每小时都有大约 5 万个化身在这个由用户构造的想象世界里漫游。他们中有一半的人是为了虚拟恋爱而来，这更多地依赖于游戏的社交成分而非现实感。多年前，《第二人生》的创始人菲尔·罗斯戴尔（Phil Rosedale）开办了另一家有关虚拟现实的新公司，尝试利用一个开放的模拟世界中的社交场景，创建一种更为真实可信的虚拟现实。

我造访过罗斯戴尔取名"高保真"（High Fidelity）的创业公司。正如公司名所蕴含的意思一样，他们的项目目标就是提升虚拟世界的真实感，保证数千或数万个化身可以同时在线，创造一个繁荣、逼真的虚拟城市。杰伦·拉尼尔首创的虚拟现实场景允许同时有两个体验者进入。我自己及每个体验过的人都注意到，在虚拟现实中有其他人存在这件事要比里面的其他事物更为有趣。2015 年再次体验后，我发现各种虚拟世界中最棒的那些的深层次的现实感并非来自最高的像素，而是来自大量其他人的参与。为此，"高保真"项目正在探索一种巧妙的方式——充分利用便宜实惠的传感器的追踪能力，在虚拟世界中模仿再现你目光的注视方向。它追踪的不仅是你转头的方向，还包括你眼睛转动的方向。头戴式设备中内嵌的迷你摄像机会追踪你真实的眼睛，并且将你目光注视的准确方向转移到你的化身上。这意味着如果有人对你的化身说话，他们的眼睛就会盯着你的眼睛，你的眼睛也会盯着他们的。即使你在移动，需要对话的人在转动他们的脑袋时，眼睛也会继续锁定在你的眼睛上。这种眼神交流有巨大吸引力，它能促进亲密感的产生，并延伸为一种可感受的现实感。

尼古拉斯·尼葛洛庞帝（Nicholas Negroponte）是 MIT 媒体实验室的负责人。他在 20 世纪 90 年代时就曾戏谑地说男厕所的小便池比他的计算机还聪明，因为便池知道他就在那里，并会在他离开后冲水，但即使他在计算机前面坐上一整天，计算机都不会察觉。今天，这种情况依然存在。多数时候，笔记本电脑、平板电脑不会意识到拥有者是否在使用它们。随着虚拟现实头戴设备中便宜实惠的眼动追踪设备逐渐普及，这种情况正在转变。现在有很多手机具备了眼动追踪技术，使得手机可以准确地了解你在看屏幕的哪个位置。眼动追踪技术可以有多种应用途径。它可以加速屏幕导航，因为在你用手指或鼠标点击一个地方前，你的眼睛通常已经先在注视一些东西了。通过统计几千人的视线在屏幕上停留的时间，软件可以绘制出一张图，显示人们的注意力在哪些区域停留更多，在哪些区域停留更少。一个网站拥有者可以借此了解首页中哪些部分是人们真正关注的，哪些部分人们一扫而过，并利用这些信息来改善网站设计。一个 App 开发人员可以通过访问者的视线停留模式找到这个界面中哪些部分引起了过多注意，总结需要修复的问题。安装在汽车仪表板上时，眼动追踪设备同样可以用来侦测驾驶人员是否打瞌睡或走神。

现在，任何一个屏幕上看向我们的这些"小眼睛"都可以学习一些额外的功能。首先，它们学习侦测人脸的大致轮廓，这在数码相机中已经被用以辅助聚焦。然后，它们学会侦测特定的脸部——例如你的脸——用作身份识别的密码。你的笔记本电脑会"盯着"你的脸部，并识别你眼睛的虹膜，以便在它开机前确定是你本人在操作。MIT 的研究人员已经让机器上的"眼睛"学会了侦测人类的表情。当我们看着屏幕时，屏幕也在看着我们，侦测我们在看哪里，以及如何反应。MIT 实验室的罗莎琳德·皮卡德（Rosalind Picard）和拉娜·艾尔·卡利欧比（Rana el Kaliouby）研发出一种软件，可以精准地洞察人类的情绪，他们称它可以侦测出一个人是否抑郁。它可以辨别出约 24 种不同的情绪。我曾经有机会体验了一次这款软件的测试版，皮卡德在自己的笔记本电脑上将其命名为"情感技术"。计算机面盖上的那个"小眼睛"紧盯着我，可以准确地判断出在阅读一段难懂的文字时我是否感到困惑或是否在认真阅读。当我在看一段较长的视频时，它可以区分出我是否走神。因为感知过程是实时的，这个智能软件可以根据我浏览的内容进行自动调整。例如，我在看一本书时皱眉了，代表我对一个词语存在困惑，这时文档就会展开定义解释；当它发现我在重新读同一个段落时，它可以为那个段落补充一些注释。同样地，如果它发现我对一个视频中的某个场景厌倦了，它可以跳过这个场景，或者快进过去。

我们为设备配置了各种感官功能，如视觉、听觉和触觉，这使得我们可以与它们进行互动。它们将不仅知道有人在那里，还将知道是谁，以及那人的心情如何。当然，商人们十分想要获得我们情绪的量化数据，但这些信息也能直接服务于我们，使我们的设备可以"敏感地"对我们做出反应，就像我们期待一个好朋友会做的那样。

在 20 世纪 90 年代我曾经与摇滚作曲家布莱恩·伊诺（Brian Eno）有过一场关于音乐技术迅速转变的谈话，其中着重讨论了音乐技术从模拟制式奔向数字制式的话题。伊诺的成名源于他发明了我们现在的"电子音乐"，因此当我听说他放弃了大量使用数字乐器时还是很吃惊的。他主要的不满在于数字乐器上萎缩的互动界面，例如，小小的把手、拨片，或者方形黑盒上安装的微小按键。他只能通过手指的移动来与这些乐器互动。相比之下，有触感的琴弦，桌子大小的键盘，或者传统模拟类乐器可供拍打的结实表面，这些都可以为身体提供与音乐微妙互动的机会。伊诺告诉我，"计算机的问题在于没有足够的非洲元素。"他这样说的意思是，与计算机互动时只使用按键，这就像是跳舞只用手指尖，而人们在非洲时会用全身来舞动。

嵌入式的微型传声器、摄像机及加速器将一些非洲元素注入到设备里。它们提供的形象化特征，让设备能够听到我们，看到我们，感受到我们。快速滚动你的进度条，拿着一个 Wii 挥动你的手臂，晃动或倾斜一个平板电脑，让我们把双脚、手臂、躯干、头部都像手指一样都动起来。是否有一种方式允许整个身体参与进来，推翻键盘的专权呢？

一个可能的答案首先出现在 2002 年的电影《少数派报告》（*Minority Report*）中。导演史蒂芬·斯皮尔伯格希望在电影中展现人们在 2050 年时可能的生活情境，所以他召集了一批技术专家和未来学家进行头脑风暴，以便构想出 50 年后日常生活的基本特征。我是受邀团队中的一员，我们的工作就是描述将来的卧室环境、未来的音乐，更为关键的是，要畅想"到了 2050 年我们是如何在一台计算机上工作的"。有一个普遍的共识是，我们将会用整个身体和所有的感官与我们的机器进行交流。我们在其中已经加入了非洲元素，那就是站着工作而非坐着工作。很快，我们就有了不同的看法——或许我们还应该加入一些意大利元素，那就是用双手与机器交流。约翰·安德考福勒（John Underkoffler）也是我们团队中的一员，他来自 MIT 媒体实验室，他对这个场景的想法远远走在了我们前面，他构想出一种使用手部动作控制可视化的数据的工作原型机。安德考福勒的系统设想最终被电影场景采纳——例如，汤姆·克鲁斯扮演的那个角色站在那里，举起他那戴着类似虚拟现实手套的双手，来回移动治安监控数据的组块，就像是在指挥音乐；他在与数据一起舞动时，还会不时发出声音指令。6 年以后，电影《钢铁侠》（Iron Man）也采用了这种展现方式。主角托尼·史塔克也会舞动他的手臂来指挥计算机投射的虚拟 3D 化数据影像，像抓沙滩排球一样抓它们，或者把一组信息当作实体一样旋转。

上面的情形是电影效果，但将来真正的交互界面也很有可能会需要我们动用手掌以外的身体部分。把你的手臂展开置于身前持续一分钟以上，也是种不错的有氧运动。为了扩大运用范围，交互过程将会变得很像用手势语言交流。将来的办公室职员将无须敲击键盘——哪怕是一个花哨亮丽的全息影像键盘也将是多余的——人们将会用新发明的一套手势语言与设备互动，那种语言与我们现在使用的交互手势有些类似，例如，我们现在会通过手指的对捏将影像变小，而手指的张开则可将影像扩大；当我们的手指摆出两个"L"交错的方框造型时，代表我们在像照相机一样取景并选定一些事物。现在的手机几乎可以完美地实现语音识别（包括实时翻译），所以语音将是我们与设备互动的主要方式。如果你想知道 2050 年时人们与便携设备是如何互动的，可以设想这样一幅生动画面——人们仅使用自己的眼睛就能从屏幕上快速闪过的一堆选项中做出明确的"选定"，慵懒地发出一个勉强听得见的咕哝声就能代表确认选项，并且手掌还在膝盖或腰部附近快速地摆动。在未来，一个人喃喃自语，同时手掌还在身前舞动，就代表他正在用计算机工作。

不仅是计算机，所有的设备都需要互动。如果什么东西不能实现互动，那么它就会被当作是坏掉了。在过去的几年里，我一直在收集一些以"数字时代中长大的一代人的行为表现"为主题的趣闻轶事。举个例子，我的一个朋友有个不到五岁的小女儿，就像如今的许多家庭一样，他们家没有电视机，只有计算机屏幕。有一次朋友带着女儿到另一家人那里做客，而碰巧那家人有电视，他的女儿就被大屏幕吸引了。她走向电视，在下方四处寻找，然后看看电视后面，问道："鼠标在哪里？"一定得有种方式与这个电视互动吧！另一位朋友的儿子在两岁时就已经开始接触计算机了。有一次她和儿子在一家杂货店里购物，她站在那里解读一件商品的标签。儿子提示说："点击它一下就行了。"当然，（在孩子的认知中）这个谷物食品盒子应该是可以互动的！一位年轻的朋友在一个主题公园里工作，有一次，一个小女孩给她照了张相，照完后，她告诉公园工作人员："但这并不是真正的相机啊，它的背面并没有显示照片。"还有一位朋友，她的女儿刚刚学会说话就接管了他的iPad，还没怎么学会走路，就可以用 iPad 里的 App 画画，并用 App 轻易地处理一些复杂的任务。有一天，朋友将一张高分辨率的照片打印到相纸上，并将照片放在咖啡桌上。他注意到女儿走上前去，努力拖放照片想使它变大。她尝试着拖放了几次都没有成功，然后困惑地看着他："爸爸，坏了。"就是这样，如果什么东西不能互动，那么它就是"坏"的。

即使是我们能想到的最死气沉沉的设备，为它们加上感官功能使它们变得可以互动，就会获得巨大改善。在我们家中，有个老式的标准恒温器负责监控燃气炉。经过一次改造后，我们将其升级为 Nest 公司的智能恒温器，Nest 的这个产品是由苹果公司的前员工组成的一个团队设计的，而最近 Nest 公司被谷歌收购了。这个 Nest 恒温器可以感知我们是否在场，能分辨出我们是不是在家，是醒着还是在睡觉，以及我们是否外出度假了。它的芯片与我们的云端相连，可以预测我们的生活习惯。久而久之，它构建了我们的起居模式——它能在我们下班回到家之前的几分钟内加热屋子（或给屋子降温），在我们外出时关闭加热或降温系统；到了周末，或是我们在度假，它也会自动适应我们的日程安排；如果察觉到我们突然回到家中，它会进行自我调整。这些监测能帮我们节省大笔燃气开支。

随着我们与自己制造的设备之间的互动持续增加，我们将更加赞赏人造品的形象化特征。设备和我们的互动程度越高，口碑就越好，而我们的体验也会更棒。我们可能会在某个设备上花几个小时，因此它的制作工艺至关重要。人们偏爱交互式的产品，苹果是第一家意识到这一点的公司。iWatch 上的精致工艺设定是用来感受的；我们会不断地抚摸一个 iPad，在它充满魔力的表面上敲打，双眼紧盯屏幕几个小时、几天，乃至几个星期。一个设备绸缎般光滑的表面触感，画面闪烁时的流畅性，温暖或冰冷的机身，制造的工艺和质量，点亮时屏幕的色温，这些东西对我们来说意义重大。

有什么比穿着那些能够回应我们的设备更让人有亲密感和互动感呢？计算机一直稳步地向我们靠近。起初，计算机被关在远处某个装着空调的地下室里，然后被搬到了离我们近一些的小房间里。随后它们爬到了离我们更近的桌子上，再然后跳到了我们的大腿上，最近则溜进了我们的口袋里。计算机下一步显然就是要穿在我们的身上，我们称之为可穿戴设备。

我们可以戴上能识别增强现实效果的特殊眼镜。戴上这样一个透明的计算机（早期原型是谷歌眼镜）使我们可以看到叠加在物理世界中的无形比特字符。我们在杂货店里检查一个谷物食品盒子时，可以按照那个小男孩的建议，在可穿戴设备里轻轻一点，就能看到商品的原始信息。苹果公司的 iWatch 也是一台可穿戴的计算机，它具有部分健康监测功能，但主要还是通往云端的一个方便入口。整个互联网和万维网的全部超强运算能力都能通过你手腕上的小巧方块传递。狭义上的可穿戴设备特指智能衣服。当然，将小巧玲珑的芯片植入衬衫后，这件衬衫就可以让一台智能洗衣机了解自身最佳的洗涤周期，不过智能衣服更大程度上是服务于穿衣人的。（谷歌公司资助的）Project Jacquard 中使用的实验性智能布料中有导电线和柔性传感器，可以织成一件能互动的衬衫。就像你在 iPad 上做的一样，用一只手的手指在另一只手臂的袖子上滑动，这样做的目的也是一致的——将一些东西展示到一块屏幕上，或者你的眼镜上。智能衬衫的一个例子是美国东北大学研发的原型——Squid。它可以感觉（实际上是测量）出你的姿势，并以量化的方式记录下来，然后启动衬衫中的"肌肉"模块进行准确地收缩以保证你处于正确的姿势，就像是一个教练在指导一样。戴维·伊格曼（David Eagleman）是得克萨斯州贝勒医学院（Baylor College）的一名神经学家，他发明了一款能将一种感官功能转变成另一种的超级智能背心。这个感官替代背心（Sensory Substitution Vest）有一个微型麦克风可以记录发出的声音，并将声波转换成失聪人士能够感觉到的振动。数月之后，靠着穿这种背心，失聪人士的大脑会自动将这种振动转化为声音，从而重新获得"听"的能力。

你或许已经看到上述技术的到来，比起这种穿在身上的技术更进一步的技术，就是让计算机延伸到皮肤表层下。我们让它们进入我们的大脑，将计算机直接与大脑连接起来。通过外科手术在大脑中植入计算机模块对盲人、失聪者及瘫痪者确实能起作用，这种技术让他们仅用思维就可以与计算机互动。一次进入大脑的实验证明一个四肢瘫痪的女人可以利用自己的思维控制一条机械手臂，捡起一个咖啡瓶，拿到她的嘴边，并喝到瓶中的东西。但这种高度侵入性的技术还没有被用作增益健康人的身体。实际上，非侵入性的大脑控制器已经在日常工作和娱乐中得到广泛应用，而且运作良好。我尝试过几次轻度的人机界面技术（brain-machine interfaces，BMIs），实验中我仅通过思考就可以控制一台个人计算机。这类装置通常包含一个装有传感器的帽子，类似小号的自行车头盔，还有一条长长的电缆连接到个人计算机上。将它戴到头上时，其内部大量的传感器触垫就会贴在你的头皮上。这些传感器会获得你的大脑电波，而你经过一些生物反馈训练后就可以按照自己的意愿产生信号了。这些信号被编程后可以用于执行特定的操作，如"打开程序""移动鼠标"和"选定此项"，你可以学会"打字"。这种技术还很粗糙，但每年都在进步。

在未来的几十年里，我们将继续拓展更多可以互动的事物。拓展将遵循三个推进方向。

第一，我们会继续给自己创造的事物添加新的传感器和感官功能。当然，每样事物都将获得视力（视觉功能几乎是免费的）、听力，以及 GPS 定位能力。我们可以一步步地添加一些新能力，如感温探测、分子敏感性（可称为嗅觉），以及一些超人才有的能力——如 X 光透视、含氧量探测、癌症检测。这些功能使我们的创造物可以对我们进行反馈，与我们互动，它们还可以自我调整以配合我们的使用。就定义而言，互动性是双向的，这些感官能力由技术支撑，反过来它们也提升了我们与技术的互动水平。

第二，互动发生的区域将会继续向我们靠近。相比手表和手机与我们互动的距离，技术将会离我们更近。互动过程会变得更为亲密，一直发生着，并且无处不在。与人更亲密的相关技术是一个完全开放的前沿领域。我们认为技术在私人空间中已经饱和，但 20 年后我们回顾时，会发现如今的技术与我们的距离仍然很远。

第三，最大程度的互动会要求我们欣然融入技术本身。这也正是虚拟现实技术允许我们实现的。计算成分离我们是那么近，以至于我们已经身处其中。在一个技术塑造的世界中，我们和他人之间的互动是以一种新的方式开展的（虚拟现实），与物质世界的互动（增强现实）同样如此。技术成了我们的第二层皮肤。

最近，我参加了一群无人机爱好者组织的活动，他们会在周日聚集到附近的一个公园里，用他们的小型四轴飞行器进行比赛。他们用旗子和泡沫拱门在草地上搭建供无人机比赛的路线。驾驶这种速度的无人机的唯一方式就是进入其中。这些爱好者在他们无人机的前端装上了小摄像头，并且他们戴上虚拟现实眼罩以实现无人机视角的观察，这通常被称为第一视角（first person view，FPV）。现在他们和无人机融为一体了。作为观察者，我戴上了一套额外的眼罩设备，这套设备能借用他们摄像头的信号，所以我发现自己也坐在同样的飞行员位置上，看到了每个飞行员所看到的东西。这些无人机在路线上的障碍之间穿梭，互相追逐，偶尔会互相碰撞，这个场景令人回想起《星球大战》电影中的飞梭大赛。一个从小操控无线电飞机模型的年轻人说，将自己浸入到无人机里并从内部驾驶飞机是他一生中最享受的体验。他认为几乎没有什么事情比这种真实的自由飞行更有趣。这里没有什么东西是虚拟的，飞行体验是真实的。

目前，自由探索类电子游戏结合了最大限度的互动和最大程度的现场感。在过去几年中，我一直在观察十几岁的儿子是如何玩主机上的电子游戏的。我自己始终无法绷紧神经，在游戏的变种世界里活到 4 分钟以上，但是我发现自己可以盯着大屏幕看上一小时，看着我儿子遭遇危险，射杀坏蛋，或者探索未知的区域和阴暗的建筑。

他与同龄的大多数孩子一样，会玩那些经典的射击游戏，如《使命召唤》（Call of Duty）、《光晕》（Halo）及《神秘海域2》（Uncharted 2），这些游戏通常都有关于开展战斗的故事脚本。然而作为一个旁观者，我最爱的是已经过时的一款游戏——《荒野大镖客：救赎》（Red Dead Redemption）。这个游戏的设定是西部牛仔生活在一个广袤无垠的国度。里面的虚拟世界是那样宽广，玩家可以花大量的时间骑马探索峡谷和定居点，寻找事件的线索，目标含糊地游荡在这片大陆上。儿子为了完成任务会骑马去边陲小镇，而我十分享受与他一起骑行的过程。这就像是一部你可以漫步其中的电影。这一游戏的开放式风格设计与十分流行的游戏《侠盗猎车手》（Grand Theft Auto）有些相似，但少了很多暴力元素。游戏中，没有人知道将会发生什么或事情将会怎样发展。

在这个虚拟空间里，对你可以去哪里没有任何限制。想要骑马去河边？可以。想要沿着铁轨追逐一列火车？可以。与火车并行，然后跳上火车并在车厢里骑马怎么样？也没问题！ 或者从遍布山艾树的荒野中穿行，从一个城镇赶到下一个？你可以从一个呼喊救命的妇女身旁骑行而过，也可以选择停下来帮助她。每个行动都会有不同的结果。她可能真的需要帮助，也可能是强盗设下的诱饵。一位评论家曾这样说："我真心感到意外和惊喜，居然可以在骑着我的马时朝它的后脑勺开枪，接着甚至可以把它的皮剥下来。"这样的一个虚拟世界与好莱坞大片有着同样程度的真实效果，而在其中自由地朝着任何方向行动是令人沉醉的。

游戏中充满互动细节。《荒野大镖客：救赎》中的黎明十分壮观，太阳在地平线上慢慢开始发出光芒，气温也在逐渐升高。天气的效果会在这片大陆上鲜明地体现出来，这也是玩家可以感受到的。当瓢泼大雨落下时，原本沙黄色的土地会随着雨点的润湿而适当地加深颜色。有时薄雾会在一座城镇降临，好似蒙上一层薄纱，并产生模糊不清的真实画面效果。山顶上的粉色调会随着夜晚降临而变得暗淡。事物的纹理会不断累积。烧焦的树木、干燥的灌木丛、表面粗糙的树皮，甚至每一块卵石或细枝，大小不一的各种事物都有着极其精致的细节描绘，简单的几笔涂抹就塑造出完美的叠加阴影效果。这种对非关键画面的处理让人十分满意，对整体的奢侈雕琢让人赞叹不已。

这个游戏的世界范围很大。一名普通玩家从头到尾体验一遍可能需要花大约 15 小时，而一个有精力的玩家想要取得所有的游戏奖励，则需要花 40 至 50 小时。游戏进行到每一个环节时，你都可以选择任意的方向进行下一步，以及下一步的下一步。无论你怎么走，你脚下的草地形态都会很完美，每片草叶的细节都清晰可见，就好像游戏创作者预计到你会在这个世界里踩到这一细小的事物。在游戏中亿万个地点中，你都可以仔细考察细节并可能获得额外奖励，但这些美妙细节中的大多数将永远无人问津。沐浴在这个游戏自由而丰富多彩的温暖环境中会引发一种强烈的信念，即这个世界是"自然存在的"，它会始终留存，并且是很棒的。这个游戏世界有着完美的细节描绘，绝妙的互动效果可以一直延伸到地平线，人在其中的整体感受就如同沉浸在一个完整的世界里。理性告诉你这不是真的，但就像我们之前身处地面高空的木板时一样，你身体的其他部分都认为这是真的。这种现实感就等待着虚拟现实互动效果的发展来增强沉浸感。然而目前，这些游戏世界的丰富空间环境还必须依靠 2D 形式浏览。

便宜实惠且多产的虚拟现实设备将构成一座体验工厂。我们可以利用它去体验一些十分危险的环境，如交战地带、深海水域、火山地区，避免亲自去尝试所带来的风险。我们也可以利用它来体验一些作为人类无法轻易尝试的活动，例如，到胃里面看个究竟，到彗星表面考察一番；或者转换下性别，又或者变成一只龙虾。我们还可以实惠地体验一些奢侈的活动，如到喜马拉雅山来个低空飞行。这些体验通常是不可持续的。实际上，人们喜欢旅行，某种程度上就是因为我们只作短暂停留。起码在最初阶段，虚拟现实很有可能是一种我们需要不断沉浸并跳出的体验。它塑造的现场感太真实强烈，我们可能只想进行少量体验。但对我们渴望采取的互动类型，并没有任何限制。

如此众多的电子游戏是探索新型互动方式的先驱。游戏环境中无边无际的视野带来的互动自由只是一种假象。玩家或观众会被分配一些需要完成的任务，并会被鼓励尽可能待在游戏里直到结束。在游戏中，玩家的行为会受到引导，并导向整个游戏章节中下一步的关卡节点，游戏最终会有一个命运归宿，作为玩家你的选择不是无关紧要的，但也只能决定你游戏中积累的分数。整个游戏世界会有一个明确的发展方向，所以无论你在其中做了多少探索，随着时间的流逝，你都将会遭遇一个不可回避的事件。当游戏中既定情节与自由互动取得微妙平衡时，就会产生一种很棒的"游戏性"感觉——你成了某种更大的事物的一部分，随之一同向前推进（游戏的情节设定），但同时你仍然掌控着一些东西（游戏的"自由度"），这是一种甜蜜的感觉。

游戏的设计者负责调整这种平衡，但真正将玩家推向某个特定方向的无形力量是一种人工智能。像《荒野大镖客：救赎》这种开放式游戏中的大多数动作，尤其是那些与游戏中配角的互动，实际上都已经由人工智能负责执行了。当你随意地在一个农庄前驻足，与牧牛工聊天时，他的反应自然合理，是因为维持他运行的是一个人工智能内核。在虚拟现实和增强现实的其他方面，人工智能也能发挥作用。它可以"看见"并测量你在现实世界中真正站立的位置，以便据此将你传送到一个虚构的世界，还包括测量你身体的运动过程。无须特殊的追踪设备，一个人工智能系统就可以监测你在办公室内坐下、站立、走动等行为，并且将它们投射到虚拟世界中。一个人工智能系统还可以读取你在虚拟世界中的行动路线，计算出需要如何将你引导至某个特定方向，就像神在操纵你一样。

在虚拟现实技术中有一个隐含的真相，那就是虚拟现实里发生的每件事情，无一例外都会被追踪记录。虚拟世界可以被界定为一个受到全面监控的世界，因为没有哪件在虚拟现实中发生的事不受监控。这使我们可以方便地实行游戏化行为——奖励分数、提升等级，或是根据贡献打分等——收获更多乐趣。我们现在所处的物质世界已经装设了各种传感器和交互界面，这使它已经变成了与虚拟世界类似的、可以追踪的世界。我们可以将这个布满传感器的现实世界设想成一个非虚拟的虚拟现实，而我们每天的大多数时光都在其中度过。当我们被周围的事物追踪时，实际上我们自己也在追踪自身以寻求自我的量化数据。我们可以使用与虚拟现实中类似的互动技术；可以使用与虚拟现实中同样的手势与我们的设备、车辆进行沟通；可以采用相同的游戏化方式创建奖励机制，在现实生活中引导人们向预先设定的方向前进；可以通过各种行为积累分数度过一天，如正确地刷牙、行走 10000 步，或者安全驾驶。这种愿望的实现归功于这些行为都是可以被追踪的。你在日常小测验中表现优异将不会得到 A+，而是获得等级提升。你也可以通过捡垃圾或资源回收来获得分数奖励。这样，不仅仅是虚拟世界，普通的生活也可以被游戏化。

在人类短短几十年的寿命期限中，能"扰乱"社会发展的第一个技术平台是个人计算机，第二个平台是移动电话。它们都在短短的几十年里引发了社会中一切事物的变革。下一代颠覆性的平台就是虚拟现实，而它已经到来了。下面，让我们看看不久的将来，沉浸在虚拟现实和增强现实中的一天是怎样的。

我处在虚拟现实中，但不需要戴头戴式显示器。回溯到 2016 年，当时很少有人能做出这种惊人的设想——无须佩戴眼罩，甚至一副眼镜也不用戴，就可以获得"足够好的"增强现实效果。房间角落中隐藏的迷你光源可以将一个 3D 的影像直接投射到我的眼睛里，使我无须佩戴任何东西。对于数万个应用程序中的大多数而言，这种增强现实的质量已经足够好了。

我首先打开的应用是"身份覆盖"。它能识别人们的面孔，并显示他们的名字和所属团体，如果他们与我存在联系，也会一并显示。现在我已经习惯于它的存在了，没有它我就没法出门。我的朋友说还有几款准合法的身份类应用可以提供有关陌生人的大量即时信息，但你需要佩戴上一套设备以保证你查看的信息不外泄，否则你会因为行为粗鲁被标记。

我戴了一副增强现实眼镜出门，为的是在我的世界中获得一种类似在 X 光下的视野。我会先用它找到良好的网络信号，眼镜中世界的颜色越偏暖色，代表我越临近网络带宽负荷高的地方。增强现实开启后，我看向任何地方的任何物体，都能召唤出这个地方历史上的模样，这个精巧的小功能我在罗马游玩时常常使用。当我在罗马斗兽场（Coliseum）遗迹上攀爬穿行时，能够看到一个完全 3D 的、未毁坏的斗兽场影像，其大小与遗迹一样，并且会随着我的移动同步变化。我还能通过眼镜看到其他游客留下的一些钉在城市中的各个小角落里的评论，而这些可见的评论只能通过眼镜在特定地方看到。我也在一些地方留了些小便签，让其他人去发现。眼镜中还能展现出街道下面的地下供水管道和电缆，这一点尤其令我着迷。在我用过的这些神奇 App 中，有一款能够让你看到的每件事物上漂浮着美元标示的价值，还是用大大的红色数字显示。几乎我关注的每样事物都被应用程序覆盖，就像幻影一样显示在事物周围。现在，大部分公共艺术都是 3D 幻象。在我们的城市广场上有一个精致的旋转 3D 投射影像，就像博物馆的艺术品展览一样，一年之中更换两次。在增强现实的世界里，市中心大多数建筑的外观都有另一种装扮，并且都由建筑艺术家设计。每次我行走在城市之中，它们看起来都是不一样的。

中学期间，我一直戴着虚拟现实眼罩。相比没有玻璃镜片的增强现实眼镜，这种轻型的虚拟现实设备可以提供更为生动的画面。在课堂上，我可以看到各种模拟过程，还可以反复观看指导步骤。我喜欢"制作者"课上的"幽灵"模式，课程内容有烹饪或电子黑客等。我就是通过这种方式学会如何焊接的。在虚拟现实课堂里，为了以正确的姿势握住虚拟的焊接条并对接上虚拟的钢管，我将双手直接重叠放置到老师的虚拟手的位置上，我会尽可能地让自己的双手进入老师影像的阴影区里以保证动作准确。就这样，我的虚拟焊接成果就像我的动作一样完美。运动时，我会戴上一个全头盔式显示器，在一个真实的运动场地上，模仿一个标准的幽灵身体的动作。借助这种 360度视角的观摩我可以更有效地反复练习动作。即使在房间里，我也会花大量的时间进入虚拟现实世界练习动作。如舞剑这样的运动，都完全是在虚拟现实中进行。

在我的"办公室"里，我会戴上一个增强现实面罩。这个面罩就像是一个弯曲的发带，大约有手掌那么宽。它与我的眼睛之间隔了几英寸，以便保证我全天佩戴时尽可能舒适些。这个功能强大的面罩会在我周围投出虚拟屏幕。12 块大小不一的虚拟屏幕，让我在面对大量数据时也可以用双手全力应对。在一天的工作中，我会与虚拟同事进行大量的交流，这个面罩能够提供足够好的分辨率和足够快的运行速度。我能在一个真实的房间里看到他们，所以我在现实中也完全在场。同事的拟真 3D 化身能够按原比例准确地再现他们的真人样貌。我和同事通常坐在各自的真实房间的虚拟桌子前工作，虽然我们各自独立工作,但是我们可以走到对方的化身旁。我们能互相交流,也能无意间听到别人的谈话,就好像我们在同一个房间里。召唤出化身是简便的,即使我和同事就处在真实房间的两侧,我们也会在增强现实中见面,而不用走一段距离见面。

当我想细细品味增强现实的效果时,我就会戴上一套增强现实漫游系统。我戴上特殊的隐形眼镜,它为我提供了360度的视野和无可挑剔的的幻象。戴着这个眼镜时,我很难从外观上确定自己看到的东西是不是虚幻的,只有在某些情况下我大脑中的一部分能明确地意识到,例如,一个7米高的哥斯拉矗立在街道上绝对是幻象。我的每根手指上都戴着一个用于追踪手势的指环,藏在我衬衫和头带里的迷你镜头则可以追踪我的身体姿势,我身上便携装备里的GPS可以追踪我的位置,定位精确到毫米。这样一来,我在我的家乡漫步时就好像到了另外一个世界,或者一个游戏平台里。当我穿过真实的街道时,原本平常的物体和空间经过转换变得不同寻常。在真实的人行道旁边的一个真实的报刊架,变成了一个在增强现实游戏中22世纪才会出现的精致的反重力变换器。想要获得最大程度的虚拟现实体验,得有一套全身穿戴的虚拟现实装备。装备穿起来特别麻烦,所以我只是偶尔才会用上。我的家里有一套业余的虚拟现实套装,它包含一个直立盔甲,以防我摆动身体时摔倒。当我在虚拟现实里追杀龙时,就能进行全身的有氧运动了。事实上,很多人家中的地下室里的健身器材都被虚拟现实盔甲取代了。但一个月中也会有一两次,我会与朋友来到当地的Realie剧院,享受最先进的虚拟现实技术。考虑到卫生问题,我穿上了自己的丝质内衣,然后钻进一套包裹四肢的可充气外骨骼设备里。这时,令人惊奇的触感反馈效果出现了,当我用虚拟的手拿一个虚拟的物体时，我能感觉到它的重量，也就是施加在我手掌上的压力。这是因为充气设备正在以相应的压力值挤压我的手掌。如果在虚拟世界里我的胫骨撞到了石头，我腿上的护套也会适当地"撞"击我的胫骨，制造出一种完全真实可信的感觉。一个躺倒的座位会支撑我的躯干，使我可以真实地跳跃、翻滚，以及被撞击。另外，以超高分辨率准确显示影像的头盔、双耳道的声音，甚至还有即时的气味，这些感觉共同营造了令人信服的现场感。在进入体验的两分钟后，我基本已经忘记了我真正的身体在哪里，我就在那个虚拟现实世界里。Realie 剧院中最棒的就是，有 250 个人在以同等的真实度与我共享这个世界，而且我们之间没有任何延迟。我可以与他们一起在这个虚拟世界里做些实际的事情。

虚拟现实技术还为用户带来了另一项好处。虚拟现实技术塑造的强烈现实感将原本互相矛盾对立的两种特征放大了。它提升了现实感，让我们把虚假的世界当作是真实的，这也正是一些游戏和电影的目标。同时，它又是虚构的，将假象发挥到了极致。例如，在虚拟现实中可以轻易地扭曲物理现象，我们可以移除重力或摩擦力，将虚构的世界模拟成一个外星环境或一个水下的文明世界。我们也可以让化身改变性别、拥有其他肤色，或是变成另一个物种。25 年来，杰伦·拉尼尔就一直幻想着利用虚拟现实技术把自己变成一个会走路的龙虾。软件会将他的手臂换成龙虾的钳子，他的耳朵换成触须，他的脚换成尾巴，这些转变不仅是视觉形象上的，还包括相应的运动机能。前几年,在斯坦福大学的虚拟现实实验室里,拉尼尔的梦想变成了现实。现在，虚拟现实软件已经变得足够灵敏和强大，足以快速模拟出这种个性化的幻象。我也可以利用斯坦福大学的虚拟现实设备 I 号修改我自己的化身形象。在实验中，一旦我进入虚拟现实，我的手臂会变成双脚，而双脚会变成手臂。也就是说，我想要用虚拟世界中的脚踢东西，就不得不挥动真实世界中的手臂。为了测试这种倒置效果能否运行，我不得不用手脚来回拨弄飘在空中的气球。一开始，我的动作是笨拙的、令人尴尬的。但惊奇的是，没过几分钟，我就可以自如地用手臂踢腿，用腿脚挥拳。斯坦福大学的教授杰瑞米·拜伦森（Jeremy Bailenson）将虚拟现实设备作为社会学研究实验室的终极工具，他发现人们通常只需 4 分钟就可以将大脑中的手脚操控的神经回路进行重新连接。我们的身体属性比我们认为的要更具流动性。

这会引发一个问题，那就是想要确定网络上一个人的真实性变得极为困难。外部特征是易于操控和改变的。有的人可能会把自己伪装成一只龙虾，但实际上他是一个留着长发的计算机工程师。以前，你还可以通过查看他的朋友状态来确认这个人的真实性。如果一个网络上的人在社交媒体上没有任何朋友，那么他很有可能就不是他所说的那个人。但现在，黑客、罪犯、叛乱者都可以创造傀儡账户，而这种账户有着虚构的朋友以及虚构的朋友的朋友。他们还有皮包公司，并且这个皮包公司在维基百科上还有伪造的说明词条。脸书所拥有的最有价值的资产并不是他们的软件平台，而是他们掌控的近十亿人的"实名制"身份信息，而且这些信息是经过具有真实身份的朋友和同事认证过的。对这种持久性身份标识信息的垄断才是推动脸书取得卓越成就的真正动力，但这种垄断是脆弱的。在数字世界里，我们曾经用以证明我们是谁的常规方式——如密码和验证图片——将不再能有效发挥作用。一张验证图片是一种可视化的谜题拼图，对人类来说可以很简单地解决，对计算机而言则较为困难。现在人们在解决这类问题时遇到了困难，机器却可以轻松地解决。密码也同样容易被破解或盗取。那么还有什么比密码更好的解决方式吗？就是你自己。

你的身体就是你的密码。你的数字身份证就是你自己。虚拟现实技术会捕捉你的动作、追踪你的眼睛、识别你的情绪，并将你的特征尽可能压缩概括以便将你传送到另一个世界，同时还让你相信自己身在那里。为了实现这些目标，虚拟现实技术开发的所有工具、采取的所有形式，以及所有这些互动过程都是为你设计的，因此这也就成了你身份的证明。在生物测量学领域（追踪你身体信息的传感器背后的科学领域）有一个反复出现的令人惊奇的现象，那就是几乎我们所测量的每种生物特征信息在个体层面都是独一无二的。你的心跳模式是独一无二的，你的步态是独一无二的，你在键盘上敲击的节奏是与众不同的。另外，你使用最频繁的词汇、你坐下时的姿势、你眨眼的频率，以及你的声音，这些都是与他人不同的。当这些信息组合起来时，就可以形成一套几乎无法被仿造的元模式。实际上，这也就是我们在现实世界中识别他人时采取的方式。当我与你见面并被问及我们是否曾经见过这样的问题时，我的潜意识会将一系列的细微特征——声音、面孔、体形、风格、怪癖、举止——混在一起，然后综合判断我们是否认识。在技术化的世界里，我们将采用类似的各种测量信息来考察一个人。系统会核查一个人的各种属性，包括脉搏、呼吸、心率、声音、面孔、虹膜、表情，以及数十种其他难以察觉的生物签名，并将这些信息与其自称是的那个人（或事物）的特征匹配判断。这样，我们的互动方式将成为我们的密码。

互动的程度在提升，并且将继续提升。然而简单的非互动的事物仍将存在，如木柄锤子。尽管如此，互动化的社会中越来越有价值的将是包括智能锤子在内的那些可以互动的事物。可是，高互动性也会带来一定的成本。想要互动，就需要掌握技能、学会配合、多加体验并加强学习。我们需要把自己嵌到技术中，并培养自身能力。之所以如此，是因为我们才刚刚发明出互动的新方法。未来的技术发展很大程度上将取决于新型互动方式的发掘。在未来的30年里，任何无法实现密切互动的事物都将被当作"坏"掉的东西。

The Inevitable

第 10 章

追 踪 Tracking

追 踪 Tracking

我们并不了解自己。通过测量与自身相关的数据揭露我们隐秘的天性，是一项只有短暂历史的不凡工作。曾经，我们想测量与自身相关的数据且不被自己误导得绞尽脑汁，想用科学的方法实现自我追踪是昂贵、繁琐、有局限性的。但在过去几年里，廉价的微型数字传感器能轻易记录各类不同的参数，几乎人人都能测量上千种和自身有关的数据。这些涉及自身的实验已经开始改变我们对医疗、健康和人类行为的看法。

透过数字技术的魔力，温度计、心率监测仪、运动追踪器、脑电波探测仪及上百种其他的复杂医疗设备都能缩小到和书上的字甚至标点一样大。这些肉眼可见的测量设备能嵌入手表、衣服、眼镜、电话等设备中，或者是房间、汽车、办公室及公共空间这些操作成本不高的地方里。

2007 年春天，我住在加州北部。一天，我和一位医生朋友艾伦·格林

（Alan Greene）在屋后杂草丛生的小山上散步。我们一边沿着泥泞的小路向山顶缓缓行进，一边讨论当时的一项新发明——塞进鞋带中的微型计步器。它能记录下每一步，然后将数据储存到 iPod 中便于以后分析。我们可以利用这台微型设备计算出爬山消耗的卡路里，或是追踪我们一段时间内的锻炼模式。

一周后，我和《连线》杂志记者加里·沃尔夫（Gary Wolf）又在同样的地方散步。他对这些新兴的自我追踪装置的社会意义感到好奇。当时此类设备总共只有十多种，但我们都预见到，当传感器不断变得更智能时，追踪技术将大行其道。这是一种怎样的文化趋势？加里指出，当我们依赖数字而不是文字时，我们将构建一个"量化自我"。2007 年 6 月，加里和我在网上宣布，将召开一次"量化自我"见面会，欢迎所有认为自己正在实践这类行为的人参加。我们没有给"量化自我"下具体定义，想看看会有哪些人出现。在第一次活动中，有超过 20 人来到了我在加州帕西菲卡市的工作室。

他们追踪的项目种类多得让我们大吃一惊。他们用可量化的单位测量自己的饮食、体质、睡眠模式、心情、血液因子、基因、地理位置等。有些人还自己制造设备。有人为了把力量、耐力、专注力和效率提升到极限，花了5 年时间进行自我追踪。这种进行自我追踪的方式是一般人难以想象的。今天，全世界有150 个"量化自我"团体，超过30000 名成员。2007 年到2015 年年间，每个月都有人在"量化自我"大会上展示一种用来追踪生活的某个方面的之前看来几乎不可能实现的巧妙新方法。即便有人因为某种极端的个人习惯显得格外突出，他的行为也会在不久后被看作是稀松平常的。

计算机科学家拉里·斯马尔（Larry Smarr）追踪了大约 100 项健康数据，

包括他的皮肤温度、皮肤电反应及血液生化指标。每个月他都会列出自己粪便中微生物的组成，而这反映了他的肠道微生物系统的组成情况。这个领域正迅速成为医学界最有前景的方向之一。有了这个数据流，再加上大量的业余医学调查资料，斯马尔在没有医生提示症状的情况下，诊断出自己患有克罗恩病（Crohn's disease）或溃疡性结肠炎。外科手术证实了他的诊断。

斯蒂芬·沃尔夫勒姆是发明 Mathematica 的天才。这是一款智能数学处理软件（相对于文字处理软件）。作为一个痴迷数字的人，沃尔夫勒姆将他的计算能力用在了 1700 万份与自己生活有关的文件中。他处理了自己 25 年来收发的所有邮件，还记录了 13 年来自己每一次的键盘敲击、每一通电话、每一次的脚步移动和在家中及办公室里的不同房间穿梭的轨迹，以及出门后的 GPS 位置。他追踪了自己写书和写文章时修改校订的次数。借助自己发明的 Mathematica 软件，他把自我追踪变成了一种可以展示几十年来自己日常生活模式的"个人分析"引擎。有些模式是难以察觉的，例如，他在分析自身的数据之前并不知道自己在一天中的哪个时段效率最高。

设计师尼古拉斯·费尔顿同样在过去的 5 年里追踪并分析了自己所有的邮件、信息、通话、脸书和推特上的帖子、以及旅行记录。每年他都生成一份年度报告，将前一年的数据结果形象化。2013 年，他总结道，自己平均每天有 49% 的时间是高效的，但星期三效率最高，达到了 57%。他的独处时间占总时间的 43%，睡眠时间占总时间的 32%。他使用这份定量综述来帮助自己更好地记忆曾经见过面的人的名字。

在"量化自我"会议上，我们看到有人追踪自己的习惯性拖拉行为、喝咖啡的量、警觉程度及打喷嚏的次数。老实说，任何可以追踪的事物都有某个地方的人在进行追踪。在某次国际"量化自我"大会上，我提出了一个挑战——让我们想一个最不可能测量的事物，看看有没有人在追踪测量。于是我询问 500 名自我追踪者："有人追踪自己指甲的生长状况吗？"这看上去十分荒唐，但还是有一个人举起了手。

更微缩的芯片、更强劲的电池及云端连接激励了一些自我追踪者尝试时间跨度很长的追踪，尤其是在健康方面。大多数人每年去医院检查一次身体的某些健康指标就不错了。试想，如果看不见的传感器每天都测量并记录你的心率、血压、温度、血糖、血清、睡眠模式、体脂、活动水平、心情、心电图、脑功能等，你会得到关于每项指标的上万个数据点，你能掌握自己一年中各个时间段、各种状况下的身体数据，包括放松或压力大时、生病或健康时。几年后，你就能精确地了解什么是自己的常态，即正常状态下指标波动的狭小范围。在医疗中，常态是一个假想的平均状态。一个人的常态并不适用于另一个人，反之亦然。平均的常态对具体某个人来说作用不大。通过长期的自我追踪，你会得到个人的基准水平，也就是你的常态，当你感觉不舒服或想用自己的身体做实验时，这个常态会很有价值。

不久的将来，一个极其个人化的身体数据库（包括完整的基因序列）将会用来打造个人治疗方案和个性化医疗。科学能够通过你生活的日志，为你专门生成治疗方案。例如，家里的智能个性化制丸机能够完全按照你当前的身体状况定制药物。如果早上的治疗减轻了症状，系统还会调整晚上的剂量。

目前，标准的医学研究方法就是在尽可能多的受试者身上做实验。受试者数量（N）越多，研究效果越好。当 $N=100000$ 的随机人群时，我们才能根据实验结论推测一个国家的状况，因为此时受试人群中的离群个体对结果的影响在经过平均后能够被消除。事实上，由于经济问题，大多数医学实验的参与者都不到 500 人。当然，在科研中，$N=500$ 时，如果操作谨慎，就能通过药物批准。

另外，如果一项量化自我的实验中的 N 只有 1，受试者就是你自己。你开始可能会觉得 $N=1$ 的实验在科学上是无效的，但是这对你个人来说是极其有效的。从多方面看来，这是一个理想实验，因为你所测试的变量 X 是特定对象，即你的身体和心智在某一时刻的即时状况。谁会关心治疗是否对他人有效呢？如果想了解治疗是否对你有效，那么一个 $N=1$ 的实验提供的结果完全适用。

$N=1$ 的实验（是科学时代之前所有医疗的标准程序）真正的问题不在于它的结果没什么用处（其实是有用的），而在于它很容易误导你自己。我们对于身体、食物、世界的运作（如蒸发理论、振动理论和细菌理论）都有直觉和期望，而这些会让我们忽视真正发生的事情。我们猜测疟疾是空气不好导致的，于是搬到更高的地方住，这确实带来了些许改善。我们猜测麸质会导致臃肿，于是倾向于找到生活中支持这项猜测的证据而忽视那些认为麸质和臃肿无关的反面证据。受到伤害或感到绝望时，人们尤其容易受偏见影响。$N=1$ 的实验要想成功，必须将测试者的期望和受试者的期望分开，但如果一个人同时具有这两种身份，分开期望是极其困难的。为了克服这种固有的偏见，人们发明了大量受试者参与的随机双盲测试 [1]。由于受试者不知道他们的测试考察的是什么，因此不可能带有偏见。在自我追踪的新时代中，我们用

---

1 双盲测试，指将提示信息，如品牌、名称等对测试者进行隐瞒，以免让其预先产生偏见的测试，现广泛应用于各种实验和市场营销中。——编者注

自动化装置克服部分 $N=1$ 的实验中自我误导的问题（在传感器长时间的多次测量中，受试者会"忘记"测试这回事）。我们还能追踪多个变量从而分散受试者的注意力，然后使用统计工具尝试归纳模型。

从许多针对大数量总体的传统研究中我们了解到，治疗能起作用常常是因为我们相信它有作用。这又被称作安慰剂效应。这些量化自我的追踪并不完全排斥安慰剂效应，它们反而与安慰剂效应共同起作用。如果干预过程带来了可测量的改善，那么它就是有效的。我们关心的不是这种改善是否来自安慰剂效应，而是它能否对这个唯一的受试者起作用。因此，安慰剂效应可以是正面的。

在正式研究中，你需要一个对照组来抵消对正面结果的偏见。在 $N=1$ 的实验中，量化自我实验者，用自身的基准水平代替对照组。如果你追踪自己的时间足够长，指标足够多，就能在实验之外（或之前）建立你的表现模型，在对比时可以作为对照组有效地使用。

这些有关数字的讨论都掩盖了一个关于人类的事实：我们的数学直觉很差。人类的大脑不擅长统计，数学不是我们天生的语言。甚至在解读非常形象化的图表以及数值图时我们也需要高度集中注意力。从长远来看，量化自我过程中的量化成分会变得不明显。自我追踪将远远超越数字化的范畴。

举个例子，2004 年，德国的信息技术经理乌多·瓦赫特（Udo Wachter）把一个小数字罗盘的内芯取出来焊接到一条皮带上。他绕皮带一圈埋入了 13 条压电振子，也就是让智能手机振动的零件。最后，他修改电子罗盘的系统，让它不在圆形屏幕上显示北的方向，而是让连成一圈的皮带的不同部位产生振动，皮带上"对着"北方的部位会一直振动。当乌多系上皮带后，他就能通过腰部感受北的方位。不到一周时间，他对北的方位感觉就准确无误了。他不用思考就能指出北的方向，他是无意识的，但就是知道。几周后，他的位置感得到了增强，就好像他能感觉到一座城市的地图。数字追踪产生的量化信息被结合到了全新的身体感觉之中。长远看来，这是我们身体传感器中许多数据流的最终归宿，它们将不再是数字，而是新的身体感觉。

这些新的合成感觉不仅是娱乐性的。我们的自然感觉在数百万年的演化过程中确保了我们可以在一个匮乏的世界生存。没有足够的能量、盐或脂肪对我们是残酷的威胁。马尔萨斯和达尔文指出，每个生物种群都会扩张到将要发生饥荒的极限。今天，在技术带来的富足世界中，生存的威胁来自过量的精华物质。过多的精华打破了我们新陈代谢和心理的平衡，而我们的身体还不太能留意到新的失衡状况。演化过程中，我们不能感觉到血压和血糖水平。但是技术能做到。例如，Scanadu 的 Scout 这个新型自我追踪设备，尺寸和瓶盖一样，只要用它接触你的前额，它就会一次性测量出你的血压、心率、心脏功能（心电图）、氧水平、体温、皮肤电传导，甚至血糖水平。最终你会把它穿戴在身上。这些信息不以数字形式而是以我们能感觉的方式反馈给我们，如腰部的振动、臀部的挤压。设备会让我们获得对身体的新感觉，这是我们没有演化出来但却亟需的感觉。

自我追踪的范畴远远大于健康。它覆盖了我们的整个生活。微型可穿戴的数字"眼睛"和"耳朵"能够记录我们一天中每分每秒的所见所闻，从而帮助我们记忆。我们储存的一连串电子邮件和信息构成了记录自身想法的日志。我们还可以记录听过的音乐、读过的书和文章，以及去过的地方。我们日常的走动和会面，以及非常规的事件和经验中的重要细节，也能被数据化，并汇集成基于时间顺序的流动信息。

这种流动信息被称作"生活流"（lifestream）。计算机科学家大卫·格勒恩特（David Gelernter）于 1999 年首先描述了这个词。他构想的"生活流"不光是一个数据档案，还是一种新型的计算机界面组织方式。基于时间顺序的"流"将代替桌面，而"流浏览器"将代替网页浏览器。格勒恩特这样定义"生活流"的架构：

"生活流"是按时间顺序排列的文档"流"，相当于你的电子化生活日记。你建立和收到的所有文档都会被储存在你的"生活流"中。"流"的底端是过去的信息（从你的电子出生证明开始）。远离底端，也就是向现在的方向移动，"流"更多地包含最近的文档——如图片、通信、账单、电影、语音信息、软件等。从现在向未来的方向移动，"流"包含着你将来需要的文档——提醒、日历项目、待办事项。想象一下，有一本会自动翻页，能追踪你生活中的每一个瞬间的日志，你可以坐等新文档到来，它们会落在"流"的前端位置。向下移动光标浏览你的"流"，或点一下屏幕上的文档，弹出的页面包含文档的内容。你可以往回查看或看一看未来一周甚至十年应该做什么。你的整个计算机网络人生会呈现在你的面前。

每个人都会生成自己的"生活流"。当我遇见你时，我们的"生活流"就在某个时刻产生了交集。如果我们预备下周见面，交集将产生在未来；如果我们去年见过面或出现在一张照片里，那么交集产生在过去。丰富的交织关系让我们的"流"变得异常复杂，但是每个人的"流"都严格遵照时间顺序，因而非常容易导航。我们会自然而然沿着时间线定位一个事件，如"这发生在圣诞旅行之后，但在我的生日之前"。

关于"生活流"作为一种结构性隐喻的好处，格勒恩特说："'我把这条信息放在哪儿了'这个问题，总是只有一个准确的答案——在我的'流'中。与文档层级相比，时间线、纪年表、日记、日报、剪贴簿这些概念在人类的文化和历史中更加根深蒂固。"格勒恩特对一名 Sun 公司的计算机代表说："当我获得一段新的记忆——例如，某个阳光明媚的下午与梅丽莎在'红鹦鹉'酒店外的一次交谈——我不用命名这段记忆或是把它塞在某个目录下。我可以使用记忆中的任何内容作为检索的关键词。我也不需要命名电子文档，或把它们放进目录。我只要获得他人的许可，就能把他人的'流'混入我的'流'中。反映我电子生活的个人'流'可能混入包括我所属团体或组织的其他'流'。最终，我的'流'中还将混入诸如报纸、杂志等各种类型的'流'。"

从 1999 年开始，格勒恩特多次尝试开发其软件的商业版本，但一直未能成功。一家购买了格勒恩特专利的公司曾起诉"苹果"公司，认为"苹果"盗用"生活流"的想法并用在自家的"时间机器"备份系统上（在"苹果"的时间机器上，要想恢复一份文件，你只要滚动时间线，回到需要的日期，就能得到包含当时计算机上所有内容的"快照"）。最近，格勒恩特和儿子丹尼尔再次尝试开发一款运用"生活流"的商业化产品，叫作 Dittach[1]。

事实上，我们已经在使用一款（至少部分包含）"生活流"产品，那就是脸书。你脸书的"流"是包括照片、新消息、链接、提醒及生活中其他文

---

1 一个移动 App，可以整合你的 E-mail 账户，并且将其中所有附件都整理在一起，让你能够在简单的界面上方便查找。——译者注

件在内的流动信息。新的内容被不断地添加到"流"的前端。如果愿意，你可以在脸书中加入能捕捉你正在听的音乐或正在播放的电影的小控件。脸书还提供了时间线界面，方便你回顾过去。超过十亿人的"流"能与你发生交集。朋友或陌生人在帖子上点"赞"或标记出照片中的一个人，两股"流"就有了交叉。每天，脸书都在把更多时事或新闻"流"及公司快讯加入"世界流"之中。

但这些只是部分内容。"生活流"是一种主动且有意识的追踪。当人们从相机中抓取照片、标记朋友或是刻意在"四方网"[1]（Foursquare）上的某个地点签到时，他们就在主动地管理自己的"流"。甚至他们的Fitbit[2]数据，包括步数计算，也都是主动的，因为这些数据存在的目的就是想获得人们的关注。如果不进行某种程度上的关注，你就不能改变自己的行为。

无意识且不主动的追踪同样重要。这种被动的追踪方式有时被称作"生活记录"（Lifelogging），也就是简单、机械、不动脑筋地完整记录下一切，或者说不偏不倚地记录生活中所有可记录的事物。你将来可能会用到它时才去关注它。由于大部分内容永远都用不上，"生活记录"是一个包含巨大浪费的低效过程。今天，由于计算、存储和传感器设备十分廉价，这种浪费几乎没什么代价。但是，对计算的创造性"浪费"是许多最成功的数码产品和公司的"秘方"。"生活记录"的优势同样在于它对计算的奢侈使用。

最早进行"生活记录"的人之一是20世纪80年代中期的泰德·尼尔森

---

1 是一家基于用户的位置信息提供手机服务的网站，鼓励手机用户分享自己的所在位置。——编者注

2 一种智能计步器，可以记录使用者的步伐，并且能够计算出其在跑、坐、走等活动中消耗的能量。——编者注

（Ted Nelson）（尽管他当时并没有这个概念）。发明了术语"超文本"的尼尔森把自己与任何人在各地发生的对话用录音带或录像带记录下来，这些对话的重要程度各不相同。因为和上千人见面及交谈，于是他租来一个大型集装箱，里面塞满了带子。他的后继者，90年代麻省理工学院（后来在多伦多大学）的斯蒂夫·曼（Steve Mann）用一个头戴式摄像机记录自己的日常生活。多年来，摄像机在他醒着时一直开着，记录下一年到头来每天发生的事情。他的装置是在一只眼睛的上方放置一个微型屏幕，镜头能以第一人称视角进行记录，这预示着20多年后谷歌眼镜（Google Glass）的诞生。虽然摄像机遮住了他的半边脸，周围的人会感到不自在，但他还是无意识地随时记录自己的整个生活。

当然，微软研究院的戈登·贝尔（Gordon Bell）或许才是模范的"生活记录"实践者。从2000年开始的6年里，贝尔在一项被他称为MyLifeBits的大型实验中，记录下自己工作的方方面面。贝尔脖子上戴着一个特制的微型摄像机，它能注意到附近人的身体热量，并且每60秒拍摄他们一次。贝尔的身体相机在检测到光线发生变化时，也会拍下一张照片。贝尔记录并储存自己在计算机上的每次敲击、每封邮件、每个访问过的网站、计算机上的每个窗口及它们打开的时间。他还记录了自己的许多对话，过去说过的话与别人产生分歧时，可以"回滚"或倒带查看。他还把收到的所有文件扫描成数字文档，并在征得当事人同意的情况下把所有电话交流记录下来。这项实验的初衷，部分在于微软想找出用来帮助员工管理生成的海量数据的某种"生活记录"工具，因为解释这些数据远比仅仅记录它们更有挑战。

创建完整的回忆是"生活记录"的重点。一份"生活记录"记载了生活中的每件事，因此它能帮你恢复那些大脑可能忘记的事情。当生活被附上索引并完全储存在"生活记录"中时，你就能像使用谷歌那样搜索你的生活。我们的生物记忆力十分不稳定，因此任何补偿都有巨大作用。贝尔的实验版完整回忆工具帮助他提高效率。它能从以前的对话中验明真相或重获自己忘记的见解。在他的系统中，将生活转换成数字化记录不成问题，但是读取有意义的数据需要更好的工具。

受到戈登·贝尔的影响，我在衬衫上夹着一个微型相机。这款Narrative 相机的大小约 1 平方英寸（约 6.45 平方厘米）。只要戴上相机，它每分钟都会拍摄一张照片。如果轻触两下机身，它也会拍摄一次。照片在云端进行处理，然后发回手机或存在网上。Narrative 的软件能按一天中的生活场景智能分类图片，并在一个场景中选择最具代表性的 3 张照片，这样大大减少了照片传输量。我可以先使用照片概览快速浏览一天内的 2000 多张照片，接着展开某个具体场景找到我想要的某个瞬间。我可以在 1 分钟内轻松地浏览一天的"生活流"。

虽然照片的分辨率够高，效果也很自然，但是因为没有构图（镜头随衣服移动），并且是"随机"拍摄，因此不适合分享。人们可能没被拍到头部，或是在眨眼睛，又或者被一张随机的房间图挤掉，更别说拍出文艺范了。这种"生活记录"类的照片作为详尽的视觉日志，一个月中只要产生几张有价值的照片就足够了。

Narrative 公司发现，典型的用户在参加会议、度假或是想记录一段经历时会使用他们的产品，其中重现会议场景的效果最理想。持续拍摄的相机能够捕捉很多初次见面的人,而多年后你只要浏览一下自己的"生活流",很容易就能想起他们及他们说过的话,比名片更好用。"生活流"照片能有效地提示我们有关度假的回忆及家庭生活中的大事。例如,我在外甥的婚礼上使用了 Narrative 相机。我的记录不仅包括了人人分享的标志性时刻,还有与陌生人之间的对话。这一代 Narrative 相机不能保存声音,但是下一代产品将包含录音功能。贝尔在研究中发现,信息量最大的媒体是有照片作为提示和索引的音频信息。

使用拓展版的"生活记录"有这四条好处:

• 它能 365 天、每天 24 小时地全时段监控身体数据。想象一下,如果我们持续地对血糖水平进行实时监控,公共医疗会发生怎样的变化?如果你能实时监控是否有生化物质或毒素从周围环境进入血液中,你的行为将发生怎样的变化?(你或许会说:"我再也不想回到这里!")这些数据既可以作为预警系统,也可以作为诊断疾病或用药的依据。

• 它能提供包括你遇见的人、和他人的对话、去过的地方、参与过的事件在内的互动记忆。你可以搜索、获取或分享这些记忆。

• 它能提供包括所有你生产的东西、写下的文字或说过的话在内的完整存档。深层次的分析能够帮助你提升效率和创造力。

• 它能提供一种组织、构造及解读你自身生活的方式。

只要分享"生活记录",我们就能利用信息档案协助他人工作及扩大人脉。在生理领域,分享医疗日志能迅速加快医疗发展的进程。

许多怀疑者认为,两大挑战让"生活记录"注定只能在小范围内流行。

一方面,目前的社会压力让自我追踪看上去是件十分怪异的事。拥有谷歌眼镜的人不喜欢自己戴眼镜的样子，并且和朋友在一起时用眼镜进行记录，甚至解释自己为什么不记录都让他们感到不适，于是很快把眼镜丢在一边。就像加里·沃尔夫所说："在日记本上写日记值得钦佩，但在电子表格上写日记让人起鸡皮疙瘩。"但我相信，我们很快会发明新的社会规范和技术革新来确定"生活记录"在哪些情况下是合适的。20世纪90年代，当最早的一批人开始使用手提电话时，刺耳的电话铃声着实可怕。在火车上、浴室中或电影院里，手提电话发出高分贝的刺耳声响；通话时，人们扯着嗓子，说话声与铃声一样大。如果当时的人设想人人拥有手机的未来生活，脑中只会浮现一个永不消停的喧闹世界。如今我去看电影时，即使周围人都有手机，也不会听到铃声，甚至看不见发光的屏幕，因为这些事情被认为是不合适的。我们会发展出类似的社会习俗及技术解决方案，让人们接受"生活记录"。

另一方面，当每个人每年产生的数据量达到拍字节或艾字节时，"生活记录"如何发挥作用呢？没人能遍览这海量的数据，你将毫无头绪地淹没在数据的海洋中。如今的软件大致都存在这个问题。解释数据是一项极其耗时的工作，你必须精通计算，技术熟练并充满动力才能从数据长流中萃取有意义的信息。所以，自我追踪仍是小众的活动。然而，廉价的人工智能将克服大部分问题。研究实验室中的人工智能已经能够筛选亿万条记录，让有意义的重要模式显现出来。举个例子，只要价格便宜，谷歌用来描述一张随机照片内容的人工智能技术就可以用来解读我衬衫上的 Narrative 相机里的照片。我只要用最简单的语言询问 Narrative 相机，它就能寻找多年前我参加的聚会上某个戴着海盗帽的家伙，如果确有其人，那么我们俩的"流"也将发生联系。或者我还可以询问自己待在哪些房间时心跳会加快，了解影响因素是房间的颜色、室内的温度还是天花板高度。这些现在看起来有些奇特的要求，在几年后将会是很平常的机械命令，就像如今司空见惯的谷歌搜索在 20 年前看来很神奇一样。

然而，这些还不够全面。我们作为网络中的人，会进行自我追踪，并且大多数人都会追踪自己的生活。但是网络上除了人，还有更多的事物，数以亿计的事物也会追踪自己。几十年后，任何被生产出来的东西都将包含一块能联网的芯片。广泛联网带来的一个结果就是，我们可以精确地追踪一样东西是如何被使用的。例如，从 2006 年开始，每辆出厂轿车都在仪表盘下装有一块 OMB 芯片，用来记录车的使用情况。它会追踪汽车的行驶里程、车速、急刹次数、过弯速度及油耗。最初设计这些数据是用来协助车辆的维修的。如果你愿意提供 OMB 驾驶记录，一些保险商，如 Progressive 公司会降低你的汽车保险费用。驾驶方式越安全的人支付的费用越低。汽车的 GPS 定位也能被准确追踪，因此驾驶员在哪些道路上行驶及行驶的频率可以成为征税的依据。我们可以把这种征收道路使用费看作虚拟收费站或是自动征税。

物联网的设计是用来追踪数据的，这也是它所处的云端的本质属性。在未来 5 年中，我们预计云端中加入的 340 亿联网设备将会用来传输数据。云端的作用则是保存数据。任何接触云端的东西都能被追踪，也一定会被追踪。

最近，在研究员卡米尔·哈特塞尔（Camille Hartsell）的帮助下，我整理收集了美国所有对我们进行常规追踪的设备和系统的清单。这里的关键词是"常规"。我排除了那些黑客、罪犯或网络部队使用的非常规的追踪手段。我还略过了美国政府部门想要追踪某些特定目标时运用的手段（政府的追踪能力和他们的预算成正比）。这张清单包含了一个普通人在平常的生活中可能遇到的追踪手段。每个例子都有官方来源，或出现在主流出版物上。

汽车活动——从 2006 年开始，每辆车都包含一块芯片。当你发动汽车时，它就开始记录车速、刹车、过弯、里程、事故等状况。

高速公路交通——高速公路上的柱子和测速器上安装的摄像头通过车牌和快速追踪标志记录汽车的位置。每月有 7000 万个车牌被记录。

拼车软件——优步、Lyft 和其他零散的打车软件记录你的旅程。

长途旅行——你的航空和铁路行程被记录。

无人侦察机——"捕食者"无人侦察机监控美国边境的活动。

邮政信件——你寄出或收到的每封信的表面信息都被扫描并数字化了。

公用设施——你的用水和用电模式都被公共设备记录了（目前没有垃圾分类信息）。

手机位置和通话记录——你通话的时间、地点和对象（元数据）会被储存数月。有些手机供应商通常会把信息和电话的内容储存几天到几年不等。

民用摄像头——在大多数美国城市的中心地带，摄像头 24 小时不间断地记录你的活动。

商业和私人空间——68% 的公立机构主管、59% 的私人企业主、98% 的银行工作人员、64% 的公立学校人员以及 16% 的业主在摄像头下生活或工作。

智能家居——智能恒温调节器（如 Nest）检测你是否在家，同时记录你的行为模式，并将这些数据传输到云端。智能插座（如 Belkin）监控你的用电量和用电时间并把数据分享到云端。

家居监控——视频摄像头记录你在家里或房屋四周的活动，将数据储存在云端服务器。

互动设备——你传达给手机（Siri，Now，Contana）、主机（Kinect）或环境话筒（亚马逊 Echo）的语音命令和信息在云端被记录和处理。

商场会员卡——超市能追踪你购买的物品。

电子零售商——亚马逊之类的零售商不仅追踪你购买的东西，还追踪你浏览或想买的东西。

美国国家税务局（IRS）——国税局追踪你一生的财务状况。

信用卡——显然，所有的购买行为都被追踪了。信用卡和复杂的人工智能相结合形成模式，揭示你的人格、种族、政治观点和爱好。

电子钱包和电子银行——诸如 Mint 的信息采集组织追踪你的贷款、房贷及投资等完整的财务状况。类似 Square 和 Paypal 这样的钱包软件追踪你的购买情况。

人脸识别——脸书能在他人上传的照片中辨认（标记）你的头像。照片的拍摄地点代表了你过去所处的位置。

网络活动——网页 cookies 追踪你上网时的举动。上千家顶尖网站中有80% 利用网页 cookies 追踪你在网上的行踪。通过与广告网络（adnetworks）的合约，你没有访问过的网站也能得到你的浏览历史。

社交媒体——它们能辨认你的家庭成员、朋友以及朋友的朋友，还能追踪你以前的老板及现在同事，也能了解你如何度过闲暇时间。

搜索浏览器——谷歌默认永久记录你查询过的所有问题。

流媒体服务——他们能追踪你看过哪些电影（Netflix）、音乐

（Spotify）、视频（YouTube）及你的评论时间和内容。有线电视公司会记录你的观看历史。

读书——公共图书馆会保存你的借书记录一个月。亚马逊永久储存你的购买历史。Kindle 监控你的电子书阅读模式，包括你的阅读进度、阅读每页的耗时及停止阅读的位置。

健康追踪——你进行身体活动的时间、地点通常会被 24 小时不间断记录，其中还包括每天睡觉和起床的时间。

很容易设想，能够整合所有这些"流"的机构将拥有多么巨大的权力。因为聚集这些内容在技术上十分便利，人们会害怕"老大哥"的到来。当然，目前大多数"流"都是独立的，数据并没有被整合或关联。其中，几类数据可能被捆绑在一起（如信用卡和媒体的使用），但总体看来，不存在类似"老大哥"的大规模整合"流"。政府行动缓慢，因此其作为远远落后于技术上能达到的程度（他们自身的安全措施落后几十年）。还有隐私法案这道来之不易的"薄墙"，阻止了美国政府整合这些"流"的行动。然而，企业整合数据的行为几乎不受法律制约，因此许多公司成了政府的数据收集代理方。客户的数据是商场中的新财富，因此可以肯定，公司（和间接意义上的政府）将收集更多数据。

根据菲利普 •K. 迪克的短篇小说改编的电影《少数派报告》，描述了一个不太遥远的未来社会，其中监控系统能在罪犯作案前将他们抓获。迪克称这种干预为"预防犯罪"侦查。我曾经认为迪克"预防犯罪"的概念是不现实的，现在我不这么想了。

根据上面的常规追踪清单，我们不难推断未来 50 年的情况。所有先前无法测量的东西都被量化、数字化，并且可以被追踪。我们会持续追踪自己，我们和朋友之间也会互相追踪。企业和政府会对我们实行更多追踪。50 年后，无处不在的追踪行为将成为常规。

我在先前的章节"使用"中提到，互联网是世界上最大、最快的"复印机"，任何接触到互联网的事物都会被复制。互联网想要生产更多复制品。起初，这个事实让擅长原创的个人和公司深感麻烦，因为他们的作品通常会被不加区分地免费复制，而有些东西原本是珍稀的。有人（最容易想到电影工作室和唱片品牌）反抗这种偏好，而另一些人选择顺应这种偏好。拥抱互联网对复制的偏好，并寻求难以被复制的价值（例如，通过个性化、实体化、权威性获得价值）的人会获得成功，而否认、禁止及试图贬低复制渴望的人则落后了，将来需要试图赶上。消费者当然喜欢各种混杂的复制品，同时还通过为互联网提供内容获得好处。

对复制的偏好不仅受文化和社会影响，还是由技术决定的。这种偏好在命令经济中，在不同的社会背景下，甚至在另一个星球上也是成立的。既然我们无法停止复制，那么围绕无处不在的复制的法律和社会体制就十分重要。我们如何处理创新、知识产权和责任、对复制品的拥有权和获取，将会极大地影响社会的繁荣和幸福。无处不在的复制是必然的，但是我们可以对其具有的特征做出重要决定。

追踪也遵循类似的必然变化。把上文中的"复制"换成"追踪"就能把两者进行对比：

互联网是世界上最大、最快的追踪机器，任何接触到互联网的事物都可以，且都会被追踪。互联网想要追踪所有事物。我们将不断地追踪自己，追踪朋友，以及被朋友、公司和政府追踪。追踪曾经是不常见的昂贵行为，因此给公民带来深深的困扰，并且一定程度上来说对公司同样如此。一些人全力对抗对追踪的偏好，另一些人最终会顺应这种偏好。我相信试图将其规范化、民用化，以及让它更有效的人将会获得成功，而试图禁止它，利用法律排斥它的人将会落后。消费者说，自己不愿意被追踪，但他们其实在不断地提供数据给这台机器，因为他们想从中获得好处。

对追踪的偏好不仅受文化和社会影响，还是由技术决定的。这种偏好在命令经济中，在不同的社会背景下，甚至在另一个星球上也是成立的。既然无法停止追踪，那么有关无处不在的追踪的法规就十分重要。无处不在的追踪是必然的，但是我们可以对其具有的特征做出重要决定。

这个星球上增长最快的就是我们生产的信息量。几十年间，信息的膨胀速度比其他任何事物都要快。信息的积累速度比混凝土用量的增长速度（7%的年增长率）更快，比智能手机或芯片出口的增长速度更快，比污染或二氧化碳这类副产品的产生速度更快。

加州大学伯克利分校的两位经济学家统计了全球信息生产量，计算出新信息正以每年66%的速率增长。虽然这算不上天文数字，甚至赶不上iPods 2005年600%的增长量。但是这种激增是短暂的，不会维持数十年（iPod在2009年停产）。信息的增长已经持续了至少一个世纪，66%的年增长速度相当于每18个月翻一倍，正符合摩尔定律规定的速率。2010年前，人类储存了数百艾字节的信息，相当于地球上的每个人拥有80座亚历山大图书馆。而今天（2016年）的信息量相当于每人拥有320座图书馆。

用信息爆炸来描述这种增长是另一种将其形象化的方式。全世界每秒钟生产 6000 平方米的信息存储材料，包括光盘、芯片、DVD、纸张、胶片，我们会将数据填在其中。6000 平方米每秒的速率大致相当于原子弹爆炸产生的冲击波传播的速度。信息以类似核爆的方式膨胀。但与真正的原子弹爆炸不同，信息爆炸不会只持续数秒，而会一直进行下去，好比一场持续几十年的核爆。

然而，我们日常生活中产生的大部分信息都没有被捕捉或记录。尽管追踪和存储量呈爆炸性增长，日常生活的主要内容并没有被数字化。这些没有被计算在内的信息是"未开发"或是在"暗处"的信息。开发这些信息将确保我们的信息总量在未来几十年内不断翻倍。

我们会生产关于信息的信息，这导致每年收集到的信息量不断增加。这类关于信息的信息被称为元信息（meta-information）。我们捕捉到的所有数字信息都将促进我们生产与其相关的信息。当我们手臂上的运动手环捕捉到我们行走了一步时，就会立即添加一个时间标记数据，接着它会生产更多新信息，并把这个数据和其他步数信息联系在一起，而当这些时间标记数据被绘制成图表时，又生成了大量新数据。与此类似，当一个年轻女孩在直播视频中弹奏电吉他时，以捕捉到的音乐数据为基础，产生了关于这个视频片段的索引数据——点"赞"的数据信息及与朋友分享后包含的复杂信息包。捕捉的数据越多，我们基于数据生产的数据就越多。这类元数据的增长速度甚至超过基础信息，并且它的规模几乎是无限的。

元数据是一种新的财富，因为比特与其他比特发生关联时，价值就会提升。比特最低效的呈现方式就是单独且直接地存在。没有被复制、分享或是与其他比特相关联的比特将是短命的。比特最糟糕的未来就是待在某个黑暗、与世隔绝的墓穴之中。它们真正想要的是与其他比特一起出去逛逛、被广泛复制、成为元比特或是一条连续代码中的行动比特。我们可以用拟人的方法这样描述：

比特想要移动。

比特想要与其他比特发生关联。

比特想要被实时测算出来。

比特想要被重复、复制和链接。

比特想要成为元比特。

当然这是纯粹的拟人手法，因为比特是没有意志的，但它们有倾向。与其他比特关联的比特将倾向于被更多地复制。就像自私的基因倾向于自我复制，比特也是如此。同理，就像基因"想要"能够帮助它们自我复制的身体编码，自私的比特也"想要"帮助它们复制和传播的系统。比特的行为方式让它们看上去想要自我复制、移动及被分享。如果你想依靠比特完成任何事，最好明白这一点。

因为比特想要被重复、复制及链接，信息爆炸和科幻小说级别的追踪将不会停止。人类想要得到的很多好处来自数据流之中。目前最主要的问题是我们想要选择哪种全面追踪的方式。"他们"了解我们，而我们对"他们"一无所知，我们想要这种单向的环形监狱式的追踪吗？或者我们可以建立一个互动、透明的"互相监督"机制，其中包含对监督者的监督？第一个选择是地狱，第二个则容易驾驭。

从前的小镇就是标准的情形。街对面的女士会追踪你的一举一动。她透过窗户瞥一眼，就知道你什么时候去看病，什么时候买了一台新电视及谁周末和谁待在一起。同样，你也可以透过窗户看她，知道她周四晚上干什么，在街角的药店把什么东西放进篮子里。互相监督对双方都有好处。如果她不认识的人趁你不在时进入你家，她就会报警。当她不在家时，你会帮她查收邮箱中的信件。小镇上的互相监督是对称的，所以有效。你知道谁在看你，知道他们如何使用你的信息。信息不准确，使用不得体，你都可以向他们问责。受监督时，你也可以从中得利。最终，人们的处境是一致的。

今天我们被追踪时会感到不适，是因为我们不清楚谁在监督我们，以及他们知道多少信息。我们无法决定他们如何运用我们的信息。信息需要纠正时，我们无法向他们问责。他们记录我们时，我们无法记录他们。并且被监督能得到哪些好处并不明朗。彼此的关系是不平衡、不对称的。

无处不在的监督是必然的。因为我们无法让这个机制停止追踪，我们只能让人们之间的关系更对称。实现文明的互相监督需要技术的修补和新的社会准则。科幻小说家大卫·布林（David Brin）的书名《透明社会》（*Transparent Society*）可以形容这样的世界。这种设想如何运作呢？考虑一下我在"使用"那一章中描述的去中心化的开源通货——比特币。比特币将经济体中的每一笔交易公开记录在一本公共账目上，使所有的金融交易公开透明。交易的有效性由用户之间的相互监督而不是中央银行的监督实现。还有一个例子，开放式的加密软件PGP[1]基于任何人都能查看的代码，包括一个公钥，因此人人都可以信任并验证。这些创新发明没有补救现存的信息不

---

1 一种电子邮件加密软件，可以用来对邮件保密，以防止非授权者阅读，并且能够通过添加数字签名等措施使收信人确认所收信件未被篡改。——编者注

对称的问题，却展示了由相互警惕的机制驱动的体系如何运行。

互相监督的社会中会出现一种权利意识，即每个人都有权获取关于自己的数据，并从中受益。但是每种权利都伴随着义务，因此每个人都有义务尊重信息的完整，负责任地分享信息并接受他人监督。

用法律限制追踪的扩张或许就像用法律禁止复制一样无效。我是披露了上万份美国国家安全局机密文件的爱德华·斯诺登的粉丝，因为我认为包括美国政府在内的许多政府最大的过失就是隐瞒它们实行追踪的事实。强大的政府在追踪我们，并且这种追踪完全不对称。我为斯诺登的检举叫好不是因为它会减少追踪行为，而是因为它能增加透明度。如果我们能让追踪重新变得对称，可以追踪那些追踪我们的人，如果我们能让追踪者负法律责任（应当出台相关法规）并为信息的准确性负责，如果我们能让利益更明显且与我们更相关，那么我想追踪的扩张将是可以被接受的。

我希望朋友把自己当个体看待，为了建立这样一种关系，我必须保持开放和透明，并和他们分享我的生活。我也希望公司将我当个体看待，因此我必须保持开放、透明并与它们分享信息。我还希望政府把我当个体看待，因此我必须向它们公开个人信息。个人化和透明度之间有一种对应关系，个人化程度越高所需的透明度就越高。绝对的个人化（虚荣）需要绝对的透明度（无隐私）。如果宁愿保持隐私，不对朋友和机构开放自己，那么我必须接受个性不受重视的一般化对待。我将成为一个平均数。

现在，想象一下这些选项被固定在一根滑动轨道的两端，左端是个性化和透明，右端是隐私和一般化。滑块可以向两边或中间的任何位置滑动，而这个位置代表我们重要的选择权。让人人都感到意外的是，当技术让我们进行选择（保有选择权十分重要）时，人们倾向于将滑块推向个性化和透明的那端。心理学家在 20 年前不可能预料到这一点。今天的社会媒体教会我们一些关于人类的东西，那就是人类分享的冲动胜过保持隐私的愿望。这让专家们感到惊讶。至今为止，当面临选择时，我们一般倾向于更多地分享、揭露及变得更加透明。我会这样总结——虚荣战胜了隐私。

人类曾世世代代生活在部落或宗族之中，那时我们所有的行动都是公开、可见的，没有秘密可言。我们的心智在持续的互相监督下演化。从演化角度来说，互相监督是我们的本性状态。我认为，与诸多现代怀疑态度相反，人与人之间形成循环监督的世界不会受到强烈抵制，因为我们曾经像这样生活了数百万年。如果能实现真正的平等和对称，我们会感到舒适。

这个假设并不容易达成。显然，我与谷歌或是我与政府的关系天生就是不平等的。它们能够获取每个人的"生活流"，而我只能获得自己的，这意味着它们握有质量更高的资源。但是，如果能保留一些对称性，让我成为它们更高地位的一部分，承担更多它们的责任，并能从它们提供的更好视角中获益，或许事情是可行的。可以这样说，警察当然会视频监控公民，然而只要公民也能视频"监控"警察，并且能够获取警察的部分视频，这种情况尚能接受。虽然问题并没有最终解决，但是想要透明社会就必须开始行动。

那么，该如何处理我们曾经称之为隐私的状态？在一个人们相互之间保持透明的社会，匿名有没有存在的空间？

网络让如今比过去任何时候都更有可能真正实现匿名，但它同时使在现实生活中真正实现匿名难上加难。我们在掩盖身份的道路上每前进一步，就会在揭开身份使自己完全透明的道路上更进一步。我们既有来电显示，也有来电隐藏，后来又有了来电过滤。接下来，生物特征监测（虹膜＋指纹＋声音＋面部＋心率）让我们无处可藏。当一个人的任何信息都能被找到并存档时，世界上就没有隐私可言了。因此，不少聪明人渴望找到方便的匿名手段作为隐私的避难所。

然而，在我见过的任何系统中，当匿名变成常态时，系统必然失败。充斥匿名者的社群要么自行毁灭，要么从完全匿名变成伪匿名状态。例如，在eBay 和 Reddit 中，不断产生的昵称背后都有一个可以追踪的身份。著名的非法团体 Anonymous 由一群完全匿名的流动临时志愿者组成。他们是一群没有固定目标的义务警察。他们会让某家信用卡公司瘫痪，或者捣毁极端好战分子的推特账户。但是当他们不断制造麻烦时，很难说他们对社会的作用总体上是正面的还是负面的。

在一个文明社会中，匿名好比稀土金属。大剂量的此类重金属是已知的对生物体最致命的毒素。然而，这些元素却是维持细胞生命的必需成分。但是，保持健康所需的量少到难以测量。匿名也是一样的。难以察觉的少量匿名情况对系统来说是好的，甚至是必要的。匿名者让偶尔的告密行为成为可能，并且能保护受迫害的边缘人及不被社会所容的人。但是当匿名大量出现时，将会危害系统。

匿名是一种逃避责任的手段。因此，推特、YikYak、Reddit 等网站上，大多数粗暴的骚扰都是匿名的。不用负责任的状态最大程度上释放出人类的恶。

一种流行的危险观点认为，设计系统时应当支持方便的匿名手段，用来克服对隐私的窥探。这就如同提高人体内的重金属含量，让人变得更强壮。

隐私只能通过信任获得，而信任需要稳固的身份作基础。结果是信任越多，责任越大，情况越好。就像微量元素一样，匿名者永远不应当被完全清除，但我们必须保持其数量尽可能接近 0。

数据领域的一切都趋向无限，至少是宇宙量级。在一个星球的数据量面前，一比特的数据实在微不足道。我们根本无法实际测量一个星球的数据量。事实上，已经没有合适的形容词来表示这个新领域到底有多大。你的手机的容量是吉字节级别的。太字节是我们曾经无法想象的，而如今，我的桌上就有三样容量达到太字节级别的东西。艾字节是目前地球的数量级。可能几年后我们就会达到泽字节级别。尧字节是目前有官方测量的最大数量级科学术语，更大的数量级如今还是空白的。直到 2016 年，超过尧字节的数量级还没有被正式命名。但是，再过 20 年左右，我们将飞跃到尧字节级别。我提议，任何超过尧字节级别的东西都用"zillion"（无限多）来形容，这是一个涵盖所有新数量级的灵活概念。

量变将引起质变。更高的数量级带来差别。计算机科学家 J.斯托斯·霍尔（J.Storrs Hall）写道："如果一种东西的数量足够多，那么它很可能表现出少量单一个体所不具备的属性。根据我们的经验，万亿级别的差距不可能只是量的不同，一定还有质的区别。"一万亿倍的差距相当于一只微不足道的尘螨和一头大象的差异，或是 50 美元和整个人类的经济产出总量的差别，又或是一张名片的厚度和地球到月亮的距离的区别。

这种差别是"无限多级"（zillionics）的。

一万亿神经元提供的智慧是用一百万神经元无法企及的；一个 zillion

数据点提供的洞察力用千百万数据点是无法得到的；一个 zillion 芯片联网创造的一个悸动、震颤的统一体用一个千万级芯片是无法完成的；一个 zillion 超链接生成的信息和行为是用几十万链接无法比拟的；社会网络在"无限多级"的领域中运行着。人工智能、机器人以及虚拟现实技术都需要对"无限多级"的掌握。但是掌握"无限多级"需要的技术令人望而生畏。

在这个领域中，用来管理大数据的一般工具不太起作用。最大似然估计（MLE）的统计预测方法无法起作用，因为在"无限多级"范围内，估算最大的可能性是不太可能的。即时地操控"无限多级"量级的信息需要全新的数学领域、完全不同的软件算法，以及彻底创新的硬件。这里包含多少机会啊！

"无限多级"量级的新型数据编排方式需要一台全球规模的机器。这个机器的原子就是比特。就像原子构成分子一样，比特可以构造复杂的结构。当复杂程度变高时，比特从数据升级成信息，进而成为知识。数据最强大的地方在于它们能够以各种方式重组、重建、重用、重设、重混。比特想要互相关联，一个比特单位的数据参与的关联数越多，就越强大。

问题是，今天大部分的可用信息都是按照只有人类能理解的方式编排的。手机里的一张快照包含着一串 50,000,000 比特的信息，它们按照人眼能够解读的方式编排。你阅读的这本书包含的 70,000 比特的信息按照语法规则编排。但是我们到达了极限。人类不可能触碰，更别说处理"无限多级"数量的比特。为了发掘我们正在获得或创造的"无限多级"字节级别数据的全部潜能，需要把比特按照机器和人工智能能够理解的方式编排。当自我追踪得到的数据能被机器知化时，它们将为我们提供全新、新奇、先进的了解自身的方式。几年后，当人工智能可以理解电影时，我们就能用全新的方式赋予"无限多级"的视觉信息不同的目的。人工智能会像我们分析文章一样分析图像，因此，它们将像我们写作时重组文字和短语那样轻松地重组视觉元素。

基于"解绑"这个概念的新产业在过去 20 年里逐渐涌现。技术创业公司能将旋律从歌曲中解绑，将歌曲从专辑中解绑，从而颠覆了音乐产业。革新性的 iTunes 售卖单曲而不是专辑。从先前的混合形式中提取或萃取出来的音乐元素能够重组成新的合成体，如可分享的播放列表。大型的综合类报纸被解绑后，分成了分类信息表（Craigslist）、股市行情（Yahoo）、八卦新闻（Buzzfeed）、餐馆点评（Yelp）以及各种自成一体并自行发展的故事。这些新元素能重新编排并重混成新的文本合成体，例如，朋友用推特发布的快讯。下一步就是将分类信息、故事及快讯再次解绑成更基本的成分，并用意想不到的方式重新编排。就如同把信息打碎成更小的粒子，让它们互相之间产生新的"化学结合"。在未来 20 年中，最重要的工作就是将我们追踪和创造的所有信息，包括商业、教育、娱乐、科学、体育及社会关系等，放到它们最原始的级别去理解。这项任务规模极大，需要漫长的认知周期。数据科学家们将这个阶段中的信息称作"机器可读"信息，因为参与"无限多级"级别工作的不是人类而是人工智能。当你听见"大数据"这个词时，指的就是这些内容。

包含不同"化学成分"的信息能够产生数千种新的合成体，以及新的信息"建筑材料"。无休止的追踪是必然的，但只是一个开始。未来我们每年能制造几百亿个传感器，它们散布在全球，嵌入我们的车里，覆盖在我们身体上，监视着我们的家及公共街道。这张传感器之网将在未来几年里产生"无限多级"字节的数据，其中每一个比特又能创造出双倍数量的元比特。经过实用人工智能的追踪、解析和知化，这片浩瀚的信息"原子海洋"会被塑造出上百种新形态、新奇产品及创新服务。更高层次的自我追踪带来的可能性会让我们感到震惊。

The Inevitable

————————

第 11 章

提 问 Questioning

提 问 Questioning

我对人性和知识本质的诸多认识都被维基百科颠覆了。刚开始，我和许多人一样，认为维基百科不可能成功，如今它却已经人尽皆知。它是一个百科全书式的在线参考资料，出人意料的是，无须许可，任何人都能随时对它的内容进行补充或修改。雅加达的一个12岁孩子如果愿意，也可以编辑"乔治·华盛顿"这个词条。我过去认为年轻人和无聊的人爱捣乱，而网上这样的人不在少数，他们会让人人都能编辑的百科全书成为泡影。我还认为那些尽责的内容提供者免不了会夸大或记错事实，让我们更难获得可靠的内容。根据自己20年的上网经验，我觉得不能信赖一个随机的陌生人提供的内容，而一群随机内容提供者聚集在一起将造成一团混乱。由专家创建的网页，如果没有编辑过也不能让我信服。一部未经编辑的百科全书，完全出自业余人士乃至不学无术者之手，似乎注定没有价值。

基于对信息结构的了解，我深信，没有刻意的大量精力和智力活动投入带来的转变，知识不会自发地从数据中产生。我曾经参与过盲目的集体写作，结果都只会产生平庸、劣质的内容。这种形式发生在网络上又有什么区别呢？

因此，第一部标准的在线百科辞典（当时叫作 Nupedia）在 2000 年推出时没有大获成功，我并不觉得意外。尽管人人都能编辑辞典，但是Nupedia 要求新内容必须由一批其他内容提供者花费漫长的时间进行重写，这让新手感到气馁。然而，Nupedia 的创始人另外建立了一个易用的维基网站，方便人们编辑内容。令人倍感意外的是，由于任何人无须等待他人审核就能自行编辑或发布内容，人们主要的活动反而都在维基网站上。我当时对这个网站的期望值并不高，如今它已经换了一个名字——维基百科。

我当时的想法大错特错。维基百科的成功不断超越我的期许。根据2015 年的统计，它拥有 3500 万篇文章，涵盖了 288 种语言。这项成就值得炫耀。美国最高法院引用它，西方世界的中小学生依靠它，所有的记者和终身学习者借助它迅速了解新知识。人性的种种缺陷没有阻止它的持续进步。因为最少的规则限制，人们的弱点和美德都转化成了公共财富。维基百科的成功说明，借助恰当的工具，重新找回被破坏的内容（维基百科上的恢复功能）比创建一篇破坏性的文章（蓄意捣乱）更容易，因而好的文章会更普及，并且质量逐步提高。人数相同时，借助恰当的工具，合作团体的成就能超越一群有野心的竞争个体。

集体向来能够放大某种力量，就像城市和市民的关系一样。但让我惊讶的是，我们对工具和监管的需求如此之少。虽然在最初 10 年有所增加，维基百科的行政系统规模相对来说依然很小，人们几乎看不见。然而，最让人惊喜的是，我们并不知道维基百科这股力量能走多远，不知道"维基化"智力活动的极限在哪里。它能编写教科书，制作音乐或电影吗？它能制定法律或实施行政管理吗？

别急着说不可能，让我们等着瞧。我有充足的理由相信，业余人士不可能制定法律，但是维基百科已经让我的想法改变了一次，我不会再轻易下结论。我们认为维基百科不可能成功，但它却成了现实。它属于理论上"不可能"做到而实践中却能完成的事情之一。一旦经历过这种事情，你不得不改变想法，期待其他类似的事情发生。说实话，其他的出版领域也尝试过维基模式，但并未获得广泛成功。方法和程序的错误导致维基百科最早版本（Nupedia）失败，有鉴于此，合作的教科书、法律及电影或许需要更先进的工具和方法。

我并不是唯一一个改变想法的人。一旦你在成长过程中已然了解维基模式的可行性，一旦你认为开源软件显然比精打细磨的专门产品更好，一旦你确信分享自己的照片和其他数据比保管它们更有意义，那么，这些想法将使你更激进地倾向于秉持公共财富的观念。曾经被认为不可能的事情如今已变得理所当然。

维基百科还改变了我的其他看法。过去，我是一个坚定的个人主义者，一个倾向于自由论的美国人，而维基百科的成功让我对社会力量产生了新的认同。如今，我更关注集体的力量，以及个人在面对集体时产生的新义务。除了拓展公民的权利，我还想拓展公民的义务。我深信维基百科的影响力还没有被完全发掘，它改变人们想法的力量正在潜意识中影响着全世界的千禧一代，它为他们提供了一个有益的蜂巢型心智的实例，并且使人们相信，"不可能的事"也能够做到。

更重要的是，维基百科让我更愿意相信"不可能"发生的事能够实现。在过去几十年中，我不得不接受那些曾经被认为不可能实现结果却能够实施的好点子。例如，1997年，我第一次遇到在线市场eBay的时候就曾疑惑："为买一辆从未亲眼见过的二手车，我难道要把几千美元转账给一个远方的陌生人？"以我对人性的了解，我觉得这件事情行不通。可如今，陌生人之间的汽车交易已经成了颇为成功的eBay公司的主要利润来源。

20年前，我或许会相信，2016年时我们的手持设备上会有全世界的地图。但是，我不太可能相信设备上有许多城市建筑的街景图，有显示公共厕所位置的"应用"，还有关于步行和公共交通的语音提示，并且地图及这些功能竟然都是免费的。这在当时看来似乎完全不可能做到。如今，丰富的免费内容已经出现在亿万台手机上。这听上去似乎还是难以置信的。

那些被认为不可能的事情如今发生的频率越来越高。过去，大家都曾经认为，人们不会分文不取地工作。即便真的不要报酬，没有老板，也制造不了有用的产品。然而今天，一些在软件工具上实现的经济成果完全是由志愿者不计报酬或是在没有老板的情况下创造的。过去，大家都曾经认为，人们天生希望保护隐私，但现在，从早到晚完全公开分享这种"不可能"的事情还是出现了。过去，大家都曾经认为，人们大多数时候总是懒惰的，他们宁愿观看而不愿意去创作，永远不会离开沙发创作自己的视频，数百万业余爱好者制作的几十亿小时的视频应当不可能出现——和维基百科一样，YouTube在理论上是不可能成功的。但是，"不可能"的事又一次在实践中成为现实。

每天都有过去不可能的事变成可能，并且这种情况会持续下去。但，为什么是现在？是什么打破了"可能"和"不可能"之间古老的界限？

在我看来，如今发生的那些"不可能"的事都体现了一种更高级的新型结构。它们是大规模分享带来的，更准确地说，是大规模合作和大量实时社会互动的结果。相对于一堆细胞，组织是一种更高级的新型结构；相对于人类个体，新的社会结构好比组织。在这两种情形中，新的层级结构都会酝酿出新的事物。新的层级中发生了低层级中不可能出现的行为，就好像组织能够做到细胞完成不了的事。维基百科、Linux、脸书、优步、互联网，甚至人工智能这类群体结构能够完成工业时代人类无法完成的事。

长期以来，人类都在发明新的社会组织形式——从法律、法庭、灌溉系统、学校、政府、图书馆直到文明本身这个规模最大的组织。这些社会工具让我们成为人类，使我们的行为从动物的视角看来是"不可能"的。例如，人类发明了书写记录和法律后，一种在我们的灵长类近亲中不可能实现的公正变得可能，这种公正在口头文化中同样不会出现。灌溉和农业系统中的合作与协调产生了原本更加"不可能"的诸如预测、事先准备这类行为，以及人类对未来的敏感。人类社会向生物圈展示了各种先前不可能实现的行为。

在现代的文化与技术体系中，技术元素正通过不断发明新的社会结构加速创造新的"不可能"事物。eBay 的高明之处在于它发明了廉价、易用、快捷的信用评价体系。人们有了这种技术手段，能够快速给予交际圈之外的人永久的信用评价，从而放心地与远方的陌生人进行交易。这项微不足道的创新开启了一种更高级的、新型的协作方式，实现了一种以前不可能做到的新交换模式（陌生人之间的远程买卖）。与此类似，技术保障下的信用加上实时的协调功能成就了打车服务软件优步。维基百科上的"恢复日志"按键使修复一篇被蓄意破坏的段落比故意破坏内容更加容易，由此释放出一种信用的新的更高级的组织形式，凸显出一种过去从未大规模实现的人类行为。

人们改变社会交往方式的步伐才刚刚启动。超链接、无线局域网，以及全球卫星定位服务事实上都是通过技术形成的连接关系，而这类创新刚刚开始，大多数有可能实现的最令人赞叹的交流方式还没有被发明。人类还处于发明真正的全球组织的初期阶段。一旦我们把自己置身于全球实时同步的社会中，之前不可能的事将真正开始以爆发的方式变成现实。我们没有必要刻意创造某种全球意识，只需要让每个人都能随时与他人及其他事物相通，并能共同创造新事物。有了人类共享的互联互通，现在看来不可能发生的奇迹将变得可能。

我期盼未来几年中自己的想法出现大的改变。我们会惊奇地发现，很多对人类来说"自然而然"的事情其实并非真的如此，而许多"不可能"的事情是可以做到的。更直白地说，如果把联系松散的人类部落中的那些司空见惯的事情放在紧密相连的世界之中，它们或许就会显得不那么自然。大家都以为人类是好战的，但是，随着解决社会冲突的新途径在全球范围内逐渐出现，我预测，有组织的战争对人们的吸引力及它们的作用都会越来越弱。当然，也有很多难以想象的糟糕的事情我们原本认为不可能发生，但结果却并非如此，因为新技术释放了说谎、欺骗、偷窃、监视和恐吓的新方法。人们在有关网络冲突的国际规定上没有达成共识，这意味着未来几十年内或许会发生意想不到的"不可能"的恶劣事件。由于全球性的互联互通，一次相对简单的黑客攻击将造成级联式破坏的不断涌现，并且迅速达到难以置信的规模。事实上，全世界的社会结构将在所难免地遭受破坏。在未来的30年里，如果网络和电话系统全部瘫痪一天，那么，这一天带给人们的震惊记忆将在此后的几年里难以消除。

在本书中，我有理由不去关注这些负面内容。任何一项发明都可能被人们用某种方式蓄意利用，从而带来危害。天使般的技术也能被用来研制武器，并且一定会有人这么做。罪犯往往是一些世界上最富创造力的发明家。任何事物中 80% 的部分都是价值低劣的。然而重要的是，这些负面内容与正面内容一样符合我所描述的普遍趋势。负面事物同样会逐渐经历知化、重混及筛选。罪行、骗局、战争、欺诈、折磨、腐败、垃圾信息、污染、贪婪及其他不良欲望都会变得越来越去中心化，并以数据为中心。不管是美德还是邪恶都受同样的生成力量的支配。创业公司和大企业需要一直适应无处不在的分享及持续不断的屏读，这对犯罪集团和黑客团体来说是同样的。

虽然不符合直觉，但任何有害的发明都能给人们提供一个契机，去创造前所未见的有益事物。当然，有益的事物也能（或许一定会）被相应的邪恶想法所利用。善与恶相互激发的循环的加速，让我们看上去像是在原地踏步。每一轮循环以后，我们都能获得前所未有的额外机遇和选择。这一点十分关键。选择的拓展（包括选择去破坏）增加了自由程度，而更多的自由、选择和机遇是我们进步的基础，也是人性和个人幸福的基础。

技术的运作把我们抛向新的层级，开启了一个由未知机遇和令人恐惧的选择构成的"新大陆"。全球规模的互动带来的后果超出了人类可控的范围。拍级、艾级、泽级及"无限多级"的庞大领域让人类难以理解，它们属于巨型机器及星球级别，对数据量和能量的需求也是非人类的。我们在集体中的行为当然和作为个体时有所不同，但是我们还不知道会有怎样的区别。更为重要的是，集体中个体的表现也各不相同。

当人类搬进城市并开始建立文明时就在经历类似的变化。不同的是，我们向更高级及更大规模的全球联通迈进的速率是前所未见的。社会组织形式正朝着极端巨大（比以往任何时候都大）及极端快速（光速）的方向发生结构性转变，卷入其中的人类将以新的方式互联互通。多数"大家都知道"的关于人类的事情都是基于人类个体的，可 10 亿人互联互通的方式或许有无限多种，其中每种都能透露出有关我们的全新事实，或者创造出我们的新特性。无论哪种情况，人性都在发生变化。

经我们许可，实时、多样及逐渐具有全球规模的联通方式将出现在大大小小的事物中，而我们会在一个新的层级上运作，由此得到的"不可能"的成就会不断让自己感到惊讶。维基百科包含的"不可能"成分将悄悄变成显然的事情。

各种难以置信的现象不断涌现，此外，我们还在迈向一个以不太可能发生的事情为新常态的世界。警察、急诊室医生及保险代理人已经见到了一些端倪。他们意识到不太可能发生的疯狂事件其实时刻都在发生。例如，一个小偷卡在了烟囱里；一名卡车司机驾车与别的车正面相撞，从挡风玻璃飞出去竟然双脚落地，安然无恙地走开；一头野生羚羊在跳过自行车道时撞倒了一位骑车的人；婚礼上的蜡烛点着了新娘的头发；一个在后院码头钓鱼的女孩儿钓到了一头和人一般大的鲨鱼。从前，这些事情是属于私人的，只会被当作谣言或朋友之间的传闻，很容易让人怀疑。人们不愿意真去相信这些事情。

但如今，它们出现在 YouTube 上，充斥着我们的视觉空间。你能够亲眼看见这些事情发生。我提到的每一件奇闻异事都有数百万人观看过。

不太可能的事情不光指这些意外。网络上充斥着令人不可思议的表演，有人可以沿着大楼边缘向上飞奔，踩着滑雪板沿郊区屋顶朝下滑，或者眨眼间就能完成"叠杯子"。不只是人类，动物也会开门、骑车和画画。这类事情还包括非凡的"超人"成就——惊人的记忆任务或是对世界各地口音的模仿。在这些极致的技艺中我们看到了人类的超凡之处。

每分钟都有一件不太可能发生的事被上传到网上，而它只是我们一天内看见或听说的数百个非凡事情之一。网络如同镜头，能聚焦非凡的事件并把它们折射成一道能够照亮人们生活的光，把各种稀有事件浓缩在一小段可供观看的日常视频之中。如今，我们几乎整天都在网上，而只要在线，非凡的浓缩片段就能让我们大开眼界。这就是新的常态。

这些"超人"的成就正在改变我们。我们不再只想展示自身，还想要成为最好、最伟大、最非凡的展示者，就像 TED 视频中的演讲者一样。我们不想观看整场球赛，只想看集锦中的集锦，或者说那些最精彩的移动、接球、跑位、射门，越是难以置信的，越是"不可能"做到的，我们越想看。

我们还想获得关于人类最极致的体验，包括体重最重的人，身高最矮的人，胡须最长的人等所有这些最牛的事例。这些事例数量一定是稀少的，然而，由于我们每天观看大量最牛事例的集锦视频，它们似乎成了常态。人们向来重视那些关于极端怪异者的照片或绘画（如早期的《国家地理》或是雷普利的"信不信由你博物馆"[1]），但是当我们在牙医诊所排队，拿着手机观

---

1 世界上最大的奇趣博物馆，位于伦敦，于 2008 年开业。里面展有来自世界各地的奇趣的人、物，每年都吸引大量游客来此参观。——编者注

看这类视频时，会产生一种亲切感。这些视频十分生动，占据着我们的思绪。我认为已经有证据表明，海量的非凡事例正激励着普通人，让他们敢于做出非凡的尝试。

与此同时，最衰的失败集锦则是另一种极致的呈现。我们每天看着世界上最笨的人做着人们能够想到的最蠢的事情，仿佛置身于一个由最微不足道、最琐碎不堪及最鲜为人知的吉尼斯世界纪录保持者组成的世界中。每个人的一生中至少有那么一两个奇异的瞬间，因此人人都能保持一项短暂的世界纪录。好消息是，这些事情能让我们了解人类和人生更多的可能性，也就是说，极端状态拓宽了我们的极限；坏消息是，贪得无厌地追求极端状态导致我们对平凡的事物总是感到不满。

这种趋势不会停止。摄像头无所不在，因此当人们在被追踪之下的集体生活不断扩张时，我们会收集到上千个人被闪电击中的视频，因为低概率事件发生的次数比我们料想的更多。当我们穿戴着微型摄像头时，最难实现的事、最极致的成就、最极端的行动将会被记录下来并实时分享到全世界。60亿人各自最非凡的时刻将会充斥网络视频流。从此，我们不是被平凡包围在原地，而是漂浮在超凡之中，超凡随时会变为平凡。因为难以实现的事不断占据我们的视野，直到有一天我们会发现，世界上只剩"不可能"的事情，会觉得这些事情并不是那么难以实现，进而认为"不可能"的事必然会发生。

这种难以实现的状态如同梦境一般。确定性自身已经不像从前那样确定了。就好像当我连接到一个包含全部知识的屏幕及由数十亿人交织而成的蜂房后，这一切同时倒映在几十亿玻璃碎片上，此时的真相更难寻觅了。对于任意一条知识，你很容易就能得到一个反对观点。任何一个事实都有它的反事实。互联网的极端超链接属性将让这些反事实凸显出来。有些反事实是荒唐的，有些勉强站得住脚，而有些是有理有据的。这就是知识之屏的诅咒——你不能依赖专家解决问题，因为每个专家都有一个与其相对的反专家。因此，我所学到的任何东西都会遭到无处不在的反事实的侵蚀。

讽刺的是，在全球即时联通的时代，我对任何事情的把握反而变弱了。相比于从专家那里得到事实，我更愿意从网络上流动的事实中拼凑出自己认为确定的事。权威的、唯一的事实变成了一串事实。我不光要知道自己关心的领域中的事实，还要了解任何我接触到的事物，包括我不具备直接相关知识的领域。这意味着我必须不停地质疑自以为已经了解的事情。这或许是促进科学发展的完美状态，但它同样说明，我更容易因为某些错误的理由改变自己的想法。

当与各种各样的网络挂钩时，我觉得自己就像网络，试图从各种不可靠的内容中获得可靠性。我试着从半事实、非事实或其他散落的事实中拼凑出真相，却发现自己的想法被流动的思考方式（设想、临时想法、主观直觉）吸引，并且倾向于流动的媒体，如mashups、twitterese及搜索网站。但是当我浏览网上这些流动的想法时，常常感觉像在做一场清醒的梦。

我们不知道人们为什么要做梦，只知道梦满足了意识的一些基本需求。如果有人看着我上网，就能发现我从一个推荐链接跳到另一个时会开始做白日梦。最近，我在上网时梦见自己和许多人一起观看一个光脚男子吃泥土，接着看见一个唱着歌的男孩脸部开始融化，接下来圣诞老人烧掉了一棵圣诞树，后来我漂浮在世界上最高的泥房中，再后来一个凯尔特结自行解开，然后有人告诉我制作透明玻璃的配方，最终我看见自己回到中学时期，骑着一辆自行车。而这些只是某个早晨我浏览网页的头几分钟内发生的事情。漫无目的地跟着一个个链接，我们会落入一种出神状态，这或许是对时间的可怕浪费，或许和梦一样，是创造性地浪费时间。在网上闲逛时，我们可能陷入一种集体无意识之中。我们点击网页时做的梦可能是让我们能够做同样的梦的一种方法，而梦的内容与我们点击了什么无关。

这场名为"互联网"的清醒的梦同样模糊了严肃的想法和娱乐的想法之间的界限，说得更直白些，上网时我们已经分不清自己是在工作还是在娱乐。许多人觉得，消除工作和娱乐生活的界限是互联网最让人诟病的一点。上网是代价高昂的时间浪费。网络把琐碎和浅薄带入各个行业。前脸书工程师杰夫·哈默巴赫（Jeff Hammerbacher）曾经发出著名的抱怨："我们这一代中最聪明的人竟然都在思考如何吸引人们点击广告。"有人认为这场清醒的梦带来了令人上瘾的对时间的浪费。恰恰相反，我珍视对时间的"有益浪费"，它是创造力不可或缺的来源。更重要的是，我相信工作和娱乐的合并、严肃地思考和娱乐地思考的结合，是互联网带来的最伟大的创新之一。高度演化的先进社会的理念不就是使人们不再需要工作吗？

我注意到蜂巢式心智已经将我的思考方式充分地推广并散布开来。我的思考方式更偏向行动而不是沉思。当出现一个疑惑或一种直觉时，我不会在内心漫无目的地反复咀嚼，让自己的无知不断滋养它。我会开始做事，会迅速行动。我开始寻找、搜索、提问、质疑、突然行动、记笔记、做标记，尝试把一切变为自己的东西。我不会等待，也无须等待。有了一个想法后我会先行动而不是先思考。不少人觉得这恰恰是网络最糟的地方——让我们失去沉思的能力。另一些人觉得这些浅薄的行动只是愚蠢的瞎忙，随大流，或者是行动的错觉。但是我们拿这些与什么相比呢？是与不动脑筋地看电视、在酒吧中懒洋洋地聊天、在图书馆里拖着慢悠悠的步子却找不到心中几百个疑问的答案相比吗？想象一下这一刻正在上网的亿万人。在我眼中，他们并不是把时间浪费在愚蠢的链接上，而是在进行着富有成效的思考，包括快速地得到答案、搜索、反馈、做白日梦、浏览、接触不同事物、写下自己的想法、发表哪怕是微不足道的意见。可以把他们和50年前相近数量的看电视或是在躺椅上看报纸的人做比较。

我们在网上肆意"冲浪""上蹿下跳"，在各种信息之间切换，刷微博或发送状态，不断熟练地浏览新内容，做白日梦，质疑一切事实。这种新的生活模式并没有错，它体现了一种特征，同时也是对淹没我们的数据、新闻和事实的海洋做出的合理回应。我们必须保持流动和机敏，流转在各种观点之间，因为这种流动性反映了我们周围动荡的信息环境。这种模式既不是懒惰的失败，也不是放纵的奢侈，而是繁荣发展的必经之路。想在湍急的河流中划独木舟，你的动作必须快如流水；同理，要对付迎面而来的艾字节级的信息量及各种改变和颠覆的力量，你必须紧跟各个领域前沿的流转速度。

但是不要把这种流动和浅薄混淆。流动性和互动性同样能让我们迅速把目光转移到比以前更复杂、更庞大、更深奥的工作上。技术给了受众与故事和新闻互动的能力，如录制节目供以后观看、倒带、搜索、链接、保存、片段剪辑、剪切和粘贴，让人既能得到完整版也能得到简化版。导演们开始拍摄情景剧，而且是许多年才能讲完的大型连续故事。其中的经典大作如《迷失》《太空堡垒卡拉狄加》《黑道家族》《火线》，都包含多条交织的剧情线、多位主人公及难以置信的角色深度。这些错综复杂的作品对持续注意力的要求不仅超越从前的电视剧和电影，甚至能让狄更斯及其他昔日的小说家感到吃惊。狄更斯或许会惊叹地问道："你是说观众不仅跟得上剧情，还想看更多集？能坚持很多年？"以前，我绝不相信自己会享受如此复杂的故事，或者花时间关注它们。如今，我的注意力水平已经增强了。与此类似，电子游戏的深度、复杂性及对投入程度的需求与冗长的电影或名著不相上下，仅仅熟练掌握一些游戏就需要花费 50 小时以上。

然而，各种新技术其实都成了一种东西，它给我们的思考方式带来了最重要的影响。看上去，你先是没完没了地看微博，网上"冲浪"或是逛 YouTube 频道，接着仅仅用几分钟时间浏览书籍的片段，之后终于回到你的工作报表或是翻看手机屏幕。事实上，你在一天中花费的这十几个小时都在关注同一种无形的东西。这个机器（或是庞大的平台，又或是巨大的杰作），伪装成了亿万个联系松散的碎片。我们不容易看到这个整体。尽管是事实，但是高薪的网站主管、成群的网络评论人及不太情愿自己的影片在网上播放的电影大亨不相信他们只是一场全球表演中的一些数据点。只要身处 40 亿面屏幕的任意一面中，我们就是在参与并试图回答一个开放的问题——这个无形的东西是什么？

计算机制造商思科（Cisco）曾估计，到 2020 年，互联网上除了几百亿面屏幕还会有 500 亿的各类设备，电子产业领域预计将有 10 亿可穿戴的设备，用来追踪我们的活动，并将数据加入"流"中。我们还能预计未来将有 130 亿让智能居家生活更有生机的家用装置，如 Nest 恒温器。30 亿设备将被置入在线汽车。1000 亿的 RFID（无线射频识别）技术将内置在诸如沃尔玛超市货架上的产品中。这就是物联网，是我们制造的所有东西的梦想之地，也是实现不太可能的事情的新平台。它是用数据建成的。

与信息关联但不等价的知识，正在以类似信息膨胀的速度爆炸式增长，每两年翻一倍。而几十年来，每年发表的科学论文数量增长的速度甚至更快。纵观 20 世纪，全世界每年的专利申请数量呈指数增长。

我们对宇宙的了解大大超出一个世纪之前的人类。关于宇宙物理法则的新知识被我们运用到诸如 GPS 和 iPod 这样的消费品上，以及用来延长自身的寿命。望远镜、显微镜、荧光镜、示波器让我们得以用不同的方法观察世界，而一旦我们开始使用新工具，就能迅速瞥见新的答案。

然而科学包含一个悖论。每个答案都会孕育至少两个新问题，因此，使用的工具越多，答案就越多，相应的问题也会更多。望远镜、放射镜、回旋加速器、粒子加速器不仅拓展了我们的知识，还拓展了我们不知道的东西。最近，受到过去发现的帮助，我们发现宇宙中 96% 的物质和能量是看不见的。宇宙不是由我们 20 世纪发现的原子和热量构成，而是由被我们称为"暗物质"和"暗能量"的未知存在构成。"暗"是"无知的"一种委婉说法，因为我们确实不知道宇宙中大部分物质是由什么组成的。更深入地研究细胞或大脑，我们将发现自己对此同样"无知"。我们甚至说不出自己不知道什么。上述的这些发明能帮助我们窥探自己的"无知"。在科学工具的帮助下，如果知识真呈指数增长，我们应该很快就能消除困惑。然而实际情况是，我们在不断发现更大的未知领域。

因此，虽然我们的知识量呈指数增长，但是问题的数量同样会以指数级的更快速率增长。数学家会告诉你，两条指数曲线之间逐渐拉开的差距本身就是指数级的。这个差距就是我们的"无知"，它正在呈指数增长。换句话说，科学作为一种手段，主要增长了我们的"无知"而不是我们的知识。

没有理由认为这一点在未来会发生改变。一项技术或工具的颠覆性越强，它生成的问题越具有颠覆性。我们可以预计，人工智能、基因操控、量子计算这些近在咫尺的未来技术将接二连三地释放新的重要问题，即我们从没想过要问的问题。事实上，我们还没有问出最重要的一些问题。

每年，人们在网上的提问多达 2 万亿个，而搜索引擎给出了相应数量的答案。其中大部分答案质量很高，不少答案令人拍案叫绝，而它们都是免费的！互联网即时搜索出现之前，没有一定的花费不可能得到这 2 万亿个问题的答案。当然，答案只是对用户免费，而谷歌、雅虎、Bing 及百度这类搜索公司创建这些答案却是需要一定费用的。2007 年，我计算出谷歌回答每个提问需要的成本大约是 0.3 美分，并且这个数额可能逐年下降。根据我的计算，谷歌从放置在每条搜索或答案周围的广告中得到的收益为 27 美分，这让他们能轻松地提供免费答案。

我们永远都有问题。30 年前，最大的答问业务是电话查询台。在谷歌之前我们有"411 热线"。每年人们拨打通用"信息"号码"411"约 60 亿次。过去，另一个搜索工具是黄页。根据黄页协会的统计，20 世纪 90 年代，50% 的美国成年人每周至少使用一次黄页并查询两条内容。当时的美国成年人口数约两亿，黄页的使用数量也就是每周两亿次左右，一年则有 104 亿次查询。这个数量不可小觑。另一个寻找答案的经典场所是图书馆。20 世纪 90 年代，美国的图书馆年访问人次约 10 亿，其中 3 亿左右是"查询业务"，也就是提问。

虽然在 30 年前，仅在美国一年就有一百多亿人次查询答案，但是当时没人会相信免费或以低价格提供答案竟然可以是一桩 820 亿美元的生意。没有多少读过 MBA 的人梦想着填补这方面的需求。人们对提问和答案的需求是潜藏的。在搜索功能没有实现之前，人们并不知道迅速得到答案如此有价值。2000 年进行的一项研究表明，每个美国成年人平均一天在线就 4 个问题寻找答案。以我自己的生活为例，我问的问题更多。谷歌告诉我，2007 年的某个月我问了 349 个问题，平均每天 10 个，而问题数量的峰值出现在每周三上午 11 点。我问谷歌一年有多少秒？它迅速告诉我答案——3150 万秒。我问谷歌所有的搜索引擎每秒的搜索总次数是多少？它告诉我 60 万次，或者说 600 千赫的频率。互联网回答问题的频率和电波一样快。

尽管答案是免费的，它们的价值却是巨大的。密歇根大学的三位研究员在 2010 年进行了一项小实验，试图了解普通人可能要为搜索付出多少代价。他们的方法是，让一座藏书丰富的大学图书馆里的学生回答一些谷歌上的提问，但是只允许使用图书馆里的资料。他们测量学生回答一个问题的平均用时，结果发现是 22 分钟。谷歌回答同一个问题的平均用时为 7 分钟，整整少用 15 分钟。以美国人 22 美元一小时的平均时薪来算，谷歌搜索一次能节省 1.37 美元。

2011 年，谷歌的首席经济学家哈儿·范里安（Hal Varian）用另一种方法计算出回答一个问题的平均价值。他揭示了一个惊人的事实：根据返回的 cookies 等判断，谷歌的用户平均每天只搜索一次。这指的当然不是我这样的用户。我的高频率搜索行为与诸如我母亲这样几周搜索一次的人相抵消。由于问题变得廉价了，我们问的问题更多了，而范里安使用一些数学方法补偿了这个因素，并计算出搜索为每个人每天节省 3.75 分钟。使用之前的薪资标准，人们每天节省 0.6 美分。如果你觉得时间很宝贵的话，我们不妨把这个值估算为 1 美元。人们愿意为了搜索每天支付 1 美元，即每年 350 美元吗？或许吧。当然，我自己绝对愿意。用另一种方法描述，他们可能愿意为每一次搜索支付 1 美元。经济学家迈克尔·考克斯（Michael Cox）问他的学生是否愿意完全放弃互联网，得到的答案是哪怕给 100 万美元他们也不愿意放弃。这件事发生在智能手机流行之前。

我们提供高质量答案的能力越来越强。只需用自然的英语提问，iPhone 的语音电话助手"Siri"就能作答。我本人经常求助"Siri"。想了解天气情况时，只要问："'Siri'，明天天气怎么样？"安卓用户可以询问"谷歌即时资讯"来了解和他们的日历相关的信息。IBM 的"沃森"证明，大多数与事实相关的问题，人工智能都能迅速准确地找到答案，部分原因是：对于先前问题的正确回答会增加人们问下一个问题的可能性，同时，过去的正确答案使创建下一个答案更加容易，并增加了答案语料库的整体价值。我们向搜索引擎提的每个问题，以及任何被我们视作正确的答案，都能改善这个过程的智能水平，提高引擎将来回答问题的价值。当我们知化更多书籍、电影及物联网时，答案将无处不在。我们正迈向每天询问几百个问题的未来生活。大多数问题和自己及朋友相关："珍妮在哪儿？下一班巴士是几点？这种零食好不好？"每个答案的"制作成本"将微不足道。寻求答案的这种搜索将不再是发达国家的奢侈品，而是全世界的必需品。

我们很快就能用交谈的口吻询问"云端"任何问题。如果问题已经有了确定的答案，答题机器会向我们说明。例如，谁赢得了 1974 年年度最佳新秀奖？天空为什么是蓝色的？宇宙会一直膨胀下去吗？久而久之，它会学着清楚地说明什么是已知的，什么是未知的。就像人们在回答问题时一样，它可能需要先和我们对话以消除歧义。如果可能，答题机器会毫不犹豫地提供关于任何主题的深刻、模糊及复杂的事实性知识，这一点与人类不同。

即时可靠的答案带来的最主要的结果并不是一片和谐的满意之声。丰富的答案只会生成更多问题！根据我的经验，一个问题越容易回答，答案越有价值，生成的问题则越多。尽管机器能够无限拓展答案，我们提出新问题的时间却是有限的。提出一个好的新问题与吸收一个答案的时间不成正比。与如今的趋势相反，答案将变得廉价，而问题会变得更有价值。巴勃罗·毕加索在 1964 年就聪明地预测到这个结果。当时，他对作家威廉·费菲尔德（William Fifield）说："计算机是无用的。它们只能给你答案。"

因此，一个到处都是超级智能答案的世界鼓励人们对完美问题的追求。什么才是完美的问题？讽刺的是，最好的问题不是能让我们得到答案的问题，因为随处可见的答案正变得越来越廉价。

一个好问题值得拥有 100 万种好答案。

一个好问题就像爱因斯坦小时候问自己的："如果和光线一起旅行，你会看到什么？"这个问题开启了相对论、质能方程 $E=MC^2$ 及原子时代。

一个好问题不能被立即回答。

一个好问题挑战现存的答案。

一个好问题与能否得到正确答案无关。

一个好问题出现时，你一听见就特别想回答，但在问题提出之前不知道自己对此很关心。

一个好问题创造了新的思维领域。

一个好问题会让你重新构造自己的答案。

一个好问题是科学、技术、艺术、政治、商业领域中创新的种子。

一个好问题是探索、设想、猜测，是能带来差异的。

一个好问题处于已知和未知的边缘，既不愚蠢也不显而易见。

一个好问题不能被预测。

一个好问题是机器将要学会的最后一样东西。

一个好问题将代表受教育的头脑。

一个好问题能生成许多其他的好问题。

我们想用问题和答题机器做什么？

我们的社会正在从严格的层级制度向流动的去中心化方向发展。这是一个从名词向动词，从可触摸产品向无形生成物，从固定媒体向混杂媒体，从存储向流动，从确定的答案向不确定的问题转变的过程。当然，我们永远需要事实、秩序及答案发挥作用。它们并没有离开，而是和微生物及混凝土材料一样，成为文明的大块基石。但是最宝贵的方面，也就是生活和技术中最活跃、最有价值及最多产的那一面将位于前沿之中，处在充斥着不确定性、混沌、流动性及各种问题的边缘地带。能够生成答案的技术将继续得到重视，以至于答案会变得即时、可靠、无所不在，并且几乎免费。但是能够帮助我们生成问题的技术将获得更多青睐。引擎生成了不安于现状的人类能够探索的新领域、新产业、新品牌、新可能性及"新大陆"，与此相随的是，提问机器将会适时出现。

提问比回答更有力量。

The Inevitable

第 12 章

开始 Beginning

开 始 Beginning

千年之后，当历史学家回溯过往时，会认为第三个千禧年的开端是一个古老的绝妙时代。在这个时代中，地球上的居民首次把自己与一种巨大的事物相连。未来，它的规模将会继续增加，但是如今，你我正生活在它刚刚苏醒的时刻。未来的人会羡慕我们，希望自己也能亲眼见证它的诞生。这些年里，人类开始用微小的智能让没有生机的物体变得活跃，把它们编织进云端机器智能的这张大网中，并将数十亿心智与一个超级心智相连。这个聚拢的过程将被当作这个星球上迄今为止发生的最重要、最复杂也是最令人惊叹的事件。用玻璃、铜和电磁波组成神经，人类这个物种开始将所有的地区、过程、人口、人工制品、传感器、事实和概念编织成一张复杂到难以想象的巨网。在网络的胚胎期，我们的文明中产生了一种协作界面，或者说是一种能超越任何先前发明的能够感觉和认知的设备。可以称之为有机体或机器的这项巨大发明容纳了其他所有的机器，因此，它实际上深入地渗透进我们的生活，成了与我们身份相关的必要内容。它为我们这样的旧物种提供了一种包括完美的搜索、完整回忆、全球高度的视野在内的新型思考方式，以及一种全新的心智。这是一个开始。

开始的过程将会延续一个世纪之久。前进的道路并不明朗，常常会因为太过平凡而被人忽略。庞大的数据库和广泛的交流本身并没有什么趣味。这个刚刚起步的全球心智的许多荒谬和令人害怕的方面将被淘汰。我们的诸多担心是合理的，因为这股突兀的力量在人类文化甚至自然界当中，几乎无孔不入。由于人类本身就属于这个在更高层级上运作的事物，它正在显现的轮廓变得模糊了。我们唯一知道的是，它在最初阶段就搅乱了旧的秩序。人们对它的强烈反对是意料之中的事情。

我们应当把这个巨大的事物称作什么？它比机器更有生命力吗？在它的核心部位是 70 亿（不久将变成 90 亿）的人类。他们很快就被这个从不间断的互联互通的层级包裹，并且，一个人的大脑很快就能和其他人直接相通了。H.G. 威尔斯把这个巨大的事物想象成一个世界大脑。德日进（Teilhard de Chardin）把它称为心智圈[1]，即人类思想领域。有人把它叫作全球化心智。因为它确实包含数十亿硅制"神经元"，所以还有人把它比作全球化超级有机体。为了简便一些，我把这种全球级别的层级叫做"全息圈"（holos）。全息圈包括所有人的集体智能、所有机器的集体行为、自然界的智能相结合

---

1 Noosphere，常被翻译为智能圈、心智圈、智慧圈，最早由苏联地球化学家维尔纳茨基提出，指人类活动使生物圈受到影响的部分。德日进发展并普及了这一概念，表示思想、信息和通信的网络包裹着行星。——编者注

形成的整体,以及出现在这个整体中的任何行为。这一切加起来就是全息圈。

正在生成的事物规模巨大,让人难以理解。它是人类有史以来最大的创造物。让我们以硬件为例。如今,40 亿部手机和 20 亿台计算机连接到一个遍布全球的紧密"大脑皮层"中,其中还有数十亿周边芯片,以及从照相机、汽车直到卫星的附属设备。在 2015 年,150 亿设备接入了一个大型的"大脑回路"之中。任何一个设备都包含 100 万~400 万只晶体管,因此,全息圈在十万亿亿(10^{21})只晶体管上运行。这些晶体管可以被想象成巨型大脑中的神经元。人类大脑约有 860 亿个神经元,约是全息圈的四亿分之一。

从数量级来看,全息圈的复杂程度已经大大超越了人类大脑。我们大脑的体积不可能几年翻一倍,而全息圈的大脑却能够做到。

如今,全息圈的硬件就像一台巨大的虚拟计算机一样。它包含的芯片数量和一台计算机中的晶体管数量一样多。这台虚拟计算机的顶层功能运行的速度与一台早期个人计算机相当。它每秒能处理 100 万封电子邮件或 100 万条信息,这大体上能说明,全息圈目前的运行频率为 1 兆赫。它的外部存储空间总量约为 600 艾字节。1 秒钟内将有 10 太比特的信息穿过它的"中枢神经"。它的免疫系统十分强大,能清除主干中的垃圾,并能通过绕开受损部位自行修复系统。

谁在编写代码,让这个全球化系统发挥作用并取得成效呢?答案是人类自己。我们可能会觉得,自己无心地上网浏览或给朋友发东西只是在浪费时间,其实,我们每点击一次链接就强化了全息圈大脑中某个节点的功能,其实就是在为他编程。人类通过每天在网页上点击 1000 亿次来告诉全息圈人类的想法是重要的。我们每强化单词之间的一次联系,就是在告诉它一个想法。

这就是我们生活的新平台。它是国际性的，并且永不停止工作。以如今的技术普及速度看来，我预计到 2025 年时，地球上每个公民都将使用这个平台。每个人都处在平台之中，或者说，人人都是这个平台。

这个庞大的全球系统不是乌托邦。即使再过 30 年，云端中的各种阻拦还将存在，部分内容会被防火墙阻挡、被审查删除或被盗版。垄断企业将会控制系统的基础结构，但这些互联网巨头脆弱、短命，还容易被竞争对手迅速取代。尽管人们普遍都能获取基本的上网资源，但高级的资源分配是不平均的，并且主要集中在城市地区。富人能够优先获取资源，简而言之，资源的分配和如今的现实世界有异曲同工之妙。不过，资源最匮乏的人也是这个系统的一部分。

现在，在开始阶段，这个不完美的互联网实时覆盖 510 亿公顷的地面，触及 150 亿台机器，占据 40 亿人类的心智，消耗地球上 5% 的电能，以非人类的速度运行，在白天的一半时间里追踪我们，并且是货币的主要流通渠道。这个组织的规模已经大幅超越了我们目前建造的最大的系统，即各类城市。层级上的跳跃让我们联想到一些物理学家所说的相变，即分子状态的不连续变化，如从冰到水，或者从水到水蒸气。温度和压力的变化本身并不能带来改变，分子间的基本关系在临界点上发生重组才让物质表现出全新的特性。于是水和冰呈现出两种完全不同的状态。

最初看来，这个规模巨大、无处不相连的新平台就像我们传统社会的自然延伸。它似乎只是在已有的面对面的关系中加入了虚拟关系——我们只是在网上加了几个好友，扩大了朋友圈，增加了新闻的来源，让我们的行动更加数字化。但事实上，就像温度和压力慢慢升高，当这些事情持续稳定地发展，我们会到达一个拐点，或是一个复杂的临界点，在这里，变化是不连续的。于是相变发生了——我们会突然处在全新的阶段。那是一个具有新常态的不同世界。

我们正处在这个过程的开始，那个不连续的变化刚刚露出一些端倪。在新体系中，诸如中央集权及统一性之类的旧文化力量会消失，而我在本书中描写的分享、使用及追踪这类新的文化力量将主宰我们的机构和个人生活。当新阶段逐渐稳固，这些新力量的影响将越来越大。有些人认为我们分享的内容已经太多了，但其实大规模分享才刚刚开始。我们从拥有权到使用权的过渡才刚起步。各种各样的"流"都还只是"涓涓小溪"。看上去我们已经被过度追踪，然而未来几十年内，我们被追踪的程度将是现在的千倍；高度的知化会让我们现在从事的最智能的事情看上去十分蠢笨。它同时会大大加速其他变化的进程。而这些转变都不是最终的，只是一个形成过程的第一步。这是一个开始。

从人造卫星拍摄的地球夜晚的照片上，我们能一窥这个巨大机器的模样。骚动的城市群中，耀眼的灯光勾勒出这片黑暗土地上如同有机体一样的图案。城市边缘的灯光逐渐变暗，只留下细长的高速公路与遥远的城市群相连。向外发散的灯光道路就像树突的形状，让人倍感熟悉。城市群就像神经节细胞，而高速公路则是向突触所在的位置延伸的神经细胞轴突。城市就是全息圈的神经细胞，而我们身处其中。

这个处在胚胎阶段的巨大事物已经至少连续运行了 30 年。我不知道还有哪种机器能够不间断地运行如此长的时间。或许它的某个部分会因为供能中断或级联式地感染病毒而暂时停摆，但是，再过几十年，这个整体都不太可能停止运转。它已经成为我们拥有的最可靠的人造物，并且很可能一直保持下去。

这幅正在显现的关于超级有机体的画面让科学家们想到了"奇点"的概念。"奇点"是从物理学借用的一个概念，用来描述一个边界，边界外的一切都是不可知的。在流行文化中则有两种版本——"硬奇点"和"软奇点"。"硬奇点"指的是未来将由超级智能的胜利奠定。理论上，当我们创造出的人工智能可以创造比自身更聪明的智能时，它就能一代一代地生产越来越聪明的人工智能。事实上，人工智能将会引导自身以级联的方式无限加速生产，使每一代更聪明的智能都比上一代生产得更快，直到人工智能变得极端聪明，用上帝一般的智慧解决一切现存问题，从而把我们人类远远地甩在身后。有人把这种智能称为我们"最后的发明"。考虑到各种因素，我认为这个设想不太可能实现。

"软奇点"更有可能成为现实。在对未来的这个设想中，人工智能不会像聪明的坏人一样，试图奴役人类。人工智能、机器人、过滤技术、追踪技术及我在书中列出的其他一切技术将会融合在一起，并且和人类结合，形成一种复杂的依存关系。在这个层级中，许多现象发生的等级将高于现存的生命及我们的感知水平，而这就是"奇点"出现的标志。这是一种新的系统，在其中，我们创造的东西让我们成为更好的人，同时，我们也离不开自己的创造。如果把我们今天的生活比作是固态的，那么这种生活就是液态的，是一种新的相态。

这种相变过程已经开始。人类会紧密相连并汇入一个全球性母体。我们正义无反顾地向着这个方向前进。这个母体不是人造物，而是一种过程。我们的新型超级网络是一股持久变化的浪潮，不断推动着我们的各种新需求和新欲望。我们完全无法预测 30 年后身边都有哪些产品、品牌和公司。这些完全取决于个人的机遇和命运。但是这个大规模的、充满活力的过程有着清晰无误的整体方向。未来 30 年，全息圈将沿着与过去 30 年同样的方向挺进，那就是更多的形成、知化、流动、屏读、使用、共享、过滤、重混、互动、追踪及提问。我们正站在开始的时刻。

这些已经开始。当然，也仅仅是个开始。

致　谢

感激我在企鹅出版社的编辑保罗·斯洛伐克长期以来支持我努力寻求技术的意义，同时感激我的代理人约翰·布罗克曼，是他建议我写作本书。旧金山的写作辅导专家杰·谢弗给予初稿编辑指导。图书管理员卡米尔·哈特塞尔承担了大部分事实研究工作，并提供了大量尾注。克劳迪娅·拉马尔协助研究，检查事实正误并帮助设计版式。我在《连线》杂志的前同事罗斯·米切尔和加里·沃尔夫艰难地通读了早期草稿，提出了重要建议并被我采纳。撰写本书的这些年里，我从诸多采访对象贡献的宝贵时间中获益良多。这些人包括：约翰·巴特利、迈克尔·奈马克、杰伦·拉尼尔、加里·沃尔夫、罗德尼·布鲁克斯、布鲁斯特·卡尔、艾伦·格林尼、伊森·祖克曼等。我还要感谢《连线》杂志和《纽约时报周日版》杂志的编辑，他们在本书部分最初观点的形成中发挥了作用。

最重要的是，本书献给我的家人——嘉敏、凯琳、婷和泰雯，是他们让我脚踏实地并勇往直前。谢谢你们。

凯文·凯利